普通高等教育食品科学与工程类“十三五”规划教材

食品安全实验

车会莲　陈晶瑜　主　编
韩　娟　路玲玲　副主编

中国林业出版社

内容简介

本书全面系统地对食品安全实验的基础知识和常见的食品安全实验进行了阐述。全书分为两篇，共10章，主要介绍了食品安全实验基础，包括食品安全的概念及实验的内容、设计和结果统计分析；食品安全实验，包括食品中微生物的检测、农药残留的检测和添加剂与有害物质的检测。本书内容全面，重点突出，既有理论性阐述，又有具体实验技术，注重理论和实践相结合。

本书可作为高等院校食品质量与安全专业、食品科学与工程专业及其他食品相关专业的教材，也可供医学微生物学、医学、预防医学相关专业领域的生产、科研和管理工作者等参阅。

图书在版编目(CIP)数据

食品安全实验／车会莲，陈晶瑜主编. — 北京 ：中国林业出版社，2018. 1

普通高等教育食品科学与工程类“十三五”规划教材

ISBN 978-7-5038-9346-9

Ⅰ.①食… Ⅱ.①车… ②陈… Ⅲ.①食品安全-食品检验-高等学校-教材 Ⅳ.①TS207. 3

中国版本图书馆 CIP 数据核字(2017)第 261266 号

国家林业局生态文明教材及林业高校教材建设项目

中国林业出版社·教育出版分社

策划、责任编辑：高红岩

电话：(010)83143554　　**传真**：(010)83143516

出版发行　中国林业出版社(100009　北京市西城区德内大街刘海胡同 7 号)
E-mail:jiaocaipublic@ 163.com　电话:(010)83143500
http://lycb.forestry.gov.cn

经　销　新华书店
印　刷　三河市祥达印刷包装有限公司
版　次　2018 年 1 月第 1 版
印　次　2018 年 1 月第 1 次印刷
开　本　787mm×1092mm　1/16
印　张　18. 25
字　数　450 千字
定　价　45. 00 元

前　言

“国以民为本，民以食为天，食以安为先”，食品安全是保证人体健康的基本条件。近年来，食品安全问题不仅威胁着人民的健康，还造成了农业、食品加工、食品贸易以及旅游业等的经济损失，同时，严重地影响了经济建设与社会稳定。如何保证食品安全不仅是一个国家或地区面临的重大问题，也是全世界共同关注的重大问题。因此，需要对人们进行食品安全性的教育，使之掌握食品安全性方面的相关知识，尤其是相关领域专业科技人员对食品安全方面的基本理论和实验技术能力的掌握。

本书参阅了国内外文献资料，在内容上和编排上均较为合理、全面，对目前国内外常用的食品安全实验的内容和方法进行了较为详尽的阐述，包括对致病菌、农药残留、食品添加剂等各类食品中具有安全隐患的危险因子的检测方法。

本书的编者多年从事食品安全方面的教学和科研工作，对本书的编写倾注了极大的热情，付出了大量的心血，编者在编写本书过程中也得到了各方的大力支持。在此，向支持和参与本书编写工作的单位和专家表示衷心的感谢。具体编写分工为：第一章至第四章由中国农业大学车会莲编写，第五章由中国农业大学陈晶瑜编写，第六章、第八章和第九章由农业部食物与营养发展研究所韩娟编写，第七章由天津财经大学珠江学院刘奇勇编写，第十章由南开大学路玲玲编写。

由于本书在编写过程中也参考了一些相关领域的参考书，在此对这些参考书的作者表示感谢。

食品安全的理论和实验技术发展迅猛，数据资料丰富，虽然编者力求内容全面，但是，由于国家法规和技术标准的不断发展变化，以及限于编者的水平，书中难免存在疏漏之处，恳请读者给予批评指正，以待改进，编者感激不尽。

编　者

2017 年 3 月

目　录

第二篇 食品安全实验

第一篇

食品安全实验基础

20 世纪末一系列的重大食品安全事件引起了人们对食品安全问题的高度关注，如日本的大肠杆菌 O157：H7 暴发流行、比利时的二噁英污染和英国的疯牛病事件等。食品安全问题关系到每个人的身体健康，是公共卫生工作中尤为重要的一部分。只有对食品生产中的各个环节和要素进行有效的控制和监督管理，才能最大限度地降低食品安全风险。

本篇对食品在生产、储运、销售和消费过程中经常出现的安全问题进行了系统的总结，并介绍了相关的检测方法。另外，由于食品安全检测实验的设计和实验数据的统计分析也是得到客观实验结果的重要前提，本篇也对此进行了详细的介绍和总结。

第一章　食品安全的概念

与卫生学、营养学、质量学等学科概念不同，食品安全(food security)是个综合概念，它不仅是法律上的概念，更是一个社会、经济、技术上的概念，主要包括食品卫生、食品质量、食品营养等相关方面的内容，涉及食品的生产、贮存、加工、保鲜、营养、质量、卫生、检疫等诸多方面。

第一节　食品安全的定义

食品安全是人们在社会发展和时代进步中新提出的概念，主要包含两个方面的含义，一是以“供给保障”为内涵的食品安全，即供给足够的食品，也称为食品量的安全，是宏观的食品安全概念；二是以“保障人体健康”为内涵的食品安全(food safety)，即供给营养、卫生的食品，也称为食品质的安全，是微观的食品安全概念。这两层含义互为前提，互相制约。《中华人民共和国食品安全法》(以下简称《食品安全法》)中规定，食品安全是指食品无毒和无害，符合应当有的营养要求，对人体健康不造成任何急性、亚急性或者慢性危害。

一、食品量的安全

作为宏观性食品安全概念，食品量的安全是指“保障全球人类，特别是贫困人群食物的可用性和具有获取可用食品的能力”，实际上是指保证人类社会中每个人获得食品的能力，强调每个人都享有免于饥饿和获得充足而富有营养的食品的权力。保障食品量的安全，是整个人类社会共同的责任和义务(图 1.1)。

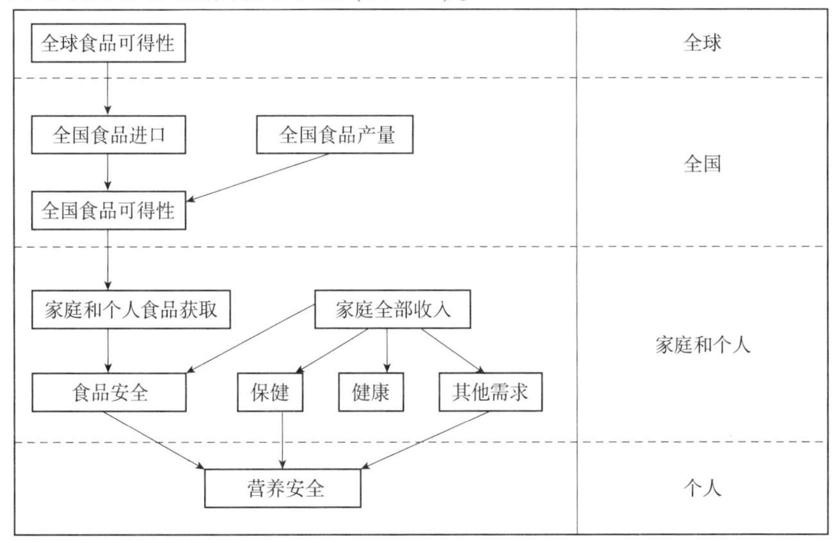

图 1.1　食品量的安全概念

食品量的安全与“粮食安全”的定义类似。世界联合国粮食及农业组织(Food and Agriculture Organization of the United Nations，简称FAO)在1983年4月对“粮食安全”的定义是“粮食安全的最终目标是确保所有人在任何时候都能买得到又能买得起他所需要的基本食品”，这个定义的本质是保障贫困人群食品的供应安全。因此，宏观性的食品量的安全概念强调食品在总量上的供应和获得，保障食品量的安全必须以食品质的安全为前提。

二、食品质的安全

目前，学术界对食品质的安全的内涵和外延还没有一个统一的认识，但食品质的安全的内涵应指食品被消费者食用前各个环节的安全，包括原料的生产和加工、成品或半成品的包装、运输和消费等阶段。1996年世界卫生组织(WHO)在其发表的《加强国家级食品安全计划指南》中，从微观上解释了食品安全，“对食品按其原定用途进行制作和/或食用时，不会使消费者受害的一种保证”。

在满足食品可获得安全性的前提下，食品安全问题就归结到个体营养安全，即社会必须保证每一个人所获得的食品是有营养和安全的，即食品对消费者是无害的。基于以上分析，可将食品质的安全定义为：食品(食物)在种植、养殖、加工、包装、贮藏、运输、销售、消费等活动中，符合国家强制标准和要求，不存在可能损害或威胁人体健康的有毒、有害物质，不得对消费者健康、人身安全造成或者可能造成任何不利的影响。

食品质的安全概念首先应具有综合性，包括食品卫生、食品质量、食品营养等相关方面的内容和食物种植、养殖、加工、包装、贮藏、运输、销售、消费等各环节的安全；其次应具有社会性，不同国家以及不同时期，食品质的安全所面临的突出问题和监管要求有所不同。目前在发达国家，食品质的安全主要关注的是因科学技术发展所引发的问题，如转基因食品对人类健康的影响；而在发展中国家，食品质的安全则侧重因市场经济发育不成熟、食品企业诚信程度还不够高和司法惩戒、补偿程序还不健全等经济、社会发展过程中所引发的监管问题，如假冒伪劣和有毒、有害食品的非法生产经营等。

三、食品量的安全与质的安全的关系

食品量的安全与食品质的安全分别从宏观和微观上反映了食品的功能特性。宏观上，食品量的安全反映了人类对食品在总量上的依赖性，这些依赖性在食物结构上表现为以粮食供应为主的能量型食物，营养水平上表现为“温饱”型生活。没有总体上的食品量的安全保障，就谈不上对食品质的安全的要求。微观上，食品质的安全反映了为保证人体正常生命活动和生理安全对食品成分的营养性和危害性的要求和限制。因此，没有食品质的安全保障，食品量的安全保障是无意义的。可见，食品量的安全与食品质的安全两者之间存在着互为前提、制约和依存的辩证统一关系。受人口持续快速增长和食品生产资源相对短缺的影响，在处理两者关系时，长期以来，人们往往把食品量的安全保障作为矛盾的主要方面，容易忽视食品质的安全。事实上，随着现代高效食品生产体系的建立，人类已经基本上摆脱了食物短缺的困扰，食品质的安全已经上升为主要矛盾而受到全球各界的关注。因此，通常公众理解的“食品安全”是指食品质的安全。

食品中经常存在可能损害健康的物质，也就是说食品常存在危害。这种危害与剂量相关，毒理学中有一个概念“剂量决定毒性”，即如果危害物质的暴露水平在人类允许摄入量以下则产生健康损害的可能性要小得多。一种食品是否安全不仅取决于外来不良因素的影响，也取决于食品本身，食品加工方法以及食用方式、使用数量等是否得当合理，还取决于食用者的身体状态。食品“绝对安全”与“相对安全”的区别在某种程度上反映了消费者与管理者、生产者及科学界对食品安全的认识差异。消费者要求后者提供没有风险的食品，而把不安全食品的出现归因于生产、技术和管理不当。而管理者、生产者和科学工作者是从食品组成及食品科技的现实出发，认为食品安全并不是零风险，而是在提供最丰富营养和最佳食用品质的同时力求把风险降到最低限度。这两种不同的认识既是对立的，又是统一的，是人类从需要与可能、现实与长远的不同侧面对食品安全的认识逐渐发展与深化的表现。

综上所述，食品安全是一个不断发展中的问题，是人类在认识自然、改造自然的进程中不断出现并变化的问题。20 世纪下半叶，随着毒理学、免疫学、分子生物学、分析化学和超微量分析等学科研究手段的提高，有些曾被认为是绝对安全、无污染的食品，后来又发现其中含有某些有毒、有害物质，长期食用可导致消费者慢性毒害或危及其后代健康；而许多被宣布为有毒的化学物质，实际上在环境和食品中都被发现以极微量的形式存在，并在一定含量范围内对人体健康是有益的。总之，食品安全是指生产者所生产的食品符合消费者对食品安全的需要，并经权威部门认定，在合理食用方式和正常食用量的情况下不会导致对健康的损害。《食品安全法》中规定的“食品应当无毒、无害，对人体健康不造成任何危害”就是食品安全的根本内容和定义。

第二节 影响食品安全的因素

随着食品资源的不断开发，食品品种的不断增加，生产规模的扩大和加工、贮藏、运输等环节的增多，消费方式的多样化，人类食物链变得更为复杂。食品中诸多不安全因素可能存在于食物链的各个环节。食品中有可能存在天然或被污染的有害因子，可能会对人体带来安全隐患和伤害，这些危害通常称为食源性危害，依据来源不同，食源性危害分为天然毒素和外界污染物；依据性质不同，食源性危害可分为生物性危害、化学性危害、物理性危害三类。

一、生物性危害

生物性危害是指各种生物(尤其是微生物)因素直接或间接引起的食品危害，主要包括各种生物材料甚至食品加工原料中的某些有害成分，由于处理不当而残留在食品中，影响食品质量或造成安全危害；各种有害微生物、寄生虫等，尤其是食源性病原菌及其代谢产物(如毒素)对食品原料、加工过程或产品等的污染，引起食品安全危害。生物性危害按照产生危害的生物种类可分为以下 5 类。

1. 细菌性危害

食品的细菌性危害是指细菌及其毒素对食用者造成的危害，在各种危害因素中细菌性危害涉及面最广、影响最大、问题最多。控制食品细菌性危害是目前食品安全问题的主要内容。

2. 真菌性危害

真菌性危害主要包括霉菌及其毒素对食用者造成的危害。致病性霉菌产生的霉菌毒素通常致病性很强，并同时伴有致畸、致癌和致突变性，是引起食物中毒的一种严重生物性危害。

3. 病毒性危害

病毒具有专性寄生性，虽然病毒不能在食品中繁殖，但是食品为病毒提供了很好的保存条件，因而病毒可在食品中残存很长时间。

4. 寄生虫危害

寄生虫危害主要是指寄生在动物体内的有害生物，通过食物进入人体后，引起人体患病的一种危害。

5. 虫鼠害

将昆虫、老鼠列入生物性危害，是因为它们会作为病原体的宿主，传播危害人体健康的疾病，有时还会引起人体的过敏反应、胃肠道疾病。

我国地域辽阔，人口众多，各种自然疫源性寄生虫等微生物一旦侵入人体，不仅会造成危害，甚至可导致人类死亡。人类历史上猖獗一时的一些传染性疾病(如结核病、脑膜炎等)，在医药卫生及生活条件改善的情况下，已经得到一定程度的控制。但是，食品生产、流通和消费过程中，都有可能由于管理不善而使病原菌、寄生虫滋生及生物毒素进入人类食物链中。微生物及其毒素导致的传染病是多年来危害人类健康的顽症。

WHO 公布的资料表明，人类与病原微生物较量的每一次胜利，都远非一劳永逸，一些曾经得到有效控制的结核病如今在一定范围内又有蔓延的趋势；由霍乱导致的饮水和环境卫生的恶化又开始出现；登革热、脑膜炎、鼠疫等也在世界一些国家和地区时有发生；一种能引起肠道出血的大肠杆菌在欧、美、日本、中国香港等地先后多次危害人类，在世界上引起很大震动。微生物和寄生虫污染是影响食品安全的主要因素，也始终是各国政府部门和社会各界努力控制的重中之重。

二、物理性危害

物理性危害包括各种可以称之为外来物质的、在食品消费过程中可能使人体致病或致伤的任何非正常杂质，多是由原材料、包装材料以及在加工过程中由设备、操作人员等产生或带来的一些外来物质，如玻璃、金属、石头、塑料等。这些污染物多出现在原料种植养殖、收获、农业生产、加工、贮存、运输、销售、食用等各个环节中。

辐照食品在杀灭食品中有害微生物和寄生虫，延长食品保藏时间，并提供不经高温处理即可保持食品新鲜状态等方面发挥了巨大的作用。目前对辐照食品的安全性研究结果认为，在规定剂量的前提下基本上不存在安全问题，但是使用过大剂量辐照射线照射食品可造成致癌物、诱变物及其他有害物质的生成，破坏食品的营养成分，使微生物产生耐放射性等，这些又会对人体健康产生新的危害，应该引起足够的关注。

三、化学性危害

食品中的化学性危害源于食品原料本身含有的，以及在食品加工过程中污染、添加或由化学反应产生的各种有害化学物质，主要包括以下6类。

1. 天然毒素及过敏原

天然毒素是生物本身含有的或者是在生物代谢过程中产生的某些有害成分，如河豚毒素、发芽马铃薯中的龙葵素(又称茄碱)等。过敏原是食品中的少数蛋白质，通常可以耐受食品加工、加热和烹调，并能够抵抗胃肠道消化液的消化作用。致敏性食品主要有八大类，分别是谷类、贝类、鱼类、蛋类、花生、乳奶类、豆类、坚果类及其制品等。

2. 农业投入品残留

食品中的农药残留危害是由于对农作物施用农药、环境污染、食物链和生物富集作用以及储运过程中食品原料与农药混放等造成的直接或间接农药污染。一些农药(如有机氯农药)在自然界中降解速度极慢，严重污染土壤进而有可能反复通过食品供应链进入人体。目前使用的有机磷类、氨基甲酸酯类、拟除虫菊酯类等农药，虽然用量少、残留期短、易于降解，但由于农业生产中的农药滥用，导致了害虫抗药性的增强，这又使人们加大农药用量，并采用多种农药交替使用，这样的恶性循环，对食品安全性及人类健康构成了很大的威胁。治疗和预防畜禽与鱼贝类疾病会通过直接用药或在饲料中添加大量抗生素等药物，造成动物组织兽药残留，从而通过食物进入人体造成危害。

3. 重金属超标

重金属主要通过环境污染、含金属化学物质的使用、以及食品加工设备和容器等对食品的污染等途径进入食品中，造成食品重金属(如汞、镉、铅等)含量超标。这在一定程度上受食品原料产地的地质、地理条件影响，但是，更为普遍的污染源是工业、采矿、能源、交通、城市排污、农业生产等带来的，它们可以通过环境及食物链危及人类健康。

4. 食品添加剂

食品添加剂对于食品生产具有重要作用。在食品生产中，如果食品添加剂的使用符合国家相关标准的规定，其安全性是有保证的。但如果不按国际相关标准的规定使用，甚至滥用则会给人体带来慢性毒害，包括致畸、致突变、致癌等。

5. 食品包装材料、容器与设备危害

各种食品容器、包装材料和食品用工具、设备直接或间接与食品接触过程中，其中的有害物质，如聚合物单体的溶出等对食品造成污染，进而对人体造成的危害。

6. 加工不当造成的危害

加工不当造成的危害指由原料带来的或在加工过程中形成的一些有害物质。如原料受环境污染及加工方法不当产生的多环芳烃化合物，由环境污染、生物链进入食品原料中的二噁英等，高温油炸或烘烤食品中产生的苯并芘等，它们可在环境和食物链中富集，毒性强，对食品安全的威胁极大。此外，还有食品吸附外来放射性物质造成的食品放射性污染。

第三节　国内外食品安全现状

一、国际食品安全现状

目前，全球食品安全形势仍不容乐观，继欧洲二噁英和日本、欧洲、美国的大肠杆菌O157：H7后，又出现了牛海绵状脑病(BSE，俗称“疯牛病”)等影响食品安全的全球性恶性事件。食源性疾病发病率不断上升，世界范围内的各种食源性病原体感染率仍然呈上升趋势。全世界5岁以下儿童每年发生腹泻的病例约为15亿，导致300多万儿童死亡，其中70%是由食源性病原体污染的食品所致。全球每年因进食水产品不当而感染寄生虫的有4 000万人。美国每年有7 600万食源性疾病患者，占美国人口的1/3；由生物性危害因素引起的暴发次数占总暴发次数的83%，暴发人数占总人数的99%。英国每年有237万食源性疾病病人，也占英国人口的1/3。美国每年由7种特定病原体(空肠弯曲菌、产气荚膜梭状芽孢杆菌、出血性大肠杆菌O157：H7、单核细胞增生李斯特氏菌、沙门氏菌、金黄色葡萄球菌和弓形体虫)造成330万~1 230万人患病和3 900人死亡，估计经济损失为每年65亿~349亿美元。此外，食品生产/加工新技术与新工艺也给人类带来新的危害，世界范围内由于食品安全卫生质量而引起的食品贸易纠纷不断增加。

这些问题已经成为影响各国经济发展、国际贸易以及国家声誉的重要因素。鉴于此，WHO和FAO以及世界各国都加强了食品安全工作，包括机构设置、强化或调整政策法规、监督管理和科技投入。2000年，WHO第53届世界卫生大会首次通过了有关加强食品安全的决议，将食品安全列为WHO的工作重点和最优先解决的领域。美国、欧洲等发达国家和地区纷纷采取措施，建立和完善管理机构体系和法规制度，不仅对食品原料、加工食品建立了较为完善的标准与检测体系，而且对食品生产的环境以及食品生产对环境的影响制定了相应的标准、检测体系及相关法规。

二、我国食品安全现状

我国作为世贸组织(WTO)成员，与世界各国间的食品贸易往来较多，食品安全已经成为影响国际竞争力的重要因素，食品安全也关乎未来我国农业、农村产品经济结构和产业结构的战略性调整。近年来，我国全面推进食品安全治理，大力实施食品放心工程和食品安全专项整治，对食品安全积极广泛地开展国际交流与合作。通过几年来的努力，我国食品监管水平不断提高，制售假冒伪劣食品的猖獗势头得到遏制，食品生产经营秩序逐渐好转，与人民群众生活息息相关的粮、油、蔬菜、肉、水果、乳制品、豆制品和水产品的质量安全状况也得到大幅度改善，国民患食源性疾病的风险降低，突发事件的应急反应能力大幅度提高，公共卫生也得到有效的维护。

目前，我国构建完善了“从农田到餐桌”的技术、质量、认证全称质量监控标准体系，已形成了符合国情的食品生产和加工体系，以及“生产基地—龙头企业—品牌—市场”运转产业链条。AA级绿色食品标准及绿色食品全程质量控制标准体系已初步建立。原国家环保总局还成立了有机食品发展中心，负责有机食品的审批、管理工作，并制定了《有机天然食品生产和加工技术规范》和《有机食品》标准。我国通过认证的有机食品包括粮食、蔬菜、水果、畜禽产品等几大类上百个品种，大部分出口日本、欧美等地，主要面向少数高消费阶层和消费市场。此外，我国食品产业整体水平也有所提高，食品质量安全市场准入制度与“QS”标志实施有助于加强市场食品安全监控。但是在取得这些成绩的同时，我国在食品安全方面还存在一些问题。例如，在我国食品生产中存在着大量小规模生产企业，大量食品经过多个生产环节和中间人，这些小型生产企业还存在基础设施和设备不足的问题，由此，食品暴露和污染及掺假风险增加。我国食品安全状况主要表现在以下几个方面：

①微生物造成的食源性疾病问题仍旧存在。

②化学污染造成的食品安全性问题较为严重，特别是种植业和养殖业的源头污染对食品安全的威胁越来越严重。

③加工过程中出现的食品安全问题日趋显露。

④国际贸易规则中，关于食品安全的规定不可避免地对我国食品贸易带来巨大影响。我国食品被进口国拒绝、扣留、退货，因食品质量问题遭索赔和终止合同的事件时有发生，如我国畜、禽肉长期因兽药残留问题而出口欧盟各国受阻，酱油由于氯丙醇污染问题而影响了向欧盟各国和其他国家出口。

⑤违法生产经营食品问题严重，城乡结合部的一些无证企业和个体工商户及家庭式作坊成为制假售假的集散地。

⑥食品工业中使用新原料、新工艺给食品安全带来许多新问题。现代生物技术（如转基因技术）、益生菌和酶制剂等技术在食品中的应用、食品新资源的开发等，既是国际上关注的食品问题，也是亟待我们研究的问题。

⑦食品安全检测技术不够完善，基础研究经费匮乏。我国某些产品出口欧洲、日本等发达国家时，要求检测百种以上的农药残留，这使得一次能进行多种农药残留分析的技术成为关键技术。

⑧危害性分析技术应用不广。危害性分析是 WTO 和国际食品法典委员会（Codex Alimentarius Commission，CAC）强调的用于制定食品安全技术措施的必要技术手段，也是评估食品安全技术措施有效性的重要手段。

⑨关键控制技术需要进一步研究。在食品中应用“良好农业规范（GAP）”“良好兽医规范（GVP）”“良好生产规范（GMP）”和“危害分析与关键控制点（HACCP）”等食品安全控制技术，对保障产品质量安全十分有效。在实施 GAP 和 GVP 的源头治理方面，我国相关数据还不充分，需要加快研究。我国部分食品企业虽然已经应用了 HACCP 技术，但是缺少结合我国国情的覆盖食品行业的 HACCP 指导原则和评价准则。

第四节　展　望

随着全球性食品贸易的快速增长，战争和灾荒等导致的人口流动，饮食习惯的改变，以及食品加工方式的变化，新的食源性疾病在不断增加，食品安全形势变得越来越严峻，食品安全在日益频繁的国际食品贸易中也显示出越来越重要的作用。我国加入 WTO 后，食品工业的发展有了新的机遇，这也对我国食品生产与流通中的安全性保障提出了新的挑战。食品贸易的全球化会使食品安全问题也“全球化”，因此，需要利用公认的国际标准来协调，危险性评价也应公开透明，并采取国际公认的食品安全控制方法。《实施卫生与植物卫生措施协定》(SPS 协定)、《贸易技术壁垒协定》(TBT 协定)、《食品法典》等文件是建立在国际贸易中能够被各国认可的食品安全标准，可以保证公众健康和确保公平贸易。我国除了要积极采纳这些国际食品安全标准作为我国的食品安全标准外，也应该积极参与国际食品法典的制定，以保护我国的利益。

因此，无论从提高我国人民的生活质量出发，还是从加入 WTO、融入经济全球化潮流角度考虑，我国都应该尽快建立食品安全体系，保证食品安全。食品安全体系主要包括以下几部分：

①加强食品安全诚信体系的建设。

②健全食品安全应急反应机制。

③建立统一协调的法律法规体系。

④提高食品安全科技的水平。

⑤积极开展新技术、新工艺、新材料加工食品安全性评价技术的研究。

⑥建立健全食品召回制度。

此外，还应该健全食品安全专门研究机构，探索食品安全关键技术的研究和食源性危害危险性评估技术，以可靠、快速、便携、精确的食品安全检测技术，积极推进食品安全的全程控制。

思考题

1. 你如何理解食品安全?

2. 你认为我国目前的食品安全吗?

3. 你怎么看食品安全的发展过程?

4. 为什么我国的食品安全问题与发达国家不同?

5. 我国现在与 20 世纪 60 年代相比，食品是更安全了还是更不安全了? 谈谈你的认识。

第二章　食品安全实验的内容

食品中含有的重金属、农药兽药残留、微生物和食品添加剂等会对其产生安全隐患。新型食品，如转基因食品的安全性也逐渐成为人们关注的焦点之一。对这些食品安全问题进行系统详细的了解是进行食品安全实验，保障食品安全的前提条件。

第一节　食品安全理化检验

食品原材料在种植过程中，由于地域、气候、环境等的影响都会受到重金属的污染。人们为了追求高产优质，常会在种植、养殖过程中对植物喷施农药，对动物饲喂各种激素，注射或以其他方式给予抗生素等。在食品的加工、储运、销售和消费等环节中，也会受到食品添加剂残留，重金属及其他有毒、有害物质污染等的影响。因此，我们可以通过理化检验，发现食品中的污染源，从而控制它的侵入途径，以保障食品的安全。

一、食品中的重金属污染

重金属广泛存在于自然界中，人们常将密度大于 4.5g/cm^3 的金属称为重金属，如铜、铅、锌、铁、钴、镍、锰、镉、汞、钨、钼、金、银等，所有重金属在机体内超过一定浓度时都会对人体产生毒害，因此常将重金属元素称为有害金属元素。近年来，随着越来越多的农药化肥用于农业耕作，以及人类对重金属的开采、冶炼、加工和交通运输业的日益发达，大量重金属进入大气、水体、土壤，引起了严重的环境污染。引起环境污染的重金属主要包括汞、镉、铅、铬及类金属砷，这些重金属不能被生物降解，在食物链的生物富集作用下进入人体，产生毒性。它们随食物进入人体后可转变成具有高毒性的化合物，一次大剂量摄入可引起急性中毒，但大多数情况属于低剂量长期摄入后在机体的蓄积造成的慢性危害，且在人体内不易排出。食品安全受到人们的广泛关注，重金属污染的检测问题也显得尤为重要。

1. 重金属的来源与种类

(1) 来源

自然界中重金属来源广泛，如未经处理的工业废水、废气、废渣的排放是汞、镉、铅、砷等重金属元素及其化合物对食品造成污染的主要渠道。大气中的重金属主要来源于能源、运输、冶金和建筑材料生产所产生的气体和粉尘。除汞以外，重金属基本上是以气溶胶的形态进入大气，经过自然沉降和降水进入土壤。农作物通过根系从土壤中吸收并富集重金属，也可通过叶片从大气中吸收气态或尘态铅和汞等重金属元素。据研究，蔬菜中铅含量过高与汽车尾气中铅污染有很大的关系。

食品在种植、养殖、加工、流通各环节都在与重金属紧密接触，如食品加工使用的机械、管道、容器等与食品摩擦接触，会造成微量的金属元素掺入食品中，引起食品的重金属污染；贮藏、运输时，容器与包装材料也会将所含重金属转移至食品中，使食品受到污染。

①自然环境中重金属含量　自然环境中生物体内的元素含量与其所生存的大气、土壤和水环境中这些元素的含量呈明显的正相关，由于不同地区环境中元素分布的不均一性，可造成某些地区某种金属元素的本底值相对高于(或低于)其他地区，而使这些地区生产的食用动植物中这种金属元素含量较高(或较低)，即食品中金属元素含量受地域影响。

②人为环境污染　随着工、农业生产的飞速发展，工业"三废"及汽车尾气排放量逐年增加，这些排放物中含有的大量有害金属元素被释放到环境中，会对环境造成严重的重金属污染。农畜产品在种植、养殖环节，通过大气、土壤及灌溉水吸收了环境中有害金属元素，增加了重金属在其自身的含量。

③生物富集作用　重金属的特点是不能被生物降解，生物半衰期长，即使环境中这些重金属元素的浓度很低，也可以通过食物链的生物放大作用，达到危害人体健康的量。农产品的废弃物回归环境，又污染了环境，形成有害金属的立体循环污染。如果鱼类或贝类富集重金属后被人类所食，或者重金属被稻谷、小麦等农作物所吸收再被人类食用，重金属就会进入人体使人体产生重金属中毒，轻则发生怪病(如水俣病、痛痛病等)，重者死亡。

(2)重金属的种类

影响食品安全性的主要重金属有以下几种：

①铅(Pb)　铅及其化合物广泛存在于自然界。当加热至400℃以上时，铅会随蒸气逸出，在空气中氧化并凝结成烟。使用铅及含铅化合物的工厂排放的废气、废水、废渣可造成环境铅污染。汽油防爆剂中含有铅，故汽车等交通工具排放的废气中含有大量的铅，可造成公路干线附近农作物的严重铅污染。植物可通过根部吸收土壤和水中的铅，通过叶片吸收大气中的铅。含铅农药(如砷酸铅等)的使用，可使农作物遭受铅的污染。相较于植物性食品来说，动物性食品含铅相对少，但如果饲养环节用含铅高的饲料，也会造成动物制品含铅量的增加。

②镉(Cd)　镉的沸点为450℃，有较高的蒸气压。镉蒸气在空气中很快被氧化为氧化镉。当环境中存在二氧化碳、水蒸气、二氧化硫、三氧化硫、氯化氢等气体时，镉蒸气会与之发生反应，分别生成镉的化合物。这些化合物进入环境则可造成环境污染。金属镉一般无毒，而镉化合物特别是氧化镉有较大毒性。镉在工业上的应用十分广泛，工业"三废"尤其是含镉废水的排放，对环境和食物的污染较为严重。空气中的含镉烟尘随大气扩散后向地面降落，沉积于土壤中，而植物主要从土壤中吸收镉。一般食品中均能检出镉，含量范围在0.004~5mg/kg。镉可通过食物链的富集作用而在某些食品中达到很高的浓度，如日本镉污染区稻米平均镉含量为1.41mg/kg(非污染区为0.08mg/kg)，污染区的贝类含镉量可高达420mg/kg(非污染区为0.05mg/kg)。一般而言，海产品、动物性食品(尤其是肾脏)含镉量高于植物性食品，而植物性食品中以谷类和洋葱、豆类、萝卜等蔬菜含镉较多。

③汞(Hg)　又称水银，具有易蒸发的特性，常温下易形成汞蒸气。汞及其化合物广

泛应用于工农业生产和医药卫生行业，可通过废水、废气、废渣等污染环境。其中所含的金属汞或无机汞可以在水体(尤其是底层污泥)中某些微生物的作用下转变为毒性更大的有机汞(主要是甲基汞)，并可由食物链的生物富集作用而在鱼体内达到很高的含量。由水体汞污染而导致其中生活的鱼贝类体内含有大量的甲基汞，这是影响水产品安全性的主要因素之一。汞也可通过含汞农药的使用和污水灌溉农田等途径污染农作物和饲料，造成谷类、蔬菜、水果和动物性食品的汞污染。

④砷(As) 是一种非金属元素，但由于其许多理化性质类似于金属，故常将其归为“类金属”之列。砷的化合物有无机砷和有机砷两类，无机砷多为三价砷或五价砷化合物。砷的毒性与砷的存在形式及砷的价态有关，无机砷的毒性大于有机砷，三价砷的毒性大于五价砷，如砒霜(As_2O_3)是剧毒的，五价砷可以被还原为三价砷，产生剧毒(这是服用大量维生素C，再大量摄入砷超标的海产品而发生中毒的原因所在)。故卫生标准以无机砷制定。砷及其化合物广泛存在于自然界，并大量用于工农业生产中。在含砷农药的使用方面，砷酸铅、砷酸钙、亚砷酸钠等由于毒性大，已很少被使用。有机砷类杀菌剂甲基砷酸锌、甲基砷酸钙、甲基砷酸铁胺和二甲基二硫代氨基甲酸砷等用于防治水稻纹枯病有较好的效果，但由于使用过量或使用时间距收获期太近等原因，可致农作物中砷含量明显增加。水稻孕穗期施用有机砷农药后，收获的稻米中砷残留量可达3~10mg/kg，而正常稻谷含砷不超过1mg/kg。含砷废水对江、河、湖、海的污染以及灌溉农田后对土壤的污染，均可造成对水生生物和农作物的砷污染。水生生物，尤其是甲壳类和某些鱼类对砷有很强的富集能力，其体内砷含量可高出生活水体数千倍，其中大部分是毒性较低的有机砷。

2. 重金属的危害与限量标准

重金属对人体造成的危害，常表现为慢性中毒和远期效应(如致癌、致畸、致突变)。慢性危害的隐蔽性，往往未予重视，当有害金属在人体中积累到一定量时就会危害人体健康。意外事故或故意投毒等会引起急性中毒。

(1)危害特点

①强蓄积毒性 重金属生物半衰期多较长，进入人体后排出缓慢。

②食物链的生物富集作用 从环境中重金属可以经过食物链的生物放大作用，在较高级生物体内高倍地富集，然后通过食物进入人体，在人体的某些器官中积蓄起来造成慢性中毒，危害人体健康。鱼虾等水产品中汞和镉等金属毒物的含量可高达其生存环境浓度的数百倍甚至数千倍。

③生物转化作用 水体中的某些重金属可在微生物作用下转化为毒性更强的金属化合物，如汞的甲基化作用。

(2)各种重金属的危害

重金属污染会对人类造成很大的危害。例如，日本发生的水俣病(汞污染)和痛痛病(镉污染)等公害病，都是由重金属污染引起的。

①铅 铅在人体的生物半衰期为4年，骨骼中可达10年。铅对生物体内许多器官组织都具有不同程度的损害作用，尤其是对造血系统、神经系统和肾脏的损害更为明显，以慢性损害为主。

非职业性接触人群体内的铅主要来自食物。吸收入血的铅大部分(90%以上)与红细胞结合，随后逐渐以磷酸铅盐形式蓄积于骨中，取代骨中的钙。儿童对铅较成人更敏感，过量铅摄入可影响其生长发育，导致智力低下。随着蓄积量的增加，机体可出现一些毒性反应，在肝、肾、脑等组织也有一定的分布并产生毒性作用。体内的铅主要经尿和粪排出，但因其生物半衰期较长，故可长期在体内蓄积。

②镉　镉在人体内的生物半衰期为15~30年。镉进入人体的主要途径是通过食物摄入。食物中镉的存在形式以及膳食中蛋白质、维生素D和钙、锌等元素的含量等因素均可影响镉的吸收，进入人体的镉大部分与低分子硫蛋白结合，形成金属硫蛋白，主要蓄积于肾脏(约占全身蓄积量的1/2)，其次是肝脏(约占全身蓄积量的1/6)。体内的镉可通过粪、尿和毛发等途径排出。

镉对体内巯基酶有较强的抑制作用。镉中毒主要损害肾脏、骨骼和消化系统。临床上出现蛋白尿、氨基酸尿、糖尿和高钙尿，导致体内出现负钙平衡，并由于骨钙析出而发生骨质疏松和病理性骨折。镉除了能引起急、慢性中毒外，国内外也有不少研究表明，镉及含镉化合物对动物和人体有一定的致畸、致癌和致突变作用。

③汞　食品中的金属汞几乎不被吸收，90%以上的汞是随粪便排出体外，而有机汞的消化道吸收率很高，如强毒性的甲基汞90%以上可被人体吸收。吸收的汞迅速分布到全身组织和器官中，但以肝、肾、脑等器官含量最多。

甲基汞的亲脂性和与巯基的亲和力很强，可通过血脑屏障、胎盘屏障和血睾屏障，在脑内蓄积，导致脑和神经系统损伤，并可致胎儿和新生儿的汞中毒。汞是强蓄积性毒物，在人体内的生物半衰期平均为70d左右，在脑内的滞留时间更长，其半衰期为180~250d。体内的汞可通过尿、粪和毛发排出，故毛发中的汞含量可反映体内汞潴留的情况。

④砷　砷进入人体后分布于全身，以肝、肾、脾、肺、皮肤、毛发、指甲和骨骼中蓄积量最高，生物半衰期为80~90d。砷可造成代谢障碍，导致毛细血管通透性增加引发多器官的广泛病变。

急性砷中毒主要是胃肠炎症状，严重者可致中枢神经系统麻痹而死亡，并可出现七窍出血等现象。慢性砷中毒主要表现为神经衰弱综合征，皮肤色素异常(白斑或黑皮症)，皮肤过度角化和末梢神经炎症状。无机砷化合物的“三致”作用也有不少研究报告。

(3)引起危害的影响因素

①金属元素的存在形式　以有机形式存在的金属及水溶性较大的金属盐类，因其消化道吸收较多，通常毒性较大，如氯化汞的消化道吸收率仅为2%左右，而甲基汞的吸收率可达90%以上。但也有例外，如有机砷的毒性低于无机砷。氯化镉和硝酸镉因其水溶性大于硫化镉和碳酸镉，故其毒性较大。

②机体的健康和营养状况　食物中某些营养素的含量和平衡情况，尤其是蛋白质和某些维生素(如维生素C)的营养水平对金属毒物的吸收和毒性有较大的影响。

③金属元素间或金属与非金属元素间的相互作用　如铁可拮抗铅的毒害作用，其原因是铁与铅竞争肠黏膜载体蛋白和其他相关的吸收及转运载体，从而减少铅的吸收；锌可拮抗镉的毒害作用，因锌可与镉竞争含锌金属酶；硒可拮抗汞、铅、镉等重

金属的毒害作用，因硒能与这些金属形成硒蛋白络合物，使其毒性降低，并易于排出体外。

但某些有毒、有害金属元素之间也可能会产生协同作用，如砷和镉的协同作用可造成对巯基酶的严重抑制而增加其毒性，汞和铅可共同作用于神经系统，从而加重其毒性作用。

(4)食品中重金属限量标准

我国在《食品中污染物限量》(GB 2762—2017)中对铅、镉、汞、砷在各类食品中的最高限量进行了规定(表2.1~表2.4)。

表2.1 《食品中污染物限量》(GB 2762—2017)对食品中铅限量指标的规定

食品类别(名称)	限量(以Pb计)/(mg/kg)
谷物及其制品[a][麦片、面筋、八宝粥罐头、带馅(料)面米制品除外]	0.2
麦片、面筋、八宝粥罐头、带馅(料)面米制品	0.5
蔬菜及其制品	
新鲜蔬菜(芸薹类蔬菜、叶菜蔬菜、豆类蔬菜、薯类除外)	0.1
芸薹类蔬菜、叶菜蔬菜	0.3
豆类蔬菜、薯类	0.2
蔬菜制品	1.0
水果及其制品	
新鲜水果(浆果和其他小粒水果除外)	0.1
浆果和其他小粒水果	0.2
水果制品	1.0
食用菌及其制品	1.0
豆类及其制品	
豆类	0.2
豆类制品(豆浆除外)	0.5
豆浆	0.05
藻类及其制品(螺旋藻及其制品除外)	1.0(干重计)
螺旋藻及其制品	2.0(干重计)
坚果及籽类(咖啡豆除外)	0.2
咖啡豆	0.5
肉及肉制品	
肉类(畜禽内脏除外)	0.2
畜禽内脏	0.5
肉制品	0.5

（续）

食品类别（名称）	限量（以 Pb 计）/（mg/kg）
水产动物及其制品	
鲜、冻水产动物（鱼类、甲壳类、双壳类除外）	1.0（去除内脏）
鱼类、甲壳类	0.5
双壳类	1.5
水产制品（海蜇制品除外）	1.0
海蜇制品	2.0
乳及乳制品（生乳、巴氏杀菌乳、灭菌乳、发酵乳、调制乳、乳粉、非脱盐乳清粉除外）	0.3
生乳、巴氏杀菌乳、灭菌乳、发酵乳、调制乳	0.05
乳粉、非脱盐乳清粉	0.5
蛋及蛋制品（皮蛋、皮蛋肠除外）	0.2
皮蛋、皮蛋肠	0.5
油脂及其制品	0.1
调味品（食用盐、香辛料类除外）	1.0
食用盐	2.0
香辛料类	3.0
食糖及淀粉糖	0.5
淀粉及淀粉制品	
食用淀粉	0.2
淀粉制品	0.5
焙烤食品	0.5
饮料类（包装饮用水、果蔬汁类及其饮料、含乳饮料、固体饮料除外）	0.3mg/L
包装饮用水	0.01mg/L
果蔬汁类及其饮料[浓缩果蔬汁（浆）除外]、含乳饮料	0.05mg/L
浓缩果蔬汁（浆）	0.5mg/L
固体饮料	1.0
酒类（蒸馏酒、黄酒除外）	0.2
蒸馏酒、黄酒	0.5
可可制品、巧克力和巧克力制品以及糖果	0.5

（续）

食品类别(名称)	限量(以 Pb 计)/(mg/kg)
冷冻饮品	0.3
特殊膳食用食品	
婴幼儿配方食品(液态产品除外)	0.15(以粉状产品计)
液态产品	0.02(以即食状态计)
婴幼儿辅助食品	
婴幼儿谷类辅助食品(添加鱼类、肝类、蔬菜类的产品除外)	0.2
添加鱼类、肝类、蔬菜类的产品	0.3
婴幼儿罐装辅助食品(以水产及动物肝脏为原料的产品除外)	0.25
以水产及动物肝脏为原料的产品	0.3
特殊医学用途配方食品(特殊医学用途婴儿配方食品涉及的品种除外)	
10 岁以上人群的产品	0.5(以固态产品计)
1 岁~10 岁人群的产品	0.15(以固态产品计)
辅食营养补充品	0.5
运动营养食品	
固态、半固态或粉状	0.5
液态	0.05
孕妇及乳母营养补充食品	0.5
其他类	
果冻	0.5
膨化食品	0.5
茶叶	5
干菊花	5
苦丁茶	2
蜂产品	
蜂蜜	1.0
花粉	0.5

注：a 稻谷以糙米计。

表 2.2 《食品中污染物限量》(GB 2762—2017)对食品中镉限量指标的规定

食品类别(名称)	限量(以 Cd 计)/(mg/kg)
谷物及其制品	
谷物(稻谷[a]除外)	0.1
谷物碾磨加工品(糙米、大米除外)	0.1
稻谷[a]、糙米、大米	0.2

（续）

食品类别(名称)	限量(以 Cd 计)/(mg/kg)
蔬菜及其制品	
新鲜蔬菜(叶菜蔬菜、豆类蔬菜、块根和块茎蔬菜、茎类蔬菜、黄花菜除外)	0.05
叶类蔬菜	0.2
豆类蔬菜、块根和块茎蔬菜、茎类蔬菜(芹菜除外)	0.1
芹菜、黄花菜	0.2
水果及其制品	
新鲜水果	0.05
食用菌及其制品	
新鲜食用菌(香菇和姬松茸除外)	0.2
香菇	0.5
食用菌制品(姬松茸制品除外)	0.5
豆类及其制品	
豆类	0.2
坚果及籽类	
花生	0.5
肉及肉制品	
肉类(畜禽内脏除外)	0.1
畜禽肝脏	0.5
畜禽肾脏	1.0
肉制品(肝脏制品、肾脏制品除外)	0.1
肝脏制品	0.5
肾脏制品	1.0
水产动物及其制品	
鲜、冻水产动物	
鱼类	0.1
甲壳类	0.5
双壳类、腹足类、头足类、棘皮类	2.0(去除内脏)
水产制品	
鱼类罐头(凤尾鱼、旗鱼罐头除外)	0.2
凤尾鱼、旗鱼罐头	0.3
其他鱼类制品(凤尾鱼、旗鱼制品除外)	0.1
凤尾鱼、旗鱼制品	0.3
蛋及蛋制品	0.05

（续）

食品类别（名称）	限量（以 Cd 计）/（mg/kg）
调味品	
食用盐	0.5
鱼类调味品	0.1
饮料类	
包装饮用水（矿泉水除外）	0.005mg/L
矿泉水	0.003mg/L

注：a 稻谷以糙米计。

表 2.3 《食品中污染物限量》（GB 2762—2017）对食品中汞限量指标的规定

食品类别（名称）	限量（以 Hg 计）/（mg/kg）	
	总汞	甲基汞[a]
水产动物及其制品（肉食性鱼类及其制品除外）	—	0.5
肉食性鱼类及其制品	—	1.0
谷物及其制品		
稻谷[b]、糙米、大米、玉米、玉米面（渣、片）、小麦、小麦粉	0.02	—
蔬菜及其制品		
新鲜蔬菜	0.01	—
食用菌及其制品	0.1	—
肉及肉制品		
肉类	0.05	—
乳及乳制品		
生乳、巴氏杀菌乳、灭菌乳、调制乳、发酵乳	0.01	—
蛋及蛋制品		
鲜蛋	0.05	—
调味品		
食用盐	0.1	—
饮料类		
矿泉水	0.001mg/L	—
特殊膳食用食品		
婴幼儿罐装辅助食品	0.02	—

注：a 水产动物及其制品可先测定总汞，当总汞水平不超过甲基汞限量值时，不必测定甲基汞；否则，需再测定甲基汞。

b 稻谷以糙米计。

表 2.4 《食品中污染物限量》(GB 2762—2017)对食品中砷限量指标的规定

食品类别(名称)	限量(以 As 计)/(mg/kg)	
	总砷	无机砷[b]
谷物及其制品		
谷物(稻谷[a]除外)	0.5	—
谷物碾磨加工品(糙米、大米除外)	0.5	—
稻谷[a]、糙米、大米	—	0.2
水产动物及其制品(鱼类及其制品除外)	—	0.5
鱼类及其制品	—	0.1
蔬菜及其制品		
新鲜蔬菜	0.5	—
食用菌及其制品	0.5	—
肉及肉制品	0.5	—
乳及乳制品		
生乳、巴氏杀菌乳、灭菌乳、调制乳、发酵乳	0.1	—
乳粉	0.5	—
油脂及其制品	0.1	—
调味品(水产调味品、藻类调味品和香辛料类除外)	0.5	—
水产调味品(鱼类调味品除外)	—	0.5
鱼类调味品	—	0.1
食糖及淀粉糖	0.5	—
饮料类		
包装饮用水	0.01mg/L	—
可可制品、巧克力和巧克力制品以及糖果		
可可制品、巧克力和巧克力制品	0.5	—
特殊膳食用食品		
婴幼儿辅助食品		
婴幼儿谷类辅助食品(添加藻类的产品除外)	—	0.2
添加藻类的产品	—	0.3
婴幼儿罐装辅助食品(以水产及动物肝脏为原料的产品除外)	—	0.1
以水产及动物肝脏为原料的产品	—	0.3
辅食营养补充品	0.5	—
运动营养食品		
固态、半固态或粉状	0.5	—
液态	0.2	—
孕妇及乳母营养补充食品	0.5	—

注：a 稻谷以糙米计。

b 对于制定无机砷限量的食品可先测定其总砷，当总砷水平不超过无机砷限量值时，不必测定无机砷；否则，需再测定无机砷。

目前，重金属污染已经受到各国政府的强烈关注。欧美等国多次修订了重金属限量标准。如欧盟在 2005 年发布的(EC)No. 78/2005 法案中修订了食品中重金属限量，并于同一年在欧盟国家勒令停止销售含有硒酵母、镉、硼等多种营养素的保健品。2006～2007 年，日本劳动省决定对中国输日蔬菜、水果的重金属铅、砷含量进行不定期抽样检测。韩国也在 2005 年发布了关于中草药中农残金属限量的修正案。

3. 预防和控制措施

随着环保意识的提高及对环境污染的治理，重金属污染问题虽然得到逐步改善，但由于环境本底等原因，在短时间要使食品中的重金属污染降至与国际接轨估计还有相当的难度。我们要积极采取措施，控制环境重金属本底值，降低重金属污染。

(1)消除污染源

这一措施是降低有毒、有害金属元素对食品污染的主要措施。我们要加强环境保护，控制工业“三废”的排放，加强污水处理，监测大气、土壤和水质重金属。

(2)严格管理

妥善保管有毒、有害金属及化合物，防止误食、误用以及意外或人为污染食品。禁用含汞、砷、铅的农药和劣质饲料添加剂，限制农药使用剂量、使用范围、使用时间及允许使用的农药品种，限制动物饲料添加剂中重金属加入量。要进行食品污染监测，建立健全食品污染预警机制，及时采取有效措施，控制食品安全。

4. 重金属的分析检测方法

通常，重金属的分析方法主要有毛细管电泳分析法、电化学方法、离子色谱法和光谱法。

(1)毛细管电泳分析法

毛细管电泳分析法(CE)是荷电粒子或离子以电场为驱动力，在毛细管中按其淌度和分配系数不同进行分离，再经检验器测定的一种检测方法。该方法的最低检出限可达到 ng/mL。目前常用的仪器是高效毛细管电泳仪，仪器简单、易于自动化；分析速度快、分离效率高，并可实现多元素同时测定；操作方便，消耗少；前处理简单，基体效应少，而且应用范围极广，常用于食品、化妆品、污水中微量元素的检测。

(2)电化学方法

①溶出伏安法　是以表面不能更新的液体或固体电极(如悬汞电极或汞膜电极)做工作电极，使被测组分预先富集在工作电极上，再逐步改变电极的电位(反方向外加电压)，使富集在工作电极上的物质重新溶出，根据溶出时的伏安曲线的峰高(或峰面积)进行定量分析的一种方法。它可分为阳极溶出伏安法、吸附溶出伏安法和电位溶出伏安法。该方法最大的优点是灵敏度很高，测定精确度好，能同时进行多组分测定，且不需要贵重仪器。

②离子选择电极法　离子选择电极是一种电化学传感器，其电位与溶液中给定离子活度的对数呈线性关系，对某一特定的离子具有特殊选择性，灵敏度可达 10^{-9}数量级。

离子选择性电极能直接测定液体试样，且不受颜色和浊度的干扰，对复杂样品无须预处理，所需仪器设备简单，操作方便，利于连续与自动分析，因此，此法发展极为迅速，但其也存在一些不足之处，如测量偏差大、电机寿命短等。

(3)离子色谱法

离子色谱法(IC)是以低交换容量的离子交换树脂为固定相对离子性物质进行分离，用电导检测器连续检测流出物电导变化的一种液相色谱方法。

随着技术的发展，ICP-OES测定方法得到普及，消解的样品可直接进入高温等离子体，通过多色仪观测发射线同时进行分析。这一技术的优点在于：能进行70多个元素的分析，每个元素都有很高的灵敏度，其检出限通常为ng/mL，标准曲线的线性范围在6个数量级以上，并且干扰非常小。离子色谱图在环境、食品、化工、电子、生物医药、新材料等许多领域都得到广泛的应用。但是IC也存在一些缺点，如分离效率较低、分析速度相对较慢、有时易受基体影响、分析成本较高等。尽管如此，IC已经是一种硬件相当成熟的技术，在今后相当长的时期内，IC仍将是离子性物质的最佳分离方法。

(4)光谱法

光谱法主要包括以下6种方法。

①原子吸收光谱法(AAS)　是基于被检测元素基态原子在蒸气状态对其原子共振辐射的吸收进行元素定量分析的一种方法。它是食品分析的主要检测技术之一，可以采用电热原子化(石墨炉)、火焰原子化或氰化物发生等方式。这些方法使一个元素可以在痕量水平被精确测定。具有灵敏度高(ng/mL~pg/mL)、准确度高、选择性高、分析速度快等优点。但AAS也存在缺点，主要是它本质上是一种单元素分析技术，不能将其改造成为多元素同时分析或顺序分析，多灯同时预热使得仪器运行费用呈指数上升，杂散光大大增加，仪器稳定性下降，而其分析速度却几乎没有什么改善，更不能与ICP-OES和ICP-MS的分析速度相提并论。AAS是国家规定的用于检测砷、铅、铜、锌、镉、汞等元素的标准方法。

②原子发射光谱法(AES)　是根据原子或离子在电能或热能激发下离解成气态的原子或离子后所发射的特征谱线的波长及其强度来测定物质的化学组成和含量。操作简单、分析速度快；具有较高的灵敏度(ng/mL~pg/mL)和选择性；试剂用量少，一般只需几十毫克至几克；微量分析准确度高；使用原子发射仪测定，仪器较简单；可定性及半定量检测食品中的微量元素。实际应用中，AES常与电感耦合等离子发射技术(ICP)结合使用，已达到更好的效果。

③原子荧光光谱法(AFS)　是介于AES和AAS之间的一种光谱分析技术。其基本原理是基态原子(一般蒸气状态)吸收合适的特定频率的辐射而被激发至高能态，而后激发过程中以光辐射的形式发射出特征波长的荧光。通常使用的仪器是原子荧光光度计。AFS的主要特点是检出限低、灵敏度高，检测限可达pg/mL；AFS还具有谱线简单、干扰小、线性范围宽、易实现多元素同时测定、所用试剂毒性小、便于操作、实用性强等一系列优点。其不足之处在于其使用时会存在荧光淬灭效应、散射光干扰等问题，这导致在测量复杂试样或高含量样品时会遇到困难。因此，其应用不如AAS和AES广泛，但可作为补充。国家标准中，规定AFS是用于检测水中汞含量、果品制品中硒含量以及食品中锡含量的标准方法。

④X射线荧光光谱法(XFS)　是利用样品被激发后所发射的X射线随样品中的元素成分及元素含量的变化而变化来定性或定量测定样品中成分的一种方法，其检测限可达μg/g。

具有分析迅速、样品前处理简单、可分析元素范围广、谱线简单、光谱干扰少、成本低等优点。目前被大量用于无损检测、污水中金属元素的检测以及仪器的无损探视等。该方法还可用于非金属元素的检测。

⑤光学传感器　是20世纪诞生的一种分析重金属离子的方法。它是一种信号传导器，通常与对金属敏感的物质结合使用来达到检测样品中金属元素的目的。

⑥激光诱导分解光谱法(LIBS)　是通过检测激光诱导产生的质子的荧光来达到定性定量检测微量元素的目的。与传统荧光法相比，其灵敏度与精确度更高。

二、食品中的农药残留

作为一个农业大国，中国的农药生产量居世界首位，使用量也居世界前列。农药、兽药、饲料添加剂、化肥、激素等的使用不断增加，在为我国农业生产发挥积极作用的同时，也带来了农业生态环境恶化和农产品污染的问题。质量安全问题的存在不仅危害人们的身体健康，损害消费利益，而且影响农产品的市场竞争力和出口。

目前，世界各国的化学农药品种有1 400多种，农药剂型上万个，进入工业化生产和实际应用的有500多种，作为基本品种使用的有40多种。农药的使用为保障和提高世界食品安全作出了巨大贡献。目前使用的农药，除有机氯类等少数农药外，大多数都能在较短时间内降解为无害物质，所以科学合理的使用农药是必需的，农药对环境的影响也是有限的。但是，不合理和超范围的使用农药，不仅会造成农产品和食品中农药残留超标，还会对江河湖海、土壤等环境产生污染。

1. 定义与分类

农药主要是指用于防治危害农、林、牧业生产中的害虫、害螨、线虫、病原体、杂草及鼠类等有害生物和调节植物生长的化学药品或生物制品。它是现代农业生产中必不可少的重要生产资料。它在农牧业的增产、保收和保存以及人类传染病预防和控制等方面都发挥了重要作用。所谓农药残留是指农药使用后残存于生物体、食品(农副产品)和环境中的微量农药原体、有毒代谢物、降解物和杂质的总称，它具有一定的毒理学意义。而最大残留限量(MRLS)是指按照良好农业规范(GAP)使用农药后，残留在食品(包括宠物食品)中的最大农药浓度。农药使用过量时，其残留量超过最大限量将对人畜产生不良影响或通过食物链对生态系统中的生物造成危害。MRLS超标会对人体健康带来较大的危害。

随着科学技术和工业制造业迅速发展，农药种类越来越多，且发展变化极快。根据其化学成分、防治对象、作用机理和使用形式等的不同，可将其分成很多种类。

根据化学成分的不同，农药可以分成矿物源农药、有机合成农药和生物源农药。矿物源农药是指有效成分来源于矿物无机化合物和石油的农药的总称，包括砷化物、硫化物、氟化物、磷化物和石油乳剂等。有机合成农药是指人工合成并由有机化学工业生产的一类农药。这类农药按其化学成分又可分为有机氯农药、有机磷农药、氨基甲酸酯农药、拟除虫菊酯农药等。有机合成农药的结构复杂，种类繁多，应用广泛，药性强，是现代农药的主体。生物源农药是指直接利用生物产生的天然活性物质或生物活体开发的农药。

根据防治对象的不同，农药可分为杀虫剂、杀螨剂、杀菌剂、杀线虫剂、杀软体动物剂、杀鼠剂、除草剂、脱叶剂、植物生长调节剂等。顾名思义，杀虫剂的防治对象是害虫；杀螨剂的防治对象是红蜘蛛、二斑叶螨等；杀菌剂的防治对象是农作物病原菌，包括真菌、细菌及病毒等；除草剂的防治对象是杂草。其中，杀虫剂应用最广，用量最大，也是毒性较大的一类农药，其次是杀螨剂、杀菌剂和除草剂。

根据作用机理的不同，农药可以分为胃毒剂、触杀剂、熏蒸剂、内吸剂、引诱剂、驱避剂、拒食剂和不育剂等。胃毒剂是指昆虫通过摄食带药的作物，经消化器官吸收药物后显示毒杀作用的药剂。触杀剂是指药剂接触到虫体后，经昆虫体表侵入体内而发生毒效作用的一类药剂。熏蒸剂是指药剂以气体状态分散于空气中，通过昆虫的呼吸道进入虫体而使其死亡的一类药剂。内吸剂是指药剂被植物的根、茎、叶或种子吸收，在植物体内传导分布于各部位，当昆虫吸食植物的液汁时，药剂被吸入虫体内而使其中毒死亡。引诱剂指药物能将昆虫诱集到一起，以便捕杀或用杀虫剂毒杀。驱避剂是将昆虫驱避开来，使作物或被保护的对象免受其害的一类农药。拒食剂是指昆虫受药剂作用后拒绝摄食，从而饿死的一类农药。不育剂是指在药剂作用下，昆虫丧失生育能力，从而降低虫口密度。

2. 危害及限量标准

(1)污染途径

农药在发挥作用防治病虫害的同时，其大量使用也会造成食物污染，主要途径有：

①农田施用农药时直接污染农作物。

②因水质污染造成水产品的污染。

③土壤是农药在环境中的“贮藏库”与“集散地”，施入农田的农药大部分残留于土壤环境介质中，是土壤中的主要污染物之一。进入土壤中的农药的迁移途径主要有吸附、挥发和移动等，土壤中沉积的农药经常通过农作物根系吸收到作物的内部组织而造成污染。

④大气中漂浮的农药随风向、雨水污染地面作物和水生生物。

⑤饲料中残留的农药转入牲畜体内，造成畜产品污染。

⑥其他途径污染，如在粮食、蔬菜、水果贮存、运输过程中，为了防虫和保鲜而是用杀虫剂、杀菌剂；厩舍和牲畜卫生用药以及错用、乱放农药等事故性污染等。

(2)危害

残留的农药具有一定的毒性，是一种重要的化学危害物，可直接或间接(如通过大气、水、土壤)进入粮食、蔬菜、水果、鱼、虾、肉、蛋、奶中，造成食物污染，危害人畜健康和安全。根据农药对实验动物的半数致死量(LD_{50})，可将农药分为高毒、中毒、低毒和微毒4类(表2.5)。

表2.5 农药的毒性分级

毒性分级	LD_{50}/(mg/kg)	对人危害剂量/g	大鼠经口 LD_{50}/(mg/kg)
高毒	<1~50	≤3	3911(甲拌磷，21)、1605(对硫磷，13)、1059(内吸磷，6)
中毒	50~500	3~30	三硫磷(小白鼠，69)、艾氏剂(55)、敌敌畏(80)、七氯(14~60)
低毒	500~5 000	30~300	氯丹(457~590)、福美锌(1 400)、除虫菊(1 500)
微毒	5 000~15 000	>300	代森锌(5 200)、福美双(8 600)

大量的流行病学调查和动物实验研究结果表明，农药对人体的危害主要包括急性毒性和慢性毒性。

①急性毒性是由于较大剂量地接触高毒性农药引起的。人们在生产和使用农药的过程中，由于经常性大量接触农药，误食、误服农药，食用高农药残留的水果和蔬菜，或者食用因农药中毒而死亡的畜禽肉和水产品等都可能引起急性中毒。中毒后常出现神经系统功能紊乱和胃肠道症状，严重时会危及生命。

②慢性毒性主要是由于长期食用残留有脂溶性有机合成农药的食品引起的。长期食用这种食品，使农药在人体内逐渐蓄积，从而导致机体生理功能紊乱，损害神经系统、内分泌系统、生殖系统、肝脏和肾脏，影响机体酶活性，降低机体免疫功能，引起结膜炎、皮肤病、不育、贫血等疾病。

③动物实验和人群流行病学调查表明，某些农药还具有致癌、致畸和致突变作用，或者具有潜在的“三致”作用(表 2.6)。

表 2.6　具有潜在“三致”作用的部分农药品种

危　害	农药种类		
	杀虫剂	杀菌剂	除草剂、植物生长调节剂
动物“三致”实验阳性，作用剂量大，环境中存在少	涕灭威、溴硫磷、氧化乐果等	苯菌灵、灭菌丹等	甲草胺、矮壮素、伊乙烯利等
动物“三致”实验阳性，作用剂量小，环境中存在多	甲萘威、敌敌畏、敌百虫、乐果等	克菌丹、福美双等	氟草净、2,4-D、氟乐灵、除草醚等

(3)限量标准

我国在《食品中农药最大残留限量》(GB 2763—2016)中对乙酰甲胺磷、多菌灵、百菌清、毒死蜱等 433 种农药在各类食品中的最高限量进行了规定，在此列出 4 种(表 2.7~表 2.10)。

表 2.7　《食品中农药最大残留限量》(GB 2763—2016)对食品中乙酰甲胺磷最大残留限量指标的规定

食品类别/名称	最大残留限量/(mg/kg)
谷物	
糙米	1
小麦	0.2
玉米	0.2
油料和油脂	
棉籽	2
大豆	0.3

（续）

食品类别/名称	最大残留限量/(mg/kg)
蔬菜	
鳞茎类蔬菜	1
芸薹属类蔬菜	1
叶菜类蔬菜	1
茄果类蔬菜	1
瓜类蔬菜	1
豆类蔬菜	1
茎类蔬菜(朝鲜蓟除外)	1
朝鲜蓟	0.3
根茎类和薯芋类蔬菜	1
水生类蔬菜	1
芽菜类蔬菜	1
其他类蔬菜	1
水果	
柑橘类水果	0.5
仁果类水果	0.5
核果类水果	0.5
浆果和其他小型水果(越橘除外)	0.5
越橘	0.5
热带和亚热带水果	0.5
瓜果类水果	0.5
饮料类	
茶叶	0.1
调味料	
调味料(干辣椒除外)	0.2
干辣椒	50

表2.8 《食品中农药最大残留限量》(GB 2763—2016)对食品中多菌灵最大残留限量指标的规定

食品类别/名称	最大残留限量/(mg/kg)
谷物	
大米	2
小麦	0.5
大麦	0.5
黑麦	0.05
玉米	0.5
杂粮类	0.5

（续）

食品类别/名称	最大残留限量/(mg/kg)
油料和油脂	
大豆	0.2
花生仁	0.1
油菜籽	0.1
蔬菜	
韭菜	2
抱子甘蓝	0.5
结球莴苣	5
番茄	3
辣椒	2
黄瓜	0.5
西葫芦	0.5
菜豆	0.5
食荚豌豆	0.02
芦笋	0.5
胡萝卜	0.2
水果	
柑橘	5
橙	0.5
柠檬	0.5
柚	0.5
仁果类水果(苹果、梨除外)	3
苹果	5
梨	3
桃	2
油桃	2
李子	0.5
杏	2
樱桃	0.5
枣(鲜)	0.5
黑莓	0.5
醋栗	0.5
葡萄	3
草莓	0.5
西瓜	2
无花果	0.5
橄榄	0.5
香蕉	2

（续）

食品类别/名称	最大残留限量/(mg/kg)
菠萝	0.5
猕猴桃	0.5
荔枝	0.5
芒果	0.5
干制水果	
李子干	0.5
坚果	0.1
糖料	
甜菜	0.1
饮料类	
茶叶	5
咖啡豆	0.1
调味料	
干辣椒	20

表 2.9 《食品中农药最大残留限量》(GB 2763—2016)对食品中百菌清最大残留限量指标的规定

食品类别/名称	最大残留限量/(mg/kg)
谷物	
稻谷	0.2
小麦	0.1
鲜食玉米	5
绿豆	0.2
赤豆	0.2
油料和油脂	
大豆	0.2
花生仁	0.05
蔬菜	
菠菜	5
普通白菜	5
莴苣	5
芹菜	5
大白菜	5
番茄	5
茄子	5
辣椒	5
黄瓜	5

（续）

食品类别/名称	最大残留限量/(mg/kg)
西葫芦	5
丝瓜	5
冬瓜	5
南瓜	5
水果	
柑橘	1
苹果	1
梨	1
葡萄	0.5
西瓜	5
甜瓜	5
荔枝	0.2
香蕉	0.2
食用菌	
蘑菇类(鲜)	5

表 2.10 《食品中农药最大残留限量》(GB 2763—2016)
对食品中毒死蜱最大残留限量指标的规定

食品类别/名称	最大残留限量/(mg/kg)
谷物	
稻谷	0.5
小麦	0.5
玉米	0.05
油料和油脂	
棉籽	0.3
大豆	0.1
花生仁	0.2
棉籽油	0.05
蔬菜	
韭菜	0.1
结球甘蓝	1
花椰菜	1
菠菜	0.1
普通白菜	0.1
莴苣	0.1
芹菜	0.05
大白菜	0.1
番茄	0.5
黄瓜	0.1

（续）

食品类别/名称	最大残留限量/(mg/kg)
菜豆	1
芦笋	0.05
朝鲜蓟	0.05
萝卜	1
胡萝卜	1
根芹菜	1
芋	1
水果	
柑橘	1
橙	2
柠檬	2
柚	2
苹果	1
梨	1
荔枝	1
龙眼	1
糖料	
甜菜	1
甘蔗	0.05

3. 预防与控制措施

(1)加强农药管理

为了实现农药管理的法制化和规范化，我国政府颁布了《农药登记规定》，要求农药在投产之前或进口国外农药之前，必须进行登记。1997年颁布了《农药管理条例》，规定农药的登记和监督管理工作归属农业行政主管部门，并实行农药生产许可制度、产品检验合格制度和农药经营许可制度。未经登记的农药不准用于生产、进口、销售和使用。

(2)合理安全使用农药

为了合理安全使用农药，我国自20世纪70年代后相继禁止或限制使用一些高毒、高残留、有“三致”作用的农药。1971年农业部发布命令，禁止生产、销售和使用有机汞农药。1974年禁止在茶叶生产中使用六六六和DDT，1983年全面禁止使用六六六、DDT和林丹。1982年颁布了《农药安全使用规定》，将农药分为高、中、低毒3类，规定了各种农药的使用范围。《农药安全使用标准》和《农药合理使用准则》规定了常用农药所适用的作物、防治对象、施药时间、最高使用剂量、稀释倍数、施药方法、最多使用次数和安全间隔期、最大残留量等，以保证农产品中农药残留量不超过食品安全标准中规定的最大残留限量标准。严禁在蔬菜、水果、茶叶等农产品的生产中使用高毒、高残留农药。

(3)制定和完善农药残留限量标准

农药施用于作物之后至作物被食用前，通过自然因素和作物代谢作用，有一部分农药逐渐消失，但也有一部分在食品中残留一定的时间。残留部位与作物、农药品种有关。为了保障人体健康，我国政府制定了食品中农药残留限量标准和相应的残留限量检测方法，并对食品中农药残留进行测试。

(4) 消除食品农药残留

采用机械或热处理法，消除或减少残留于粮食糠麸、蔬菜表面和水果表皮的农药。通过洗涤、浸泡、去壳、去皮、加热处理等方法，大幅度消减化学性质不稳定、易溶于水的农药。粮食经加热处理后，DDT 可减少 13%~49%。水果去皮后 DDT 可全部除去，但有一部分六六六，尚残留于果肉中。肉类经过炖煮、烧烤或油炸后，DDT 可除去 25%~47%。植物油经精炼后，残留农药可减少 70%~100%。通过碾磨、烹调加工及发酵，可消减粮食中残留的有机磷农药。

4. 检测与分析方法

如果按照正确的方法科学合理地使用农药，农残的危害是可以得到很好的控制的。但是，由于过去盲目追求高产，滥用农药，从而导致了食物中严重的农药残留，危及食品安全和人体健康。为此，世界各国制定了食品中农药残留的最大允许含量，并建立了各种检测方法。目前，农药残留的分析方法包括色谱学方法、生物学方法、酶抑制方法和免疫学方法。

(1) 色谱分析法

色谱法是根据样品各组分在固定相和流动相间的溶解、吸附、分配、离子交换或亲合作用的差异而建立起来的分离分析方法。典型的色谱法是利用物质在流动相与固定相之间的分配系数的差异来实现分离的。当两相相对运动时，样品各组分在两相中多次分配，分配系数大的组分迁移速度慢，分配系数小的组分迁移速度快，各组分因迁移速率不同而得到分离。经过 100 多年的实践发展，色谱学已经得到很大发展并衍生出很多种类。目前，用于农药残留检测的色谱学方法主要有薄层色谱法(TLC)、气相色谱法(GC)、高效液相色谱法(HPLC)、超临界流体色谱法(SFC)、毛细管电泳法(CE)和色谱与质谱联用法等。除 TLC 外，都需要比较昂贵的仪器设备。

(2) 生物学测定方法

农药残留的生物学测定方法是基于农药对微生物(如发光细菌)和动物(如苍蝇、水蚤)有抑制和杀灭作用，而且农药残留量与其对生物的影响程度之间存在一定剂量关系而建立的一种方法，其又称为活体生物检测法，是利用发光细菌、家蝇和大型水蚤等生物体为作用对象，通过测定农药残留对这些生物的影响程度，从而确定农药残留量的方法。利用发光细菌检测农药残留的根据是农药残留与发光细菌作用后可影响细菌的发光程度，测定发光情况的变化就可以分析农药残留量。该方法快速、简便、灵敏、价廉，是检测蔬菜中有机磷农药残留的快速、有效的方法，也可应用于蔬菜以外的农产品(如水果、稻米等)样品中有机磷农药残留的分析。另外，以敏感品系的家蝇为实验对象，以待测样品喂食后，根据家蝇死亡率便可测出农药残留量，一般在 4~6h 可判断农药残留是否超标。生物检测法虽然操作简单、不需要昂贵的仪器设备，而且结果直观，但是通常检测时间较长，且无法分辨残留农药的种类，准确性也较低。

(3)酶抑制方法

酶抑制方法(EI)是基于某些农药(如有机磷农药)对某些酶(如胆碱酯酶)的活性有抑制作用，并且存在较好的量效关系而建立的方法。通过测定酶水解产物的吸光度、pH 值或荧光强度来反映农药残留对酶的抑制程度，从而检测农药残留量。根据酶的来源不同，酶抑制方法可以分为植物酯酶抑制法和胆碱酯酶抑制法。胆碱酯酶抑制法是目前我国应用比较广泛的农药残留检测法，可分为酶片法、比色法、生物传感器法和 pH 计测量法。酶片法操作具有简单快速、不需要昂贵仪器、检测成本低、能在短时间内检测大量样品等优点，适用于在采样现场监测和对大规模样品进行筛选分析。目前，酶片法检测产品已经进入我国各大蔬菜生产基地、批发市场和部分超级市场，成为我国有机磷和氨基甲酸酯类农药残留 GC 和 HPLC 等仪器分析方法的重要补充。

(4)免疫学方法

免疫学方法(IA)是基于抗原抗体反应而建立的方法，常与酶抑制法结合使用。主要包括酶免疫技术(EIA)、放射免疫技术(RIA)、荧光免疫技术(FIA)和化学发光免疫技术(CLIA)等，其中以 EIA 最为常见。这些方法灵敏度高、特异性强、省时省力，既适合用于实验室检验，又可用于现场筛选。为此，FAO 向世界各国推荐此项技术，美国官方农药化学协会(AOAC)也将免疫分析与 GC、HPLC 共同列为农药残留检测的支柱技术。

三、食品添加剂

食品添加剂(food additive)指为改善食品品质和色、香、味以及为防腐、保鲜和加工工艺的需要而加入食品中的人工合成或者天然物质，还包括营养强化剂、食品用香料、胶基糖果中的基础剂物质和食品工业用加工助剂。它是现代科技发展的产物，它的问世使食品工业得以迅猛发展，可以说，现代食品工业是建立在食品添加剂的基础上的，是食品添加剂改善了食品的品质和色、香、味、形，满足了社会需求，繁荣了食品市场。但食品添加剂多数为化学合成物质，具有一定的毒性，它就像是一把“双刃剑”，若在规定的使用范围和使用剂量内使用，是安全的，但对于像儿童、孕妇、肝脏功能不好等特殊人群来说，选择食物需要谨慎。如果违规滥用食品添加剂，可能引起人体急性中毒、亚急性中毒和慢性中毒。食品添加剂的作用各异，如为改善食品的感官性状及风味的添加剂有着色剂、香料、漂白剂、增稠剂、甜味剂、疏松剂、护色剂、乳化剂等，为防止食品腐败变质或生物污染的添加剂有抗氧化剂和防腐剂，为便于加工的添加剂有稳定剂、乳化剂、消泡剂、食品工业用加工助剂等，为增加食品营养价值的添加剂有营养强化剂，能满足保健或其他特殊人群需要，如无糖食品，碘强化食盐等。现代食品生产已离不开食品添加剂。《食品安全法》第四十五条指出，食品添加剂应当在技术上确有必要且经过风险评估证明安全可靠，方可列入允许使用的范围，只有在为了防腐、营养、加工等技术需要所必不可少时才允许使用。

1. 来源与分类

食品添加剂都是在食品加工过程中根据需要人为加入的，根据其来源不同，可分为三大类。一是天然提取物，是从天然动植物中提取获得的。例如，甜菜红是从甜菜中提取的色素；辣椒红是从辣椒中提取的色素。二是用发酵等方法制备的物质，通常是微生物的发酵产物，也可以通过培养动植物细胞获得。例如，柠檬酸是黑曲霉等微生物的发酵产物；红曲色素是红曲菌的发酵产物。三是化学合成物。例如，苯甲酸钠、山梨酸钾、苋菜红和胭脂红等均是人工合成的化学物质。天然食品添加剂和微生物发酵产物的毒性比化学合成食品添加剂弱，但是天然食品添加剂品种少，价格贵，目前使用的食品添加剂大多属于化学合成食品添加剂。化学合成食品添加剂若按照国家标准正确使用是安全的。我国 2015 年 5 月 24 日实施的《食品添加剂使用标准》(GB 2760—2014)将已批准使用的食品添加剂按功能分为 22 类 1 500 余种。分别为：酸度调节剂、抗结剂、消泡剂、抗氧化剂、漂白剂、膨松剂、胶基糖果中基础剂物质、着色剂、护色剂、乳化剂、酶制剂、增味剂、面粉处理剂、被膜剂、水分保持剂、防腐剂、稳定剂和凝固剂、甜味剂、增稠剂、食品用香料、食品工业用加工助剂以及其他添加剂。

2. 危害及限量标准

(1)食品添加剂的危害

食品添加剂的使用安全与否取决于食品添加剂的使用量。例如，在食品中添加防腐剂，能防止食品因微生物而引起的腐败变质，使食品在一般的自然环境中具有一定的保存期。但防腐剂过量使用不仅能破坏维生素 B_1，还能使钙形成不溶性物质，影响人体对钙的吸收，同时对人的胃肠有刺激作用，还可引发癌症。硝酸盐、亚硝酸盐是护色剂。经常用于肉及肉制品的生产加工，若使用过量可引起中毒反应，3g 即可致死。另外，硝酸盐能透过胎盘进入胎儿体内，6 个月以内的婴儿对硝酸盐类特别敏感，硝酸盐有致胎儿畸形的可能。磷酸三钠、三聚磷酸钠、磷酸二氢钠、六偏磷酸钠、焦磷酸钠是品质改良剂，是通过保水、黏结、增塑、稠化和改善流变性能等作用而改进食品外观或触感的一种食品添加剂。品质改良剂若过量不仅会破坏食品中的各种营养素，而且会严重危害人体健康，在人体内长期积累将会诱发各种疾病，如肿瘤病变、牙龈出血、口角炎、神经炎以及影响到后代畸形和遗传突变等，甚至对人的肝脏功能造成伤害。

食品添加剂引起的远期效应是致癌、致畸与致突变。因为这些毒性作用要经过较长时间才能被发现，而一旦发现，可能受害范围广泛，受害人数众多。尽管尚未有人类肿瘤的发生与食品添加剂有关的直接证据，但许多动物实验已证实大剂量的食品添加剂能诱使动物发生肿瘤。有的食品添加剂本身即可致癌，如糖精钠可引起实验动物的肝肿瘤。有的食品添加剂可在使用过程中与食品中的存在成分发生作用转化为致癌物质，如亚硝酸盐与肉制品的腐败变质产物季胺类化合物结合形成亚硝胺。亚硝胺是目前国际上公认的一种强致癌物质。食品添加剂的致癌、致畸与致突变作用一直是研究的热点。常见致癌食品添加剂有防腐剂、食用色素、香料、调味剂。

(2)食品添加剂的限量标准

我国现行的《食品添加剂使用标准》(GB 2760—2014)，对允许使用的食品添加剂品种、使用范围、最大使用量和允许残留量作出了明确规定。该标准规定了同一功能的食品添加剂在混合使用时，各自用量占其最大使用量的比例之和不应超过 1。以防腐剂为例说明：将两种防腐剂中的 2-苯基苯酚钠盐和 2，4-二氯苯氧乙酸分别用 A(经查询标准，其最大使用量 0. 95g/kg)和 B(最大使用量 0. 01g/kg)表示，在混合使用时 A/0. 95+B/0. 01 应小于等于 1。按照标准检测方法检出食品添加剂或其分解产物在最终食品中的残留量超过该标准规定的残留量水平则是违法的。登陆中国 WTO/TBT-SPS 通报咨询网可查询多个国家及地区的食品添加剂的限量标准。2009 年 3 月 16~20 日，每年一届的国际食品添加剂法典委员会(codex committee on food additives，CCFA)第 41 届会议在上海举行。本次会议共审议了 20 种食品添加剂的新标准或修订标准，以及 111 种香料的新标准。若国际食品法典大会审核批准，即可成为新的国际食品添加剂标准。

3. 预防与控制措施

食品添加剂的研制和使用最重要的是安全性。因此，世界各国都很重视对食品添加剂安全使用的监管，对各种食品添加剂能否使用、适用范围和最大使用量，都有严格的规定，并受法律、法规的制约。食品添加剂法典委员会对食品添加剂的使用进行了严格的规定，并制定了食品添加剂的毒理学安全性评价程序。食品添加剂在被批准以前，都进行了严格的毒理学安全性评价，证明所获批的食品添加剂是经过毒理学安全性评价的，在规定的使用量下是安全的。欧盟环境委员会指出，非加工食品应当禁止使用食品添加剂；儿童食品应当禁止使用甜味剂、色素；其他食品应使用对人体无害的添加剂。我国与世界其他国家一样对食品添加剂的管理非常严格，《食品添加剂卫生管理办法》要求建立完善的食品添加剂审批程序和监督机制。我国规定食品添加剂产品必须符合国家或行业质量标准，尚无国家、行业质量标准的产品，应制定地方或企业标准，按照地方或企业标准组织生产。但是，食品企业使用食品添加剂仍然存在 4 类问题：一是使用目的不正确，一些企业使用添加剂并非为了改善食品品质，提高食品本身的营养价值，而是为了迎合消费者的感官需求、降低成本，违反食品添加剂的使用原则；二是使用方法不科学，不符合食品添加剂使用安全规范要求，超范围、超量使用；三是在达到预期效果的情况下没有尽可能降低在食品中的用量；四是未在食品标签上明确标示，误导消费者。为确保食品添加剂生产和使用的安全性，应建立 HACCP 体系，对食品添加剂的生产、加工、调制、处理、包装、运输、贮存等过程，采取切实有效的措施来加以管制。由于 HACCP 要求食品添加剂生产企业和使用企业通过对食品添加剂加工、使用过程中的危害进行分析，确定关键控制点(CCP)，为每一个关键控制点确定预防措施，并建立关键限值，监测每一关键控制点，当监测显示已建立的关键限值发生偏离时，采取已建立的纠偏措施，使食品添加剂的潜在危害得到预防和控制。

4. 检测与分析方法

(1)检测方法的特殊性

由于食品种类繁多、成分复杂、加工工艺各异，在研究食品添加剂的检测方法与分析含量时，需要注意以下几个独特的特点：

①基质成分复杂　虽然食品添加剂的基质——食品中含有丰富的营养成分，一般每种食品中都含有多种蛋白质、碳水化合物、脂肪、无机盐和维生素等，只是比例不同而已，但是由于食品本身物理和化学性质的不同，同一种食品添加剂在不同食品中的检测方法也有很大差异。

②食品中含量少　食品添加剂在食品中的使用量不像食品原料和辅料那么多，也不能随意添加或增大其使用量，必须严格按照 GB2760—2014 的规定，使用量很少，这就要求其检测方法应具有较高的灵敏度。

③品种多　食品添加剂是为改善食品的品质、色、香、味，以及防腐和满足加工工艺的需要而加入食品中的化学合成或天然物质。从食品添加剂的作用可以看出，一种食品中常常同时存在多种食品添加剂。同时检测这么多种食品添加剂，其困难程度是可以想象的。

④组成化学结构复杂　食品添加剂是加入食品中的化学合成或天然物质，大多结构复杂，尤其是天然物质，组成和结构更加复杂。这给食品添加剂的检测工作带来了相当的难度。

⑤检测的准确性要求高　在食品添加剂使用中，存在的主要安全问题是超标使用、超范围使用、违规使用以及加工不当引起添加剂的不良变化。为保证食品安全，保护消费者健康，对食品添加剂的安全监控水平必须提高，这就需要建立各种定性、定量分析方法，准确分析食品中添加剂的实际使用量。

⑥分析费用高　通常，食品添加剂的分析包括样品预处理、样品制备和萃取等复杂的前处理过程，并采用气相色谱(GC)、高效液相色谱(HPLC)、气相色谱-质谱联用(GC-MS)、液相色谱-质谱联用(LC-MS)、离子色谱、毛细管电泳(CE)和极谱分析等现代分析技术。这些分析技术要求仪器设备有很高的灵敏度、精确度和稳定性，这也使得食品添加剂的分析费用偏高。

(2)分析检测方法

食品添加剂的分析与检测，与食品中其他很多物质(如农药残留)的分析方法一样，首先应针对待分析物质的结构和理化性质，选择适当方法将它们从食品中分离提取出来，以利于进一步的分析和检测。分析方法主要包括滴定法、比色法和仪器分析方法。近年来，滴定法和比色法正在逐渐被灵敏度高、重复性好的各种仪器分析方法和快速检测方法替代。目前，仪器分析方法正成为食品添加剂检测的主要方法。

当前，现代仪器分析方法在食品分析中所占的比重越来越大，并成为现代食品分析的重要支柱之一，尤其是在食品的微量或痕量成分的分析方面，现代仪器分析方法表现出很大的优势。而食品添加剂在食品中含量极低，并且与复杂的食品成分混合在一起，所以现代仪器分析方法在鉴定和分析食品中食品添加剂的种类和含量等方面正发挥着越来越重要的作用。常用食品添加剂的检测方法主要有电化学分析法、分光光度法和色谱分析法等。

四、抗生素及其他有害因素

食品中对食品安全造成危害的理化因素，除重金属、农药残留和食品添加剂这些主要物质外，还存在抗生素和动植物天然毒素等其他有害物质，在保证食品在整个食物链环节中不被重金属污染，农药残留和食品添加剂水平在规定限量以下的同时，还应该保证食品中抗生素含量和天然毒素等的水平在安全范围以内。

1. 抗生素

狭义上讲，抗生素是指微生物在代谢过程中产生的，在低浓度下能抑制他种微生物的生长和活动，甚至杀死他种微生物的化学物质。以前，抗生素来源于微生物，作用对象也是微生物，所以抗生素又被称为抗菌素。如今，抗生素不仅对细菌、霉菌、病毒、螺旋体、藻类等微生物有抑制和杀灭作用，而且对原虫、寄生虫和恶性肿瘤也有良好的抑杀作用。抗生素除了可以来源于微生物外，还可以完全人工合成或部分人工合成(半合成抗生素)。目前抗生素种类很多，估计有几千种。根据抗生素的应用对象不同，可以分为用于农作物疾病防治的农用抗生素、用于家禽和家畜疾病防治的兽用抗生素及用于人类疾病控制的医用抗生素三大类。其中，医用抗生素和农用抗生素在食品中的残留不常见，而兽用抗生素在食品中残留较多。目前，世界各国在食品中经常检测的抗生素残留主要包括β-内酰胺类、氨基糖苷类、四环素类、氯霉素类、大环内酯类和磺胺类六大类抗生素。抗生素常以口服或注射方式大量用于动物疾病的治疗，为饲料业及其发展起到了积极的促进作用。但是抗生素在食品，特别是肉制品中的残留与危害也日渐显露。食品中残留的抗生素，有些经过加热可以破坏，但对于性质稳定的抗生素，如链霉素、新霉素等，经过加热等烹饪过程也不能被破坏。人体长期食用抗生素残留超标的食品会使其转移到人体内，造成危害。

2. 天然生物毒素

动物、植物和微生物在其生长繁殖过程中或在一定条件下产生的对其他生物物种有毒害作用的化学物质，叫作生物毒素，也称为天然毒素。到目前为止，已知化学结构的生物毒素有数千种，包括从简单的小分子化合物到具有复杂结构的有机化合物和蛋白质大分子等几乎所有的化学结构类型，并且许多结构型式还是尚不存在于合成化学中的具有重要意义的新化学结构类型。能够产生生物毒素的生物种类很多，包括细菌、真菌、植物、动物等。生物毒素的种类很多，根据产生毒素的生物种类不同，可将其分为细菌毒素、真菌毒素、植物毒素、动物毒素和海洋生物毒素等(表2.11)。

表2.11 常见生物毒素的种类

种类	主要产毒生物	毒素化学本质	代表性毒素
细菌毒素	病原细菌	蛋白质和脂多糖	肉毒毒素、霍乱毒素、内毒素
真菌毒素	产毒真菌	有机环系化合物	黄曲霉毒素、杂色曲霉毒素
植物毒素	产毒植物	生物碱、萜类、苷类、酚类等	吗啡、乌头碱、蓖麻毒
动物毒素	毒蜂、斑蝥、毒蛇等	多肽和蛋白	蜂毒、斑蝥毒素、蛇毒
海洋生物毒素	藻类、毒贝、河豚等	萜类、生物碱等	沙蚕毒素、微囊藻毒素、河豚毒素

根据毒素的临床表现不同，生物毒素分为光敏毒素、神经毒素、消化道毒素、呼吸系统毒素，以及致畸和致癌毒素等。光敏毒素是指可以使动物或人对光产生过敏反应的毒素。消化道毒素是一类作用于消化道，引起恶心、呕吐和腹泻等症状的毒素。根据作用机理，生物毒素可以分为：作用于细胞膜使细胞破裂的细胞溶解毒素；抑制蛋白质合成的基因毒素；作用于离子通道的毒素；作用于神经突触的神经毒素；凝血和抗凝血的毒素等。另外，根据其化学成分，毒素可以分为蛋白质类毒素、多肽类毒素、糖蛋白类毒素和生物碱类毒素。大多数生物毒素为剧毒物质，常以高特异性选择性地作用于酶、细胞膜、受体、离子通道、核糖体蛋白等特定靶位分子，产生毒害效应，对人畜危害巨大。此外，生物毒素还会造成农业、畜牧业和水产业的损失及环境危害。

第二节　微生物学检验

微生物广泛存在于自然界，食品在原材料的种养殖、加工、储运、销售和消费等环节中不可避免地会受到一定类型和数量的微生物污染，环境条件适宜时，它们就会在食物表面或者内部迅速生长繁殖。菌体本身或者其代谢产物的积累，会造成食品腐败与变质，不仅会使食品的营养和安全性降低，还可能危害人体健康。

污染食品的病原微生物有细菌、病毒、酵母菌和霉菌等。

一、来源与分类

1. 来源

微生物在自然界中的分布极为广泛，空气、土壤、江河、湖泊、海洋等都有数量不等、种类不一的微生物存在。在人类、动物和植物的体表及其与外界相通的腔道中也有多种微生物存在。

土壤为微生物提供了丰富的营养物质和适宜的生长环境，是人类利用微生物资源的主要来源，也是食品微生物污染最重要的来源。水是微生物生存的第二个理想环境，江河、湖海、温泉和下水道中均有微生物存在，水是食品重要的微生物污染源。空气中营养物质缺乏，且受紫外线照射与干燥的影响，不利于微生物生存，其中的微生物主要来自土壤、水、人和动物。动物的皮肤、黏膜、与外界沟通的腔道均有微生物存在，是食品重要的微生物污染源。另外，食品加工过程中使用的设备、器具、包装材料以及原辅料也是食品污染源之一。

2. 分类

微生物种类很多，根据其与食品的关系，大致可分为 3 类。第一类是参与食品品质、风味、质地等产生与改良的微生物，称为有益微生物或食品发酵微生物；第二类是能够在食品中生长繁殖并导致食品腐败变质的微生物，称为食品腐败微生物；第三类是存在于食品中并能够在其中生长繁殖，或者仅仅存在于食品，以食品作为载体但并不在食品中繁殖的微生物(如病毒)，当人们食用含有一定数量微生物菌体或其代谢产物的食品后，引起机体产生病理变化的微生物，称为食源性病原微生物。

(1)食品发酵微生物

最常用的食品发酵微生物有酵母菌、霉菌以及细菌中的乳酸菌(lactic acid bacteria)、醋酸菌(acetic acid bacteria)、黄短杆菌(*Flavobacterium breve*)、棒状杆菌(*Corynebacterium* spp.)等。

使用这些微生物制成的食品主要包括酒精饮料、乳制品、豆制品、发酵蔬菜和调味品等。

(2)食品腐败微生物

食品腐败微生物可使食品发生化学或物理性质变化，从而使食品失去营养价值以及原有组织结构与色、香、味等性状。由于食品的种类、特性与加工方法的不同，引起食品腐败的微生物也各有差异，主要有细菌、霉菌和酵母菌。

(3)食源性病原微生物

食源性病原微生物种类很多，可以是细菌与霉菌，也可以是病毒，其中细菌、霉菌可以在食品中生长与繁殖，病毒则不能。通过食品传播的病毒很少，而霉菌主要通过产生真菌毒素而对机体产生毒害，通常所说的食源性病原微生物主要是指细菌。常见的病原性微生物主要包括沙门氏菌(*Salmonella* spp.)、致病性大肠杆菌(*Escherichia coli*)、金黄色葡萄球菌(*Staphylococcus aureus*)等。

食源性病原细菌对人体的危害很大，世界各国卫生标准中都规定在食品中不得检出。食源性病原菌既可以通过分泌于细胞外的外毒素(通常为蛋白质)，也可以通过存在于细胞壁上的内毒素(通常为脂多糖)对人体产生危害。

二、危害与限量标准

1. 污染途径

(1)通过土壤污染

水果、蔬菜、谷物、豆类等植物性原料的表面，污染有来自园田土壤中的微生物。它们随果实进入食品厂而污染车间的空气、用具，最后对半成品和成品质量产生影响。

(2)通过水污染

食品加工过程中，用水洗涤食品的原料、生产用具、设备与容器，清洗房间、地面，保持工作人员的个人卫生，用水冷却杀菌后的罐头，用水加工食品。因此，水质好坏对食品卫生质量影响较大。水中存在腐败菌，特别是嗜冷性假单胞菌在水中能生长，水中也有病原菌，还可引起食物中毒。

(3)通过空气污染

空气直接或间接将微生物带至食品中。食品暴露于空气中的时间越长，污染越严重。因此，加工食品在封闭条件下操作，可减少污染的概率。

(4)通过人和动物污染

食品从业人员患有某些疾病，接触食品的手又不注意清洗消毒、修剪指甲，很易将病原菌和腐败菌带到食品中。老鼠、苍蝇、蟑螂消化道与皮肤带有大量微生物，通过活动传播至食品。畜禽毛皮和粪便中大量的细菌污染胴体和内脏，成为鲜肉腐败菌类。

(5)通过用具与杂物污染

用于食品的一切用具，如运输工具、生产设备、包装材料或容器等都可作为媒介使食品受到微生物污染。所有用具在使用之后未经清洗杀菌，生长一定种类和数量的微生物。它们接触食品，既是盛放食品的容器，又是微生物的接种工具。

2. 产生的危害

(1)引起食物中毒

食品中含有丰富的营养成分，如各种蛋白质、脂肪、碳水化合物、微生物和无机盐等。细菌的生长需要六大要素：碳源、氮源、能源、水、无机盐和生长因子。不同食品中的营养成分可充分满足各种微生物生长的需求，配以合适的环境条件(如温度、pH 值、氧气等)，微生物就能够大量地在食品中生长繁殖，使食品腐败变质。人或动物食用了腐败变质的食物就会引起食物中毒。细菌引起食物中毒的机制主要有3类：一是感染型，是在中毒细菌的直接参与下引起的食物中毒；二是毒素型，是中毒细菌在食品中产生的毒素同污染的微生物一起或单独随食物被人体摄入后引起的一系列中毒现象；三是混合型，有的细菌性食物中毒既具有感染型食物中毒的特征，又具有毒素型食物中毒的特征，称为混合型食物中毒。

(2)传播人畜共患病

人畜共患病是指由既会使人类致病，又对动物致病的病原菌导致的疾病。在人与动物共患的疾病之中，当前最重要的有结核病、炭疽病、狂犬病、布氏杆菌病、沙门氏菌病和日本乙型脑炎等。

3. 食品中微生物限量标准

限量标准是指单位质量或体积食品中被检微生物的限量要求，它是衡量食品安全质量的关键指标。

(1)食源性病原菌限量标准

国际上对于食源性病原菌定量检验，通常的做法是用小于方法表示限量标准，如<10cfu/g，即在每克检样中检出的目标菌落数应该小于10。国外大多数国家都以cfu/g(mL)来计量微生物和致病微生物指标，粪便指示菌一般采用MPN/g(mL)计量。有的国家限量标准颁布数值分为3~4个等级，分别为满意值、临界值和不满意值等。此外，大多数国家的颁布数值还与其采样计划密切相关，不同的采样计划其微生物限量要求不同。

目前，我国食品卫生标准中，具有国家标准检测方法的食源性病原菌包括沙门氏菌、志贺菌、致泻大肠杆菌、副溶血性弧菌、小肠结肠炎耶尔森菌、空肠弯曲菌、金黄色葡萄球菌、溶血性链球菌、肉毒梭菌、产气荚膜梭菌、蜡样芽孢杆菌、单核细胞增生李斯特菌、椰毒假单胞菌酵米面亚种和霉菌、酵母。通常只检测沙门氏菌、志贺菌、金黄色葡萄球菌、溶血性链球菌4种。对致病菌没有规定限量值，只规定“不得检出/25g”；也未明确表述不同食品致病菌的种类及其限量标准有所不同。

(2)食源性真菌及其毒素限量标准

由于食品中真菌毒素是天然污染物，人类尚不能彻底地免除其危害而不得不容忍少量真菌毒素的存在。尽管面临这种困难的选择，但在过去的数十年中，许多国家已经制定了一些真菌毒素法规，而且新的法规仍然在不断起草之中。由于污染物含量以及世界各地的饮食习惯不同，暴露的情况也各不相同，各国的观点和利益就不同，促进标准协调一致是个缓慢的过程。2004年起，JECFA制定了一组暂定每日最大耐受摄入量。

2017年，我国实施了《食品中真菌毒素限量》(GB 2761—2017)，代替了《食品中真菌毒素限量》(GB 2761—2011)。在制定过程中除了依据毒理实验的结果，还必须进行相当规模的毒素污染调查，以确保所定指标切合实际，与国家农业生产，食品、饲料供应的承受能力相符。在黄曲霉毒素B_1(AFB_1)允许量国家标准的制定中就体现出这种矛盾的调和。AFB_1是强剧毒和强致癌性物质，单纯从毒理学的观念看，检出即视为有毒，但也只能根据普查的实际情况，暂时按照目前规定的标准执行。

三、预防与控制措施

食品微生物污染的预防和控制应该从食品原材料的生产开始，在整个食品加工及流通中都应该进行相应的预防措施。

①应加强防止原料污染的措施，加工食品的原料会直接影响成品质量。

②加强食品生产卫生及从业人员的卫生管理，主要包括合理选择食品厂址，生产车间保持卫生，食品加工工艺合理，正确执行巴氏杀菌及做好防止食品受到二次污染等工作。

③加强食品贮存、运输和销售卫生。

④加强食品卫生监测及环境卫生管理。

四、检测与分析方法

食品在生产、加工、贮存、运输和销售等环节中都可能会污染微生物，所以要完全控制微生物对食品的污染十分困难。为此，加强食品微生物检测是食品安全检测中的一项重要内容。

食品中微生物检测的传统方法主要包括分离纯化、形态学观察及生化反应等，其准确性、灵敏性均较高，但涉及实验步骤烦琐，时间较长。因此，学者们将代谢产物分析技术、免疫学技术与分子生物学技术用于食品微生物，特别是食源性病原微生物的检测与分析，一些快速、准确、特异的检测技术与方法不断涌现，并逐步向仪器化、自动化、标准化方向发展，从而大大提高了食品微生物检验工作的效率。主要有改良培养基法、基于微生物代谢特性的检测方法、分子生物学方法、免疫学方法和生物传感器法等。

第三节　寄生虫检验

“国以民为本、民以食为天、食以安为先”。2006 年 8 月，北京出现因食用福寿螺而感染广州管圆线虫病患者，而这种疾病原来主要发生在南方。最近几年，随着市场开放及饮食习惯的多样化，许多食源性寄生虫疾病的发生范围在迅速扩大，食源性寄生虫感染率明显上升。由于国际交往和旅游业的发展，国外的一些寄生虫病和媒介节肢动物输入我国，给食源性疾病带来了新的挑战。因此，了解食源性寄生虫的种类、危害、检测及预防措施显得越来越重要。人们由于食入带幼虫或虫卵的生、半生食品，从而感染食源性寄生虫病。联合国和 WHO 的一份联合报告称，更好的农场模式和高标准的全球化运输，也能阻止寄生虫进入食物链。根据全球感染案例数量，专家列出了 24 种最危险的食源性寄生虫。

一、来源与分类

1. 来源

寄生虫在自然界中的分布极为广泛，土壤、动植物体表、动物体内等都有数量不等、种类不一的寄生虫存在。食品在生产、加工、流通过程中感染寄生虫，是食品重要的寄生虫污染源。我国农副产品生产源头存在严重的不安全因素。农产品生产多以农户个体作业为主，造成食物主要是在饲养、生产过程中被寄生虫污染。野生动植物或散养动物由于在整个生长过程中不断接触、食用可能被寄生虫污染的水、食物或带虫同类，感染寄生虫的概率很大。

2. 分类

寄生虫种类很多，根据其与食品的关系，当前我国常见的食源性寄生虫主要有 5 类，分别是：植物源性寄生虫、淡水甲壳动物源性寄生虫、鱼源性寄生虫、肉源性寄生虫、螺源性寄生虫等。

因生食或半生食含有感染期寄生虫的食物而感染的寄生虫病，称为食源性寄生虫病。

(1) 植物源性寄生虫

植物源性寄生虫包括布氏姜片虫、肝片形吸虫等。在植物源性寄生虫中以姜片虫最为常见。感染姜片虫后，轻者无明显症状，重者会出现消化不良、腹痛、腹泻，其结果是患者营养较差，出现消瘦、贫血等症，多数人还伴有精神萎靡、倦怠无力等症状。儿童患者有时可致发育障碍和智力减退。

这类寄生虫主要存在于各种水生植物，如水红菱、荸荠、茭白等或其他物体，以囊蚴的形式附着其表面。

(2) 淡水甲壳动物源性寄生虫

淡水甲壳动物源性寄生虫主要是指并殖吸虫，包括卫氏并殖吸虫、斯氏狸殖吸虫。由于食入这些寄生虫后，它们主要寄生于人或动物的肺部，因此又称肺吸虫。卫氏并殖吸虫病的主要症状为咳嗽咯血、胸痛，颇似肺结核病；若虫体侵入脑部，还会出现头痛、癫痫和视力减退等症；若侵入皮肤，可见皮下有包块。

这类寄生虫主要存在于各种淡水甲壳类动物体内，如溪蟹、蝲蛄等。

(3) 鱼源性寄生虫

鱼源性寄生虫包括华支睾吸虫、异型吸虫等，其中以华支睾吸虫最为常见。华支睾吸虫病的病原体是华支睾吸虫，其寄生部位为肝胆管，所以俗称肝吸虫。肝吸虫病病人主要是肝受损，可出现疲劳乏力、消化不良、食欲减退、腹痛腹泻等胃肠道不适症状。如果虫体拥塞在胆管中，也可并发胆道感染及胆结石，严重感染者在晚期可出现肝硬化和腹水，甚至死亡。儿童患者可致发育不良。

这类寄生虫主要存在于各种淡水鱼、虾类动物体内，国内已证实的可作为华支睾吸虫的第二中间宿主的淡水鱼有 12 科 39 属 68 种，其中绝大多数为鲤科淡水鱼，如草鱼、青鱼、鲤鱼、鳊鱼、鳙鱼及野生麦穗鱼等。华支睾吸虫囊蚴几乎遍布鱼全身，但以肌肉最多，其次为鱼皮。

(4) 肉源性寄生虫

肉源性寄生虫常见的有旋毛虫、猪带绦虫、牛带绦虫，弓形虫、裂头蚴等，人们感染这些疾病的临床症状不尽相同。

这类寄生虫主要存在于猪、牛、蛙、蛇等动物体内。

(5) 螺源性寄生虫

螺源性寄生虫较为常见的是广州管圆线虫。广州管圆线虫寄生于鼠肺部血管，偶可寄生人体引起嗜酸性粒细胞增多性脑膜脑炎或脑膜炎。人因生食或半生食含感染性幼虫的中间宿主和转续宿主而感染，生吃被感染性幼虫污染的蔬菜、瓜果或喝生水也可感染。人感染后可能引起脑膜脑炎以及头痛发热、颈部僵硬、面部神经瘫痪等症状，严重者可致痴呆，甚至死亡。

这类寄生虫主要存在于各种螺体内，在我国主要为褐云玛瑙螺、皱疤坚螺、短梨巴蜗牛、中国圆田螺、方形环棱螺、福寿螺和蛞蝓。

食源性寄生虫对人体的危害很大，世界各国卫生标准中都规定在食品中不得检出。食源性寄生虫既可以通过机械破坏(如压迫)，也可以通过毒性作用(如寄生虫的分泌物)等对人体产生危害。

二、危害与限量标准

1. 污染途径

(1)通过土壤污染

水果、蔬菜、谷物、豆类等植物的表面污染有来自园田土壤中的寄生虫虫卵。

(2)通过水污染

用未处理的污水浇灌果园菜地时，水中存在的寄生虫虫卵附着在果蔬的表面，造成污染。

(3)通过人和动物污染

食品从业人员患有某些疾病，接触食品的手又不注意清洗消毒、修剪指甲，很易将寄生虫虫卵带到食品中。猪、牛、鱼、蟹等动物体内可携带大量的寄生虫及其虫卵，作为食品原料感染人类。寄生虫及其虫卵通过病人、病畜的粪便直接或间接污染食品。

(4)通过用具与杂物而污染

用于食品的用具，生熟未分开，如案板、菜刀等都可作为媒介使食品受到寄生虫的污染。

2. 产生的危害

寄生虫对人类的危害包括作为病原引起寄生虫病和作为媒介传播疾病以及给畜禽生产带来经济损失。当前，寄生虫病是危害人类健康的较严重的一类疾病，特别是在热带和亚热带的发展中国家尤为突出。在亚、非、拉丁美洲的农业区，用污水灌溉、新粪施肥，使肠道寄生虫病广为传播。据估计，全世界蛔虫、鞭虫、钩虫、蛲虫感染人数位于前几位，肠道寄生虫感染率是衡量一个国家或地区社会经济发展的重要指标。在经济发达国家，寄生虫病也是公共卫生问题。蓝氏贾第鞭毛虫病、隐孢子虫病是与水源有关的重要疾病，也是“旅游者腹泻”的病因之一。

3. 食品中寄生虫限量标准

美国食品药品管理局(FDA)规定鱼肉必须在-35℃冷冻15h，或是-20℃冷冻7d后才能食用，而欧盟的标准则是在-20℃冷冻超过24h。冷冻方法能够非常有效地抑制异尖线虫病的发生率。欧盟指令2004/853/EC附件3第8部分第3、5章“明显受到寄生虫感染的水产品不得投放市场”的“视觉检查”规定中并没有将寄生虫检验标准进行量化。CAC标准、FAO对寄生虫污染的认定标准为每千克样品个体检测到2个或2个以上直径大于3mm的胶囊状寄生虫，或非胶囊状但长度大于10mm的寄生虫。我国参照FDA的标准，检测1kg待测样品中寄生虫或寄生虫卵。

三、预防与控制措施

食品寄生虫污染的预防和控制应该从食品原材料的生产开始，在整个食品加工及流通中都应该采取相应的预防措施。

①应加强防止原料污染的措施，加工食品的原料会直接影响成品质量。

②加强食品生产卫生及从业人员的卫生管理，主要包括合理选择食品厂址，生产车间保持卫生，食品加工工艺合理，做好防止食品受到二次污染等工作。

③加强食品贮存、运输和销售卫生。

④加强食品卫生监测及环境卫生管理。

四、检测与分析方法

食品在生产、加工、贮存、运输和销售等环节中都可能会污染寄生虫及其虫卵，所以要完全控制寄生虫对食品的污染十分困难。为此，加强食品寄生虫检测是食品安全检测中的一项重要内容。

食品中寄生虫检测的方法根据不同种类的食物可能污染的寄生虫不同，分为不同的检测方法，主要包括消化法、烛光法、挤压烛光法、机械分离沉降法、浓缩集卵法等。

第四节　转基因成分的检测

转基因食品主要涉及农业基因工程和食品基因工程，前者强调提高农作物产量和改善农作物的抗虫、抗病、抗除草剂和抗旱能力；而后者则强调改善食品的营养价值和食用风味，如营养素含量、风味品质、延长食品贮藏和保存时间，以及用食品工程菌生产食品添加剂和功能因子等。转基因技术及其他生物技术的发展与应用，为人类解决粮食、疾病、能源和环境等一系列重大问题带来希望，但也可能对人类健康带来潜在风险，因此研究利用转基因技术生产食品的安全性十分必要。

一、转基因食品的定义及分类

转基因食品(genetically modified foods，GMF)是基因修饰生物体(genetically modified organisms，GMO)中的一类，以GMO为食物或为原料加工生产出的食品就是GMF，指以利用基因工程技术(genetic engineering)改变基因组构成的动物、植物和微生物而生产的食品和食品添加剂。转基因食品是现代生物技术的产物，它利用现代分子生物学技术，将某些生物的基因转移到其他物种中去，改造它们的遗传物质，使其在性状、营养品质、消费品质等方面向人们所需要的目标转变。

根据不同的标准可将转基因食品进行不同的分类，主要是根据基因来源和功能对其进行分类。

1. 根据基因来源分类

将转基因食品分为植物源性转基因食品、动物源性转基因食品和微生物源性转基因食品等。

(1)植物源性转基因食品

植物源性转基因食品是利用转基因技术生产的植物性食品，主要有小麦、玉米、大豆、蔬菜、水稻、马铃薯、番茄及其加工制品等。目前已被批准商业化生产的转基因食品中90%以上为转基因植物及其衍生产品。

(2)动物源性转基因食品

动物源性转基因食品主要产品有肉、蛋、乳、鱼及其他水产品和蜂产品。

(3)微生物源性转基因食品

利用转基因技术改造微生物，以生产食用酶及相关生物制剂，提高酶的产量和活力，有转基因酵母和食品发酵用酶等。

2. 根据功能分类

可将转基因食品分为增产与抗逆型、高营养型、控熟型、保健型、新品种型和加工型等几类。

(1)增产与抗逆型

提高转移或修饰相关基因可达到作物增产及抗逆效果。因此，以增加产量为目的的转基因技术，可以使人类食品的数量大幅度增加，从而可能解决世界人口剧增带来的食物缺乏问题，确保食品安全。

(2)高营养型

许多食品缺少人体必需的氨基酸和脂肪酸以及蛋白质、维生素等营养物质，或者营养素配比不合理，使用转基因技术使其表达的蛋白质具有合理的氨基酸组成或含有必需的不饱和脂肪酸。

(3)控熟型

通过转移或修饰与控制成熟有关的基因使转基因生物的成熟期延迟或提前，以适应市场需求。目前已经培养出成熟速度慢、不易软化和腐败、耐贮存的番茄、甜椒和草莓等果蔬。

(4)保健型

将病原体抗原基因或毒素基因转移至粮食作物、果蔬及动物体内，使其产生相应的抗体，使此类食品具有生物抗体或者抗生素的功能。

(5)新品种型

将不同品种的基因进行重组形成新品种，使其在品质、口感、色泽和香气等方面具有新的特点。

目前，GMF的主要产地是美国、加拿大、欧盟、南非、阿根廷等。我国1992年首先在大田生产种植抗黄瓜花叶病毒(CMV)转基因烟草，成为了世界上第一个商品化种植转基因作物的国家。之后转基因技术在我国得到迅速发展，2009年11月27日，我国农业部批准了两种转基因水稻的安全证书，成为世界上第一个批准转基因作物作为主粮的国家。表2.12表示转基因植物的研究已取得的显著成绩。

表 2.12　已经进入市场的主要转基因植物

作　物	性　状	上市时间	作　物	性　状	上市时间
番茄	延缓成熟	1994	烟草	抗除草剂	1995～1996
番茄	抗真菌	1996	油菜	抗除草剂	1995～1996
水稻	抗病毒	1994	油菜	品质改良	1995～1996
棉花	抗虫	1994	大豆	抗除草剂	1995～1996
棉花	抗除草剂	1995～1996	甜椒	品质改良	1996～1997
西葫芦	抗病毒	1995～1996	玉米	品质改良	1997～1998
白兰瓜	抗病毒	1995～1996	马铃薯	抗真菌	1997～1998
马铃薯	支链淀粉	1995～1996	甜菜	抗除草剂	1998～1999
马铃薯	抗虫	1995～1996	甜菜	抗病毒	1999～2000

二、存在的安全性问题

转基因技术在给人类带来丰富的食品供应和巨大的经济效益同时，可能引起的问题也使人们对其安全性产生了疑问。GMF 安全性问题的研究已经成为转基因技术研究的一个热点。

一般说来，GMF 中外源基因本身对人体不会产生直接毒害作用，因为任何食品中的基因都会在人体消化道内分解成同样的物质后再被吸收和利用。

目前认为，GMF 的食用安全性问题主要表现在以下 4 个方面：

①可能含有对人体有毒害作用的物质（如致癌物）。

②可能含有使人体产生致敏反应的物质。

③营养价值可能与非 GMF 显著不同，长期食用可能对人体健康产生某些不利影响，如可能影响人体的抗病能力。

④由于转基因植物中有 90%以上都使用卡那霉素抗性基因作为标记基因，这些标记基因表达的蛋白质可能对人体肠道中的正常微生物群落造成不利影响，卡那霉素抗性基因还可能被肠道中有害菌吸收，使肠道中耐药性致病菌增多。

三、食品中转基因成分的检测

GMF 中被整合到宿主基因组中的外源基因都具有共同的特点，即由启动子、结构基因和终止子组成，称为基因盒（gene cassete）。在许多情况下，可以有两个或更多的基因盒插入宿主基因组的同一位点或不同位点。GMF 的检测是指对深加工食品和食品原料中的转基因成分进行检测，是对 GMF 进行确定、生产和管理的必要手段。进行转基因操作以后，外源基因是否进入到亲本细胞内，进入细胞的外源基因是否整合到染色体上，整合的方式如何，整合到染色体的外源基因是否表达，只有获得充分证据后才可以认定被测的材料是转基因的。

在检测 GMF 时，主要针对外源启动子、终止子、筛选标记基因、报告基因和结构基因的 DNA 序列和产物进行检测。目前，国内外报道的转基因检测方法主要有两大类：在蛋白质水平上进行检测，包括检测 GMF 中目的基因表达蛋白的酶联免疫吸附测定

(enzyme-linked immunosorbent assay, ELISA)方法和检测表达蛋白生化活性的生化检测法。这些免疫学方法主要是应用单克隆、多克隆或重组形式的抗体成分，可定量或半定量地检测，方法成熟可靠且价格低廉，用于转基因原产品和粗加工产品的检测。在核酸水平上进行检测，即通过 PCR 和 Southern 杂交的方法检测基因组 DNA 中的转基因片段，或者用 RT-PCR 和 Northern 杂交检测转基因植物 mRNA 和反义 RNA，主要检测花椰菜花叶病毒(CaMV)35S 启动子和农杆菌 NOS 终止子、标记基因(主要是一些抗生素抗性基因，如卡那霉素、新潮霉素抗性基因等)和目的基因(抗虫、抗除草剂、抗病和抗逆等基因)。

1. 蛋白质检测

对 GMF 中的蛋白质进行检测的目的是在 GMF 中找出是否含有外源蛋白质，一般是在细胞水平对 GMF 中的蛋白质进行检测。大多数 GMF 都以外源结构基因表达出蛋白质为目的，因此可以通过对外源蛋白的定性、定量检测来达到转基因检测的目的。利用外源结构基因表达的蛋白质制备抗血清，根据抗原抗体特异性结合的原理，以是否产生特异性结合来判断是否含有此蛋白质。该技术具有高度特异性，即便有其他干扰化合物的存在，特异性抗原抗体也能准确地结合。但由于蛋白质容易变性，蛋白质检测方法只适用于未加工的产品。另外，有的 GMF 中外源基因未表达或表达低时，蛋白质检测方法也不适用。常用的外源蛋白检测方法有 ELISA 和 Western 印迹法。

2. 核酸检测

随着分子生物学的发展，各种针对核酸分子的检测方法不断出现和完善，逐步形成了一套核酸分子的检测方法，主要包括聚合酶链式反应(PCR)、Southern 杂交、Northern 杂交、连接酶链式反应(LCR)、PCR-ELISA、NASBA 检测等，这些技术广泛应用与对转基因生物和非转基因生物的检测和功能分析。

四、安全性评价

1. 安全性评价的原则

(1)实质等同性原则

所谓实质等同性，是指如果一种新食品或食品成分与已存在的食品或食品成分实质等同，就安全性而言，它们可以等同对待。它是 1993 年经济合作与发展组织(OECD)提出的。1996 年，FAO/WHO 召开的第二次生物技术安全性评价专家咨询会议，将转基因植物、动物、微生物生产的食品分为 3 类：分别是与现有的传统食品具有实质等同的 GMF；除某些特定的差异外，与传统食品具有实质等同的 GMF；与传统食品没有实质等同的 GMF。

(2)预先防范的原则

预先防范原则是 1992 年联合国环境与发展会议(UNCED)上提出的。其定义为“当环境与人类健康安全遭受严重或不可逆的威胁时，不应以缺乏充分的科学定论为理由，而推迟采取旨在避免或尽量减轻此种威胁的措施”，同时确认预先防范原则为保证环境与人类健康安全以及经济社会可持续发展的关键原则之一。转基因技术作为现代分子生物学最重要的组成部分，是人类有史以来，按照人类自身的意愿实现了遗传物质在人、动物、植物和微生物四大系统间的转移。早在 20 世纪 60 年代末期斯坦福大学教授 P. Berg 就尝试用来自细菌的一段

DNA 与猴病毒 SV40 的 DNA 连接起来，获得了世界上第一例重组 DNA。这项研究曾受到了其他科学家的质疑，因为 SV40 病毒是一种小型动物的肿瘤病毒，可以将人的细胞培养转化为类肿瘤细胞。如果研究中的一些材料扩散到环境中，将对人类造成巨大的灾难。

(3) 个案评估的原则

目前已有 300 多个基因被克隆，用于转基因生物的研究，这些基因来源和功能各不相同，受体生物和基因操作也不相同，因此，必须采取的评价方式是针对不同 GMF 逐个进行评估，该原则也是世界许多国家采取的方式。

(4) 逐步评估的原则

GMF 的研究开发是经过了实验室研究、中间实验、环境释放、生产性实验和商业化生产等几个环节。每个环节对人类健康和环境所造成的风险是不相同的。研究的规模既能够影响风险的种类，又能够影响风险发生的概率。一些小规模的实验有时很难评估大多数 GMF 的性状或行为特征，也很难评价其潜在的效应和对环境的影响。逐步评估的原则就是要求在每一个环节上对 GMF 进行风险评估，并且以前一步的实验结果作为依据来判定是否进行下一阶段的开发研究。

(5) 风险效益平衡的原则

发展转基因技术就是因为该技术可以带来巨大的经济和社会效益。但作为一项新技术，该技术可能带来的风险也是不容忽视的。因此，在对 GMF 进行评估时，应该采用风险和效益平衡的原则，综合进行评估，以获得最大利益的同时，将风险降到最低。

(6) 熟悉性原则

GMF 安全性评价原则中的“熟悉”是指 GMF 的有关性状、与其他生物或环境的相互作用、预期效果等背景知识。GMF 的风险评估既可以在短期内完成，也可能需要长期的监控。这主要取决于人们对 GMF 有关背景的了解和熟悉程度。在风险评估时，应该掌握这样的概念：熟悉并不意味着 GMF 安全，而仅仅意味着可以采用已知的管理程序；不熟悉也并不能表示所评估的 GMF 不安全，也仅意味着对此 GMF 熟悉之前，需要逐步地对可能存在的潜在风险进行评估。因此，“熟悉”是一个动态的过程，不是绝对的，是随着人们对 GMF 的认知和经验的积累而逐步加深的。

2. 安全性评价的内容

GMF 在人体内是否会导致发生基因突变而危害人体健康，是人们对 GMF 的安全性产生怀疑的主要原因，对转基因动植物食品的安全性评价，其内容除包括传统食品的各项分析指标之外，还有特殊的安全性评价内容。主要包括营养学评价、毒理学评价、过敏性评价、非期望效应分析、抗生素标记基因的安全性分析、加工过程对 GMF 安全性影响的分析、GMF 对有毒物质的富集能力分析和环境安全性评价。

第五节　过敏原的检测

食品中含有丰富的营养，为多数人体提供生长、发育和维持代谢必需的各种营养素。但是，少数人群会对一些营养丰富的食品，如鸡蛋，牛奶和大豆等产生不良反应，其中过敏是一种重要的反应。一些免疫系统相对敏感的人群在摄入食物后，其中的某些蛋白质会使其产生皮炎、呕吐、腹泻和哮喘等过敏症状，严重时可能会危及生命，因此对食品中的常见过敏原进行检测分析，对保护少数敏感人群具有重要的意义。

一、过敏原与食物过敏

食物中的某些物质进入机体后，可刺激机体的免疫活性细胞产生相应的抗体或淋巴因子，当机体再次接触同一物质时，会发生过高的免疫反应，造成机体损害，表现出临床疾病，这种现象称为食物过敏(food allergy)。导致人体产生食物过敏的物质称为过敏原或致敏原(allergen)。1995 年，FAO 指出，90%以上的食物过敏是由牛奶、鸡蛋、鱼、贝类、海产品类、花生、大豆、坚果类和小麦引起的。过敏原多为相对分子质量10 000~70 000，耐热、耐酸、耐酶解的蛋白质或糖蛋白。过敏原通常占食品中总蛋白的比例极小。食物过敏可分为 IgE 诱发的食物过敏和非 IgE 诱发的食物过敏。出现食物过敏必须具备两个条件：一是必须接触含有一定量过敏原的食物；二是接触食物的个体应属于过敏体质。这也是为什么同一种食物对有些人会引起过敏，而对另外一些人不会引起过敏，以及同一种食物对同一个人有时会引起过敏、有时不会引起过敏的原因。

二、食品中过敏原的检测

食品中的过敏原种类繁多，且不同人群的敏感差异较大，这就增加了对食物过敏的检测和防控的困难。随着全球化的进程，食品的生产、流通和消费方式呈现国际化趋势，从而使地域性传统食品和新型转基因食品引起食物过敏反应的风险也随之增大。因此，对食物过敏原的检测与分析就显得十分必要了。目前，食物过敏原的检测方法包括两类，一类是被称为过敏诊断的临床检测方法；另一类是直接检测食品中的过敏原。

食品中过敏原的直接检测方法，主要针对食品中的某些特殊过敏性蛋白质，采用免疫学方法与电泳及质谱仪等仪器方法进行分析，也可以针对编码过敏原的特异性基因，采用 PCR 进行分析与检测(表 2.13)。

表 2.13 食品中过敏原的部分检测方法及其特点

检测类型	检测方法	检测对象	特 点
机体过敏诊断	口服刺激法	机体	优点：安全度高，为欧洲诊断食物过敏的标准方法 缺点：成本高，耗时，影响因素多
	皮试法	皮肤	优点：操作简单，速度快，成本低 缺点：对受试者造成痛苦，安全度低，检测结果仅表示过敏反应
	组胺等活性介质释放法	嗜碱/肥大细胞	优点：灵敏、准确 缺点：操作步骤烦琐、费时，样本要求严格，重复性差

（续）

检测类型	检测方法	检测对象	特 点
食品过敏原检测	免疫学方法	食品过敏原	优点：灵敏、特异性、重复性好 缺点：半定量，存在假阳性、假阴性
	双向电泳指纹图谱法	食品过敏原	优点：分辨力强，信息量大，重现性好 缺点：难定量，需专门仪器
	表面增强激光解析电离飞行时间质谱方法	食品过敏原	优点：分辨力强，高灵敏度，重现性好 缺点：成本高，需大型仪器
	实时 PCR 法	食品过敏原编码基因	优点：快速、特异性、重复性好 缺点：编码过敏原的基因背景知识较少，基因片段在食品处理过程中容易丢失

第六节 毒理学评价实验

当使用生理生化方法不能准确评价食品中存在的有害物质对机体的危害时，需要进一步使用毒理学方法进行研究。毒理学(toxicology)是一门既悠久又年轻的学科，它从生物医学的角度研究化学物质对生物体的损害作用及其机制。近年来，毒理学的研究范围一直在扩大，不再限于化学物质，还包括各种有害因素如放射性、微波等物理因素以及生物因素。

随着社会生产的发展，人类使用和接触到的化学物质种类已超过 500 万种，其中包括了大量工农业生产中使用和生产的化学物质，如食品添加剂、化妆品、农药、兽药等，在一定接触剂量和条件下，它们可能产生毒性。这使得毒理学在研究内容和方法上有了极大的发展。食品安全性评价是毒理学的具体应用。

一、毒理学相关概念

食品毒理学是应用毒理学方法研究食品中可能存在或混入的有毒、有害物质对人体健康的潜在危害及其作用机理的一门学科，包括急性食源性疾病以及具有长期效应的慢性食源性危害，涉及食物的生产、加工、运输、贮存及销售的全过程的各个环节，食物生产的工业化和新技术的采用，以及对食物中有害因素的新认识。

1. 毒物及其毒性

(1)毒物

在一定条件下，较小剂量就能够对生物体产生损害作用或使生物体出现异常反应的外源化学物称为毒物(toxicant)。

食物中的毒物来源有天然的或食品变质后产生的毒素、环境污染物、农兽药残留、生物毒素以及食品接触所造成的污染。

(2)毒性

毒性(toxicity)是指外源化学物与机体接触或进入体内的易感部位后，能引起损害作用的相对能力，或简称损伤生物体的能力。也可简述为外源化学物在一定条件下损伤生物体的能力。毒性的大小与剂量、接触条件，包括接触途径、接触期限、速率和频率等因素有关。

(3)剂量、效应、反应及相互关系

①剂量(dose) 指机体接触化学物的量，或在实验中给予机体受试物的量，又可指化学毒物被吸收的量或在体液和靶器官中的量。剂量的单位通常是单位体重接触的外源化学物数量(mg/kg 体重)或环境中的浓度(mg/m^3 空气，mg/L 水)。

②效应(effect) 即生物学效应，指机体在接触一定剂量的化学物后引起的生物学改变。生物学效应一般具有强度性质，为量化效应或称计量资料。例如，有神经性毒剂可抑制胆碱酯酶，酶活性的高低则是以酶活性单位来表示的。效应用于叙述在群体中发生改变的强度时，往往用测定值的均数来表示。

③反应(response) 指接触一定剂量的化学物后，表现出某种生物学效应并达到一定强度的个体在群体中所占的比例，生物学反应常以“阳性”“阴性”“阳性率”等表示，为质化效应或称计数资料。例如，将一定量的化学物给予一组实验动物，引起 50%的动物死亡，则死亡率为该化学物在此剂量下引起的反应。

“效应”仅涉及个体，即一个动物或一个人；而“反应”则涉及群体，如一组动物或一群人。效应可用一定计量单位来表示其强度；反应则以百分率或比值表示。

④剂量-效应关系(dose-effect relationship) 是指不同剂量的毒物与其引起的量化效应强度之间的关系。

⑤剂量-反应关系(dose-response relationship) 是指不同剂量的毒物与其引起的质化效应发生率之间的关系。剂量-反应关系是毒理学的重要概念，如果某种毒物引起机体出现某种损害作用，一般就存在明确的剂量-反应关系(过敏反应例外)。剂量反应关系可用曲线表示，不同毒物在不同条件下引起的反应类型是不同的，常见的剂量-反应曲线有以下几种：

直线型：反应强度与剂量呈直线关系，即随着剂量的增加，反应的强度也随着增强，并成正比例关系。但在生物体内，此种关系较少出现，仅在某些体外实验中，在一定的剂量范围内存在。

“S”形曲线：较为常见，其特点是在低剂量范围内，随着剂量增加，反应强度增高较为缓慢，剂量较高时，反应强度也随之急速增加，但当剂量继续增加时，反应强度增高又趋于缓慢，呈“S”形状。“S”形曲线可分为对称和非对称两种。

抛物线型：剂量与反应呈非线性关系，即随着剂量的增加，反应的强度也增高，且最初增高急速，随后变得缓慢，以致曲线先陡峭后平缓，而成抛物线形。如将此剂量换算成对数值则成一直线。将剂量与反应关系曲线换算成直线，可便于在低剂量与高剂量之间进行互相推算。

剂量-反应关系是从量的角度阐明毒物作用的规律性，而时间-剂量-反应关系是用时间生物学或时间毒理学的方法阐明毒物对机体的影响。

在毒理学实验中，时间-反应关系和时间-剂量关系对于确定毒物的毒作用特点具有重要意义。一般来说，接触毒物后迅速中毒，说明其吸收和分布快、作用直接；反之则说明吸收缓慢或在作用前需经代谢转化。中毒后迅速恢复，说明毒物能很快被排出或被解毒；反之则说明解毒或排泄效率低，或已产生病理或生化方面的损害以致难以恢复。

2. 表示毒性的常用指标

(1)半数致死量(median lethal dose，LD_{50})

LD_{50}指引起一群受试对象50%个体死亡所需的剂量。LD_{50}的单位为mg/kg体重，LD_{50}的数值越小，表示毒物的毒性越强；反之则毒物的毒性越低。绝对致死剂量(absolute lethal dose，LD_{100})指某实验总体中引起一组受试动物全部死亡的最低剂量。最小致死剂量(minimal lethal dose，MLD)指某实验总体的一组受试动物中仅引起个别动物死亡的剂量，其低一档的剂量即不再引起动物死亡。最大耐受剂量(maximal tolerance dose，MTD)指某实验总体的一组受试动物中不引起动物死亡的最大剂量。最小有作用剂量(minimal effective level，MEL)或称阈剂量或阈浓度，是指在一定时间内，一种毒物按一定方式或途径与机体接触，能使某项灵敏的观察指标开始出现异常变化或使机体开始出现损害作用所需的最低剂量，也称中毒阈剂量(toxic threshold level)。

(2)最大无作用剂量(maximal no-effective level，MNEL)

MNEL是指在一定时间内，一种外源化学物按一定方式或途径与机体接触，用最灵敏的实验方法和观察指标，未能观察到任何对机体的损害作用的最高剂量，也称为未观察到损害作用的剂量(no observed effect level，NOEL)。最大无作用剂量是根据亚慢性实验的结果确定的，是评定毒物对机体损害作用的主要依据。ADI值(acceptable daily intake)即日允许摄入量，指在一生中，对消费者健康没有可感知危险的日摄入量。

二、毒理学检测方法

根据接触毒物的时间长短，可将产生的一般毒性作用分为急性毒性、亚慢性毒性和慢性毒性。相应的，根据接触毒物时间的长短所进行的观察和评价毒效应的实验可分为急性毒性实验、亚慢性毒性实验和慢性毒性实验。

1. 急性毒性实验

急性毒性指机体一次给予受试化合物，低毒化合物可在24h内多次给予，经吸入途径和急性接触，通常连续接触4h，最多连续接触不得超过24h，在短期内发生的毒效应。食品毒理学研究的途径主要是经口给予受试物，方式包括灌胃、饲喂、吞咽胶囊等。急性毒性研究的目的主要是探求化学物的致死剂量，以初步评估其对人类的可能毒害的危险性。其次是求该化学物的剂量-反应关系，为其他毒性实验打下选择染毒剂量的基础。

2. 亚慢性毒性实验

亚慢性毒性实验指机体在相当于1/20左右生命期间，少量反复接触某种有害化学和生物因素所引起的损害作用。研究受试动物在其1/20左右生命时间内，少量反复接触受试物后所致损害作用的实验，称为亚慢性毒性实验，也称短期毒性实验。以大鼠平均寿命为两年，亚慢性毒作用实验的接触期为1~2个月。目的是在急性毒性实验的基础上，进一步观察受试物对机体的主要毒性作用及毒物作用的靶器官，并对最大无作用剂量及中毒阈剂量作出初步确定。为慢性实验设计选定最适观测指标及剂量提供直接的参考。

3. 慢性毒性实验

慢性毒性实验指外源化学物质长时间少量反复作用于机体后所引起的损害作用。研究受试动物长时间少量反复接触受试物后，所致损害作用的实验称为慢性毒性实验，也称长期毒性实验。

慢性毒性实验原则上，要求实验动物生命的大部分时间或终生长期接触受试物。各种实验动物寿命长短不同，慢性毒性实验的期限也不相同。在使用大鼠或小鼠时，食品毒理学一般要求接触 1~2 年。

思考题

1. 食品安全实验的主要目的是什么？
2. 食品安全理化检验的主要内容是什么？
3. 转基因成分检测后如何进行安全性评价？
4. 经过食品安全毒理学评价的食品就是安全的食品吗？
5. 食品安全实验的局限性是什么？

第三章　食品安全实验的设计

要保证食品的安全，必须通过各种实验对食品的各项安全指标进行科学、客观的检测。这就需要进行全面而科学的实验设计。实验设计是以概率论和数理统计为理论基础，经济地、科学地安排实验的一项技术。从20世纪20年代问世至今，实验设计的发展大致经历了3个阶段，即早期的单因素和多因素方差分析、传统的正交实验法和近代的调优设计法。实验设计在食品上的典型应用就是对食品安全实验的设计，以保证结果的客观和可靠。好的实验设计既可以节省成本，缩短实验周期，又可以降低数据的波动性，得到科学客观的数据。

第一节　基本概念

实验设计主要包含以下几个方面的内容：①明确的实验指标。②寻找影响实验指标的可能因素(factor)，也称影响因子或输入变量。因素变化的各种状态称为水平，要求根据专业知识初步确定水平的范围。③根据实际问题，选择合适的实验设计方法。实验设计的方法有很多，每种方法都有不同的适用条件，选择了适用的方法就可以事半功倍，选择的方法不正确或者根本没有进行有效的实验设计就会事倍功半。④科学地分析实验结果，包括对数据的直观分析、方差分析、回归分析等多种统计分析。实验设计中涉及的一些概念包括实验指标、实验因素、总体、个体、样本及实验误差与偏差等。

一、实验指标

实验指标是指在实验中用来衡量实验效果的标准。值得注意的是，实验指标要反映实验对象的特性，其测量方法可以实现。实验指标的观测值是指标在一次实验中所测定的值。

实验指标可以分为如下几类：

①计量指标　用量来表示的指标(连续量)。

②计数指标　只能用有限数表示的指标(离散量)。

③属性指标　用性状表示的指标(定性指标)。

④变异指标　统计指标，如方差 S^2。

二、实验因素

实验因素是指实验中被用来研究的工作参数(应可控)，用 A，B，C…表示，其他不研究的工作参数为实验条件或固定参数。实验因素的选择原则是抓主要因素，即未掌握其规律的参数。

因素水平是指因素的不同状态，用不同的量或等级表示，用字母加脚码表示(如 A_1，A_2…)。因素水平的选择应遵循原则的有：

①不知其规律时，水平范围不宜太小。

②要选在指标能改善的范围内。

③单因素时，水平数不宜太少。

④水平间隔不宜太小。

⑤水平不要选在极端边缘上。

三、总体、个体、样本

总体是指所研究现象的全体。个体是总体中的一个。样本由若干个体组成，其量为样本容量，当 $N \geqslant 30$ 时为大样本，$N<30$ 时为小样本。应该注意的是：

①总体是通过样本来研究的。

②取样应有代表性。

四、实验误差与偏差

实验误差的定义：设 μ 为真值，x 为观测值，则误差 $\varepsilon = x - \mu$

$$\mu = \bar{x} = \frac{\sum x_i}{N} \tag{3.1}$$

$$偏差\ \varepsilon' = x - \bar{x} \tag{3.2}$$

实验误差主要分为 3 类：

(1)偶然误差

不可避免，但次数多可消除；呈正态分布且期望值 $\mu = 0$。

(2)系统误差

服从某一确定规律，不可消除。

(3)人为误差

由于人的疏失所造成的误差，多为异常值。

五、实验设计的原理

实验设计的 3 个基本原理是重复、随机化、区组化。

所谓重复，是指基本实验的重复进行。重复有两条重要的性质：

①允许实验者得到实验误差的一个估计量。这个误差的估计量成为确定数据的观察差是否是统计上的实验差的基本度量单位。

②如果样本均值作为实验中一个因素的效应的估计量，则重复允许实验者求得这一效应的更为精确的估计量。

随机化是指实验材料的分配和各个实验进行的次序，都是随机确定的。统计方法要求观察值(或误差)是独立分布的随机变量。随机化通常能使这一假定有效。把实验进行适当的随机化也有助于“均匀”可能出现的外来因素的效应。

区组化是用来提高实验的精确度的一种方法。一个区组就是实验材料的一个部分，相比于实验材料全体它们本身的性质应该更为类似。区组化牵涉到在每个区组内部对感兴趣的实验条件进行比较。

第二节　理化检测及微生物检测、寄生虫检测实验的设计

要检测食品中是否含有超标的重金属、农药兽药残留、食品添加剂以及是否受到病原微生物、寄生虫污染等，就需要对食品进行相应的实验来测定相应指标。在进行实验之前对其进行科学设计是必须的，实验设计中需要考虑的主要有样品的采集、样品的前处理以及检测分析方法的选择。

一、样品采集

样品的采集是指从大量的分析对象中抽取有代表性的一部分样品作为分析材料(分析样品)，简称采样。食品采样的目的在于检验样品感官性质上游区变化，食品的一般成分有无缺陷、有无掺假，加入的食品添加剂等外来物质是否符合国家标准，食品在生产、运输和贮存过程中有无重金属、有害物质和微生物、寄生虫的污染。采样是一个困难而需谨慎对待的过程，正确的采样应遵循两个原则：

①采集的样品要均匀，有代表性，可反映全部被测食品的组成、质量和卫生状况。

②采样过程中要设法保持样品原有的理化指标，防止成分挥发或带入杂质。

采样一般分为3步，依次得到检样、原始样品和平均样品。从大批物料的各个部分采集少量物料称为检样。将所有检样混合在一起称为原始样品。将原始样品经技术处理后抽取一部分作为分析检验的样品称为平均样品。从平均样品中分3份，一份用于全部样品检验，称作检验样品；一份用于在对检验结果有争议时作复检用，称作复检样品；一份作为保留样品。采用方法一般分为随机抽样和代表性取样两类。随机抽样，即按照随机原则，从大批物料中抽取部分样品，操作时，应使所有物料的各个部分被抽中的概率相同。

二、样品的前处理

在食品分析中，为了保证得到准确的分析结果，需要在正式测定之前对样品进行适当处理，使被测组分与其他组分分离，或者除去干扰物质。另外，某些被测物质由于浓度太低或含量太少(如污染物或农药等)，直接测定有一定困难，这就需要将被测物质进行浓缩。另外，食品样品中有些预测组分常有较大的不稳定性，需将样品进行处理后才能获得可靠的测定结果。样品的预处理应遵循消除干扰、完整保留被测组分、浓缩被测组分等原则。样品预处理的常用方法主要有有机物破坏法、溶剂提取法、蒸馏法、色层分离法、化学分离法、掩蔽法和浓缩法等。

三、检测方法

对食品中不同的有害物质进行检测和分析，要得到最客观准确的结果，常常需要选择合适的方法和仪器设备。应根据食品中被测物质的理化性质、含量水平、检测要求和检测

成本选择最合适的方法和仪器。常用于食品添加剂检测的方法主要有分光光度法、比色法和薄层色谱法等；而毛细管电泳分析法(CE)、电化学方法、离子色谱法和光谱法常用于重金属元素的分析检测。

第三节　毒理学实验的设计

毒理学实验经常采用动物模型进行食品的毒性研究。研究结果在一定程度上取决于实验方法测定相关指标的能力以及实验人员作出准确判断的能力。实验的设计中必须要权衡实验的真实可靠性与保证动物权益之间的利与弊。实验中减少动物数不应影响到实验的完整性和结果的准确性。毒理学实验的设计应遵循对照原则、重复原则和随机原则。此外，动物实验的结果经常受到动物品系、处理剂量和给药途径等的影响。

一、动物品系的选择

动物实验在食品危害评估中虽然不是最理想的方法，但仍是目前最好的方法。用于毒理学实验的动物应根据实际情况进行选择(如使用的难易程度、背景资料等)，而不应从其与人类的关系进行选择。因此，将选定的动物对某种物质进行毒理学或代谢实验的结果与人体相关信息进行比较，才能获得较为可靠的结论。此外，动物种属对同一物质可能出现不同的特异性反应，这类差异有些是由毒动学差异引起的，有些则是由灵敏度差异引起，因此，在采用这些资料进行分析鉴定时，要充分考虑到动物种属和品系的差异对毒理学实验结果的影响。

二、处理剂量的选择

由于毒理学实验中动物模型所需的动物远少于处于危险中的人群。因此，为了在少量动物的情况下得到有统计学意义的可靠的结果，需要应用相对较高的剂量，以使效应发生的频率足以被检测。关于对食品主要成分选择合适的剂量进行毒理学分析的研究很多，但仍存在不少问题。例如，用于动物实验的剂量与人体可能摄入量之间的关系，可能会受到这种成分的量、适口性及非理想的营养后果等因素的影响，确定这种关系会受到一定的限制。因此，在对新型食品或转基因食品进行风险鉴定时应采用与单个化学物质不同的方法，将实验的重点放在营养与毒理学的交叉边界，同时还应考虑对食品在上市前进行有关研究获得的结果，如适口性、营养效果和安全评估的后监测等。

三、给药途径的选择

一般对某种化学物质进行毒理学检验最好的给药途径是将其混合在日粮中以便更好地模拟人体摄入途径。通过饮水摄入也是一种较好的实验途径，特别是对饮料中的某些成分进行分析时这种方法更好，但在剂量较大时会受到一定的限制。经口灌胃是一种较好的方法，常用于发育毒理学研究，但给药不方便，特别是研究时间较长时更是如此。口服给药最大的优点是可以大剂量用药，也可避免由于被测物质具有异味而给药困难，因此很适合用于食品主要成分或食品辅助剂成分的毒理学评价。应该注意的是，有些物质在经口填喂给药后其毒性可能与饮食用药不同，因此在采用饮食给药后可能难以重复填喂用药的效果。此外，选择给药方式时还应考虑人群暴露的性质和途径。

思考题

1. 食品安全实验设计的基本原则是什么？
2. 在进行食品安全设计的时候需要注意些什么？
3. 理化检测和微生物检测实验在设计时有什么区别？
4. 在进行毒理学实验设计的时候，是否一定要使用动物实验？
5. 食品安全实验的适用范围是什么？

第四章　食品安全实验结果统计及分析

食品安全实验会得到大量的数据，如果想从这些数据中得出有意义的结论，用统计学方法进行实验设计是必要的。当问题涉及受实验误差影响的数据时，只有统计方法才是客观的分析方法。统计技术是以概率为基础，研究随机现象中确定的数学规律的学科，是应用数学的一个分支，它通过有目的的收集、整理、分析和解释统计数据，能够对其所反映的问题的性质、程度、原因作出科学结论，从而得到正确的认识。在各种实验中，统计分析方法的正确选择是得到可靠统计结论的基本保证。统计方法的选择取决于研究的目的、实验设计方法、研究对象样本量、数据的类型等。

第一节　理化检测数据的分析

食品安全检验离不开对重金属、食品添加剂、农药残留、兽药残留和抗生素等理化指标的检测分析，而对实验得到的数据进行科学的统计分析是对食品安全性作出客观判断所必需的。理化检测数据通常具有检验误差和特征参数。

一、误差类型

理化检验通常需要借助于测量来完成。由于被测量的数值形式通常不能以有限位数表示，又由于认识能力的不足和技术水平的限制，测量值和它的真值并不完全一致，这种矛盾在数值上的表现即为误差。任何测量结果都有误差，并且误差存在于一切测量工作的全过程。实验室测定误差按其性质和产生原因可分为系统误差、随机误差和过失误差。

1. 系统误差

系统误差又称可测误差、恒定误差、定向误差或偏倚，指测量值的总体均值与真值之间的差别，是由测量过程中某些恒定因素造成的。在一定的测量条件下，系统误差会重复地表现出来。误差的大小和方向在多次重复测量中几乎相同，因此增加测量次数不能减少系统误差。系统误差产生的原因有以下几点。

(1) *方法误差*

方法误差是指由于分析方法不够完善所致的误差。因采用方法的最佳条件不当而引起的误差。如在容量分析中，由于指示剂对反应终点的影响，滴定终点与理论等当点不能完全重合。

(2) *仪器误差*

仪器误差是指分析仪器未经校准就使用所带来的误差。如天平不等臂、砝码不准，光度计波长不准，滴定管、移液管、刻度吸管、容量瓶的示值与真值不一致等。

(3) 试剂误差

试剂误差是指所用试剂(包括用水)中含有杂质所致的误差，如基准度试剂及去离子水纯度不够等。

(4) 恒定操作误差

恒定操作误差是指操作者感觉器官的差异、反应的敏捷程度和固有习惯所致的误差。如操作者对滴定终点颜色观察的不同；目测比色对黄色深浅难以敏锐地观察；光度法测定时，仪器吸光度读数的差异；等等。

(5) 恒定环境误差

系由测量时环境因素的显著改变所致。如室温的明显变化、溶液中某组分挥发造成溶液浓度的改变等。

系统误差的大小，决定分析方法的准确度。系统误差越大，分析方法的准确度越差；系统误差越小，分析方法的准确度越高。

2. 随机误差

随机误差又称为不可测误差，是由测量过程中各种随机因素的共同作用造成的，由能够影响测量结果的许多控制因素的微小波动引起的。如测量过程中环境温度的波动、电源电压的小幅度起伏、仪器的噪声、分析人员判断能力和操作技术的微小差异以及前后不一致等。因此，随机误差可以看作是大量随机因素造成的误差的迭加。随机误差遵从统计学的正态分布，它具有以下几个特点。

(1) 有界性

在一定条件下的有限测量值中，其误差的绝对值不会超过一定界限。

(2) 单峰性

绝对值小的误差出现的次数比绝对值大的误差出现的次数多。

(3) 对称性

在测量次数足够多时，绝对值相等的正误差与负误差出现的次数大致相等。

(4) 抵偿性

在一定条件下对同一量进行测量，随机误差的算术平均值随着测量次数的无限增加而趋于零，即误差平均值极限为零。

减少随机误差的方法，除必须严格控制实验条件，按照分析操作规程正确进行各项操作外，还可以利用随机误差的抵偿性，增加测量次数。

3. 过失误差

过失误差也称粗差，是指误差明显地歪曲测量的结果，是由测量过程中犯下了不应该有的错误造成的。如器皿不清洁、加错试剂、错用样品、操作过程中试样大量损失、仪器出现异常而未发现、读数错误、记录错误及计算错误等。过失误差无规律可循。

过失误差一经发现，必须及时改正。过失误差的消除，需要分析人员养成专心、认真、细致的良好工作习惯，不断提高理论和操作技术水平。含有过失误差的测量数据经常表现为离群数据，可以用离群数据的统计检验方法将其剔除。对于确知在操作过程中存在错误情况的测量数据，无论结果好坏，都必须舍弃。

二、特征参数

反应监测质量的特性参数很多，易混淆的主要参数有准确度、精密度和灵敏度等。

1. 准确度

准确度是一个特定的分析程序所获得的分析结果(单次测定值或重复测定的均值)与假定的或公认的真值之间符合程度的度量。一个分析方法或分析测量系统的准确度是反映该方法或该测量存在的系统误差和随机误差的综合指标，它决定着这个分析结果的可靠性。准确度的大小用误差(E)表示。误差小，准确度高；误差大，准确度低。

误差(E)：又分绝对误差和相对误差。

绝对误差：

$$E_{绝}=x_1-u \tag{4.1}$$

式中 x_1——测定值；

u——真值。

相对误差：

$$E_{相}=\frac{x_1-u}{u}\times 100\% \tag{4.2}$$

在实际工作中，样品中待测组分的真值(u)是不知道的，在理化检验中通常用测回收率的办法，即用标准物质做回收率测定的办法来评价分析方法和测量系统的准确度。这是目前实验室中常用而方便的确定准确度的方法。多次回收实验可发现方法的系统误差。回收率的测定，最好选用不含待测物质或含待测物质较少的样品做试样，加入已知待测物质，配成加标样品。要严格按操作中规定的步骤和仪器进行实验，这样才能反映出接近真实的情况。利用回收的方法可以定量地估计干扰物质是否存在及其影响程度。以吸光度法、气相色谱法、原子吸收法最为常见，有时个别容量分析也采用回收率的测定。使用回收率评价准确度时应注意 3 点。

(1)样品中待测物质的浓度和加入标准物质的浓度对回收率的影响

通常标准物质的加入量以与待测物质浓度水平相等或接近为宜。若待测物质浓度较高，则加标后的总浓度不宜超过方法线性范围上限的 90%；若其浓度小于检测限，可按测定下限量加标。在其他任何情况下，加标量不得大于样品待测物含量的 3 倍，以同一样品为本底值，加低、中、高 3 个添加量求回收率，其平均加标回收率一般要求在 80%~110%；一般的，低、中、高 3 个浓度的回收实验才有实际意义，因为这样能够较全面地反映出不同浓度下的回收情况。只做一个浓度回收实验是不全面的，一般来说低浓度回收较差(回收率低)而中高浓度回收率较好。

(2)加入标准物质与样品中待测物质的形态未必一致，即使形态一致，其与样品中其他组分间的关系也未必相同

因而用回收率评价准确度并非全部可靠，尤其应用在食品中更为明显。例如，六六六或 DDT 测定的回收实验，在农副产品，如鱼、乳、肉、蛋中加入的纯品六六六

或 DDT，有的溶解在脂肪中，有的是与某些生物体内物质结合在一起，因此上述回收率测定方法不应该被认为是完全可靠的，但由于本测定方法简便易行，所以实验室一般都采用。

(3)样品中某些干扰物质对待测物质产生的正干扰或负干扰，有时不能被回收率实验发现

如用银量法测定水中氯化物时，由于受到存在于水中的其他卤化物的影响，其回收率结果也不可靠。通常认为不同的分析方法具有相同的不准确性的可能很小。因此，对同一样品用不同方法获得的相同的测定结果可以作为真实值的最佳估计。当采用不同分析方法对同一样品进行重复测定，所得结果一致，或统计检验表明其差异不显著时，则可认为这些方法都具有较好的准确度。若所得结果出现显著差异，应以公认可靠的方法为准。提高分析结果的准确度就是努力减少系统误差，使分析结果接近真实值，主要方法有进行空白实验、对照实验或将仪器进行校正。

2. 精密度

精密度是指一特定的分析程序在受控条件下重复分析均一样品所得测定值的一致程度。它反映了分析方法或测量系统存在的随机误差的大小。精密度是准确度的先决条件，结果准确首先精密度要好。精密度通常用极差、平均值和相对平均偏差、标准偏差和相对标准偏差表示。

(1)极差(R)

极差也叫全距(renge)，是指数据中最大值与最小值之差。

$$R=x_{max}-x_{min}$$

式中 x_{max}——最大值；

x_{min}——最小值。

(2)偏差(d)

精密度的大小通常用偏差表示。各次重复测定的数据越接近则偏差越小，精密度越高；反之，数据越分散，偏差越大，精密度越低。

(3)平均偏差($d_{平}$)

$$d_{平}=x_i-\bar{x} \tag{4.3}$$

式中 x_i——测定值；

$\bar{x}$——测定均值。

(4)相对偏差($d_{相}$)

$$d_{相}=\frac{x_i-\bar{x}}{\bar{x}}\times100\% \tag{4.4}$$

在理化检验中，即使条件完全相同，同一样品的多次检验结果也不完全相同。为了描述这种测定数据间的分散程度，常使用标准(偏)差或变异系数表示。

(5)标准差(S)

标准差是指一组测定值中，每一测定值与测量均值间的平均偏离程度。

$$S = \sqrt{\frac{\sum_{i=1}^{n}(x_i - \bar{x})^2}{n-1}} \tag{4.5}$$

根据统计学常识可知：标准差越小，说明各测定值越接近平均值，即离散程度越小，说明方法的精密度越高，方法稳定性、重显性好。但标准差(S)毕竟是一个绝对值，仍没有考虑平均值的大小。如附上变异系数(CV)，即标准差(S)对平均值($\bar{x}$)的相对百分数，就更能说明方法的精密度，因此，目前表示分析方法精密度都用(S)和(CV)两个指标表示。

(6) 变异系数(CV)

变异系数又叫相对标准偏差。

$$CV = \frac{S}{\bar{x}} \times 100\% \tag{4.6}$$

在数理统计中常用平行性、重复性、再现性来检验精密度。在精密度分析中应注意如下问题：

①分析结果的精密度与样品中待测物质的浓度水平有关。必要时应取两个或两个以上的不同浓度水平的样品进行分析方法精密度的检查。

②精密度可随实验条件的改变而有所变动。

③因为标准偏差的可靠程度受测量次数的影响，为了对标准偏差作出较好估计，需要足够多的测量次数。

④质量保证和质量控制中经常用分析标准溶液的办法来了解分析方法的精密度，这与分析实际样品的精密度可能存在一定的差异。

3. 灵敏度

灵敏度是指一个方法的单位浓度或单位量的待测物质的变化所引起的响应量变化的程度。因此，它可用仪器的响应量或其他指示量与对应的待测物质的浓度或量之比来描述。

实际工作中常以校准曲线的斜率度量灵敏度。一个方法的灵敏度可因实验条件的变化而改变。在一定的实验条件下，灵敏度具有相对的稳定性。

通过校准曲线可以把仪器响应量与待测物质的浓度或定量联系起来。用下式表示校准曲线的直线部分：

$$A = cK + a \tag{4.7}$$

式中 A——仪器的响应量；

c——待测物质的浓度；

a——校准曲线的截距；

K——方法的灵敏度。

4. 检测限、测定限和最佳测定范围

(1) 检测限

检测限是指对某一特定分析方法在给定的可靠程度内可以从样品中检测待测物质的最小浓度或最小量。所谓检测是指定性检测，即断定样品确实存在有浓度高于空白的待测物质。

(2)测定限

测定限可分为测定下限与测定上限。

在限定误差能满足假设要求的前提下，用特定方法能够准确地定量测定待测物质的最小浓度或量，称为该方法的测定下限。测定下限反映出定量分析方法能准确测定低浓度水平待测物质的极限可能性。在没有(或消除了)系统误差的前提下，它受精密度要求的限制(精密度通常以相对标准偏差表示)，对特定的分析方法来说，精密度要求越高，测定下限高于检出限越多。

在限定误差能满足预定要求的前提下，用特定方法能够准确地定量测定待测物质的最大浓度或量，称为该方法的测定上限。对没有(或消除了)系统误差的特定分析方法来说，精密度要求不同，可能有所不同，要求越高，则测定上限低于检测上限越多。

(3)最佳测定范围

最佳测定范围指在限定误差能满足预定要求的前提下，特定方法的测定下限至测定上限之间的浓度范围。在此范围内能够准确地定量测定待测物质的浓度(或量)。最佳测定范围应小于方法的适用范围。对测量结果的精密度(通常以相对标准偏差表示)要求越高，相应的最佳测定范围越小。

在食品理化指标数据的统计分析中，常以数据的准确度、精密度等来衡量实验设计所选用的检测方法的可靠性与科学性，当数据的准确度和精密度均较高时认为该方法测得的结果可靠，再将结果与相关标准中规定的限量进行比较，测量的理化指标数值低于或高于规定的相关数值，则判定合格，在食品安全监测中，常以合格率来表示食品的安全程度，即测定结果合格的样品占整个抽样监测的百分比。

第二节　毒理学动物实验数据的统计分析

由于毒理学实验一般都需要饲养动物，实验周期长，消耗资源和时间较多，因此除了在开始实验之前进行科学合理、详尽缜密的实验设计之外，为了保证实验结果的准确性和可靠性，在数据收集、取舍、描述和统计分析的过程中还应当选择恰当的统计学方法。

一、样本与总体

毒理学实验一般都是从少量代表性样本上取得的实验结果来推及总体，所以对样本的代表性有一定的要求。所谓样本就是被试的动物，而总体是指这一物种所有的动物。如果要使这些样本能够具有代表性，需要尽量满足以下条件：①样本量要足够。②样本的分布形态、差异程度等也应与总体保持一致，如总体当中年幼的动物占20%，那么样本中也必须接近这个比例，否则推论总体就无法让人信服。此外，需要指出的是，动物实验最终的结果只能推及该动物的总体，对人的推及还无法做到。但这并不意味着动物实验没有意义，人和动物在某方面是有相似之处的，动物实验的结果可以作为参考，为进一步的临床实验做准备，减少不必要的消耗。

二、常用统计方法

在实验当中最常见的是计量资料，它也被称为“量反应资料”，主要是指用测得指标的数值来表示的资料。常见的形式有：直接测量值、测量增减值、增减百分率值、评分分值等。常用的统计方法有 t 检验、配对 t 检验和单因素方差分析。

1. t 检验(两组均数的显著性检验)

t 检验是一种最常用和最简单的统计方法。它主要用于检验两组样本均数之间的差异在统计学上是否有显著性意义。t 检验对总体的基本要求是，数据呈常态分布或者近似常态的分布，方差要相齐，即各组的标准差不能相差太大。根据两组的基本参数可以算出 t 值，t 值越大，统计学意义越大。t 值和 P 值的关系，可以得出的结论有：

①$t<t_{0.05}$时，$P>0.05$，差异无显著意义。

②$t \geqslant t_{0.05}$时，$P \leqslant 0.05$，差异有显著意义。

③$t \geqslant t_{0.01}$时，$P \leqslant 0.01$，差异有非常显著的意义。

这些前提条件是通过方差齐性检验，若两组方差之差有显著性意义，即两组方差不齐，则表示该数据不能用 t 检验。

2. 配对 t 检验(两组配对资料的显著性检验)

配对资料是指两组计量资料有一一对应的配对关系。如自身前后对比，同一对象接受两种不同处理。如果用 t 检验就可能得出错误结论，因为两组均数的显著性检验没有考虑到数据中存在前后对应的关系。如果取两次测量值的差值就可以很好地解决这个问题。计算公式如下：

$$t=\frac{\bar{d}}{S_{\bar{d}}}=\frac{\bar{d}}{S_d}\times\sqrt{n} \tag{4.8}$$

式中 $\bar{d}$——测量值差值的均数；

S_d——测量值差值的标准差(计算公式同前)；

$S_{\bar{d}}$——标准误，自由度 $f=n-1$。

3. 单因素方差分析(多组均数的显著性检验)

单因素方差分析主要用于完全随机设计的多个样本均数间的比较，其统计推断是推断各样本所代表的各总体均数是否相等。完全随机设计(completely random design)不考虑个体差异的影响，仅涉及一个处理因素，但可以有两个或多个水平，又称单因素实验设计。在实验研究中可按随机化原则将受试对象随机分配到一个处理因素的多个水平中去，然后观察各组的实验效应。另外，可在观察研究(调查)中按某个研究因素的不同水平分组，比较该因素的效应。具体的计算方法不详细介绍，一般可用如 SPSS、SAS 等专业统计学软件进行处理。

总之，无论是食品理化指标检测还是进行安全性评价的毒理学检测，得出的实验数据都需要使用最适的统计方法进行科学合理的分析，才能得出相对客观的结果和结论。目前，有许多优秀的专业化统计分析软件，如 SPSS、SigmaStat、Prism 等，这些软件功能齐全、使用方便，并可在统计后作图，所作出的图较标准，可用于论文发表。科研人员可以考虑使用这些软件进行数据分析。

思考题

1. 哪些统计学方法可以应用到食品安全实验中?
2. 理化检测的数据如何选择特征参数?
3. 理化检测和毒理学实验数据的统计分析有什么区别?
4. 在进行食品安全实验的数据分析时需要注意哪些问题?
5. 怎么根据食品安全实验的结果判断食品是否安全?

第二篇

食品安全实验

民以食为天，食以安为先。而近几年发生的一系列重大的食品安全问题再度引发了消费者对食品安全问题的担忧，食品安全已经成为政府和社会普遍关注的问题。因此，为保证食品安全，需要进行一系列的食品安全实验。

上一篇对食品安全及相关检测方法进行了概述。本篇将对具体食品安全实验进行详细的介绍和总结，包括食品中有害微生物、寄生虫、农兽药残留、重金属含量的测定等。

第五章　食品中有害微生物的测定

第一节　大肠杆菌和大肠菌群

大肠杆菌(*Escherichia coli*)是人和动物肠道中最常见的细菌，主要寄生于人和动物肠道内，约占肠道菌的1%。大肠杆菌形态学主要特征为：两端钝圆有鞭毛、能运动、无芽孢的革兰阴性短杆菌。大肠杆菌正常栖居条件下不致病(少数致病性大肠杆菌变种除外)，若进入胆囊、膀胱等处可引起炎症。在水和食品中检出大肠杆菌，可认为是被粪便污染的指标，因此大肠杆菌数常作为饮水、食物或药物的卫生学指示菌。大肠菌群(Coliform)主要包括肠杆菌科中的埃希氏菌属、柠檬酸细菌属、克雷伯氏菌属和肠杆菌属。这些属的细菌均来自于人和温血动物的肠道，为需氧型或兼性厌氧型菌群。大肠菌群是革兰阴性菌，不能形成芽孢，在35~39℃条件下，48h内能发酵乳糖产酸、产气。大肠菌群中以埃希氏菌属为主，埃希氏菌属被俗称为典型大肠杆菌。大肠菌群都是直接或间接地来自人和温血动物的粪便，因此该类微生物在食品及医疗卫生检验中作为微生物污染的指示菌群。大肠菌群中典型大肠杆菌以外的菌属，除直接来自粪便外，也可能来自典型大肠杆菌排出体外7~30d后在环境中的变异，所以食品中检出大肠菌群，表示食品受到人和温血动物的粪便污染，其中典型大肠杆菌为粪便近期污染，其他菌属则可能为粪便的陈旧污染。大肠菌群的食品卫生学意义是作为食品被粪便污染的生物标志物，食品中粪便含量只要达到3~10mg/kg即可检出大肠菌群。

一、实验目的

1. 掌握3M Petrifilm™直接和间接法快速检测大肠杆菌和大肠菌群的操作步骤与结果判读方法。

2. 了解大肠杆菌和大肠菌群污染对食品卫生学意义和食品安全评估的重要性。

二、实验原理

Petrifilm™大肠菌群测试片(Petrifilm™ Coliform Count Plate)是一种预先制备好的培养基系统，含有VRB(violet red bile)培养基，冷水可溶性凝胶和氯化三苯四氮唑(TTC)指示剂，可增强菌落计数效果。表面覆盖的胶膜，可截留发酵乳糖的大肠菌群产生的气体。培养结束后计数红点周围有气泡的菌落为大肠菌群数。Petrifilm™大肠杆菌/大肠菌群测试片(Petrifilm™ *E. coli*/Coliform Count Plate)是一种预先制备好的培养基系统，含有VRB培养基，冷水可溶性凝胶和葡萄糖苷酶指示剂，可增强菌落计数效果。绝大多数*E. coli*(约占97%)能产生β-葡萄糖苷酶，与培养基中的指示剂反应，产生蓝色沉淀环绕在大肠杆菌菌落周围。

表面覆盖的胶膜，可截留发酵乳糖的大肠菌群产生的气体。培养结束后计数蓝点带气泡的菌落即为大肠杆菌数，红点带气泡和蓝点带气泡的菌落之和为大肠菌群数。该方法被AOAC和加拿大卫生部(Health Canada)指定为官方检验标准，具有操作简单、结果易于判定、快速便捷与传统发酵法一致性高等优点，目前该方法在我国进出口商检中已得到广泛应用。

三、实验材料

1. 仪器

湿度可控的恒温培养箱(36℃±1℃)，均质器(旋刀式或拍击式)或等效设备，pH计或精密pH试纸，Petrifilm™测试片压板，菌落计数器或Petrifilm™自动判读仪，Petrifilm™大肠菌群测试片，Petrifilm™大肠杆菌/大肠菌群测试片。Petrifilm™测试片未开封时，冷藏于≤8℃(≤46℉)，并在保存期内用完，在高湿度的环境，最好在开包前将包装物回复至室温，以防水气凝结。已开封的，保存于密封袋中，将封口以胶带封紧，于≤25℃(≤77℉)和湿度≤50%下保存，并在一个月内使用完，不要冷藏已开启的包装袋。

2. 试剂

无菌生理盐水(称取8.5g NaCl溶于1 000mL蒸馏水中，121℃高压灭菌15min)，1mol/L NaOH溶液(称取40g NaOH溶于1 000mL)蒸馏水中，1mol/L HCl溶液(移取浓盐酸90mL，用蒸馏水稀释至1 000mL)，无菌稀释液等。

四、方法与步骤

(一)直接计数法

1. 不同食品样品均质液的制备

以无菌操作取有代表性的样品。如有包装则用75%乙醇在开口处擦拭后取样。若不能及时检验，应将冷冻样品置于-15℃保存；非冷冻而易腐的食品，应置于4℃冰箱保存。检验前冷冻样品可于2~5℃ 18h内解冻，或在45℃以下15min内解冻。

(1)液体食品

以灭菌吸管取样25mL，放入装有225mL稀释剂的灭菌玻璃瓶(瓶内预置适当数量的玻璃珠)，以30cm幅度、于7s内振摇25次(或以机械振荡器振摇)，制成1∶10的样品匀液。

(2)固体和半固体食品

以无菌操作取25g样品，放入装有225mL稀释剂的灭菌均质杯内，于8 000r/min均质1~2min，制成1∶10样品匀液(也可用灭菌乳钵研磨的方法代替)。

2. 样品均质液的稀释

将制备好的1∶10样品均质液，无菌操作调节样品均质液的pH值为6.5~7.5，酸性样液用1mol/L NaOH溶液调节，碱性样液用1mol/L HCl溶液调节。根据对样品污染情况的估计，加入适量的无菌稀释液，包括Butterfield's phosphate buffer(IDF phopsphate buffer，用0.042 5g/L的KH_2PO_4调pH 7.2)、0.1%的蛋白胨水、蛋白胨盐水稀释液(ISO方法6887)、缓冲蛋白胨水(ISO方法6579)、盐溶液(0.85%~0.90% NaCl)、无硫酸氢盐的letheen肉汤或蒸馏水。但不可用含有枸橼酸盐、硫酸氢盐或硫代硫酸盐的缓冲液，因为该缓冲液能抑制菌生长。用稀释剂(无菌水或无菌磷酸缓冲液)将样品均质液做 10 倍系列梯度稀释，如 10^{-2}、10^{-3}、10^{-4} 等。从制备样品均质液至均质液稀释完毕，全过程不得超过 15min。

3. 检验样品均质液接种和培养

(1)接种

将 Petrifilm™大肠菌群测试片或 Petrifilm™大肠杆菌/大肠菌群测试片置于平坦实验台面，揭开上层膜，用吸管吸取 1mL 样液垂直滴加在测试片的中央，将上层膜缓慢盖下，避免气泡产生和上层膜直接落下，把压板(平面底朝下)放置在上层膜中央，轻轻地压下，使样液均匀覆盖于圆形的培养面积上。拿起压板，静置至少 1min 以使培养基凝固。

(2)培养

将测试片的透明面朝上水平置于培养箱内，堆叠片数不超过 20 片，培养温度为 36℃±1℃。大肠菌群检测时培养时间为 24h±2h；大肠杆菌检测时，如果是肉、家禽和水产品培养时间为 24h±2h，如果是其他产品，培养时间为 48h±2h。

4. 表面检测的操作步骤

(1)培养基准备

用 1mL 无菌稀释液水化 Petrifilm™大肠菌群测试片或 Petrifilm™大肠杆菌/大肠菌群测试片。静置至少 1h，使胶体(培养基)固化。

(2)表面采样

提起上层膜，使胶体部分置于待测物表面。用手指摩擦按压，保证膜与表面充分接触，然后将上层膜掀起，使之与物体表面分离，最后将其与下层合上。

(3)培养

将测试片的透明面朝上水平置于培养箱内，堆叠片数不超过 20 片，培养温度为 36℃±1℃。大肠菌群检测时培养时间为 24h±2h，大肠杆菌检测时培养时间为 48h±2h。

(二)MPN 计数法

1. 不同食品样品均质液的制备

同直接计数法。

2. 样品均质液的稀释

同直接计数法。

3. 样品均质液接种与培养

分别在做 10 倍递增稀释的同时，选择适宜的 3 个连续稀释度的样品均质液(液体样品可包括原液)，吸取样品均质液，以 1mL 接种量加入到测试片(根据检测的目的采用 Petrifilm™大肠菌群测试片或 Petrifilm™大肠杆菌/大肠菌群测试片)，每个稀释度接种 3 张。

五、实验结果

采用目视、用菌落计数器、放大镜或 Petrifilm™自动判读仪来计数。在 Petrifilm™大肠菌群测试片上，红色有气泡的菌落确认为大肠菌群数。培养圆形面积边缘上及边缘以外的菌落不做计数。当培养区域出现大量气泡、大量不明显小菌落或培养区域呈暗红色三种情况，则表明大肠菌群的浓度较高，进一步稀释样品可获得准确的读数。在 Petrifilm™ 大肠杆菌/大肠菌群测试片上，蓝色有气泡的菌落确认为大肠杆菌。蓝色有气泡和红色有气泡的菌落数之和为大肠菌群数。培养圆形面积边缘上及边缘以外的菌落不做计数。出现大量气泡形成、不明显的小菌落，培养区域呈蓝色或暗红时，进一步稀释样品可获得准确的读数。

菌落计数：选取目标菌落数在 15~150 之间的测试片，计数菌落数，乘以相对应的稀释倍数获得单位样品的污染数目。如果所有稀释度测试片上的菌落数都小于 15，则计数稀释度最低的测试片上的菌落数乘以稀释倍数计算结果；如果所有稀释度的测试片上均无菌落生长，则以小于 1 乘以最低稀释倍数计算结果；如果最高稀释度的菌落数大于 150 个时，计数最高稀释度的测试片上的菌落数乘以稀释倍数；计数菌落数大于 150 个的测试片时，可计数一个或两个具有代表性的方格内的菌落数，换算成单个方格内的菌落数后乘以 20 即为测试片上估算的菌落数(圆形生长面积为 $20cm^2$)。食品中最终菌落浓度的单位以“cfu/g(mL)”表示，表面上菌落数以“cfu/cm^2”表示。

在 MNP 法检验中，如果最低稀释度的 3 张测试片不都有大肠菌群菌落，可根据大肠菌群菌落的存在与否，对所有 9 张测试片进行阳性或阴性的定性判定，而无须计数每张测试片上大肠菌群菌落数目。如果最低稀释度的 3 张测试片上均有大肠菌群菌落，可以按照上述的方法对每张测试片进行大肠菌群菌落定性判定，也可以采用测试片直接计数的方法，计算测试片上的大肠菌群菌落数目。

根据大肠菌群和/或大肠杆菌菌落阳性测试片数，查 MPN 检索表，报告每克(毫升)样品中大肠菌群和/或大肠杆菌的 MPN 值。

六、注意事项

1. 测试片加样后，将上层膜缓慢盖下时应避免气泡的产生，切勿使上层膜直接落下截留空气于培养面积部分。

2. 用压板轻压于圆形培养面积上时，要使样液均匀覆盖于圆形培养区域，切勿转动压板，以防止培养样液渗出圆形培养面积。

3. 培养箱应具有调节湿度的功能，能够最大限度地保持测试片水分的损失。

第二节 金黄色葡萄球菌

一、实验目的

1. 了解对食品进行金黄色葡萄球菌检验的意义。
2. 掌握金黄色葡萄球菌的生物学特征。
3. 掌握食品中金黄色葡萄球菌检验的基本原理和检测方法。
4. 学会对食品中金黄色葡萄球菌的检验结果进行分析和判定。

二、实验原理

金黄色葡萄球菌的检验通常是先进行定性实验，即在 BP 平板(Baird-Parker agar)和血平板上培养，依照菌落形态观察判断疑似金黄色葡萄球菌，再进行革兰染色并检测产生血浆凝固酶的特性，必要时辅助检测发酵特性和其他胞外酶的产生情况等，从而判断是否有金黄色葡萄球菌污染。然后进行金黄色葡萄球菌计数。一般情况下，若估计检样中金黄色葡萄球菌菌数超过 100cfu/g(或 100cfu/mL)，使用 BP 平板直接计数法；若低于 100cfu/g(或 100cfu/mL)，则使用 MPN 计数法。

本实验参考了科技文献和国内外标准组织进行食品金黄色葡萄球菌检验所采用的常用方法，并根据 2016 年发布的食品金黄色葡萄球菌检验国家标准(GB 4789.10—2016)进行设计，在实际操作时，应根据实际情况选择合适的检验方法和流程。

三、实验材料

1. 菌种

金黄色葡萄球菌(*Staphylococcus aureus*)，表皮葡萄球菌(*Staphylococcus epidermidis*)(对照菌株)，藤黄微球菌(*Micrococcus luteus*)(对照菌株)。

2. 待检样品

牛奶，速冻米面食品，婴儿米粉等。

3. 仪器

灭菌锅，培养箱，均质器，涡旋混合器，振荡器，电子天平，水浴锅，药匙，接种环(针)，0.22μm 无菌滤器，三角瓶(500mL、100mL)，吸管，微量移液器及吸头，培养皿(直径 90mm)，试管(10mm×75mm、16mm×160mm)，涂布器，pH 计或精密 pH 试纸等。

4. 培养基和试剂

(1)磷酸盐缓冲液

贮存液：称取 34.0g KH_2PO_4 溶于 500mL 蒸馏水中，用大约 175mL 的 1mol/L NaOH 溶液调节 pH 值至 7.2，用蒸馏水稀释至 1L 后贮存于冰箱。

磷酸盐缓冲液：取贮存液 1.25mL，用蒸馏水稀释至 1L，分装于适宜容器中，121℃高压蒸汽灭菌 15min。

(2)BP 平板(Baird-Parker agar)

基础琼脂：胰蛋白胨 10.0g，牛肉膏 5.0g，酵母膏 1.0g，丙酮酸钠 10.0g，甘氨酸 12.0g，$LiCl \cdot 6H_2O$ 5.0g，琼脂 20.0g，蒸馏水 950mL，pH 7.0±0.2。将各成分加到蒸馏水中，加热煮沸至完全溶解，调节 pH 值。分装每瓶 95mL，121℃高压蒸汽灭菌 15min。

增菌剂：30%卵黄盐水 50mL 与经过除菌过滤的 1%亚碲酸钾溶液 10mL 混合，保存于冰箱内。

BP 平板的制备：待基础琼脂冷至 50℃，每 95mL 加入预热至 50℃的卵黄亚碲酸钾增菌剂 5mL 摇匀后倾注平板。培养基应是致密不透明的，使用前在冰箱贮存不得超过 48h。

(3)血平板

豆粉琼脂(pH7.4~7.6)100mL，脱纤维羊血(或兔血)5~10mL。加热融化琼脂，冷却至 50℃，以无菌操作加入脱纤维羊血，摇匀，倾注平板。

(4)脑心浸出液肉汤(brain-heart infusion broth，BHI 肉汤)

胰蛋白质胨 10.0g，NaCl 5.0g，$Na_2HPO_4 \cdot 12H_2O$ 2.5g，葡萄糖 2.0g，牛心浸出液 500mL，pH 7.4±0.2。加热溶解，调节 pH 值，分装 16mm×160mm 试管，每管 5mL，121℃高压蒸汽灭菌 15min。

(5)兔血浆

3.8%柠檬酸钠溶液：取柠檬酸钠 3.8g，加蒸馏水 100mL，溶解后过滤，装瓶，121℃高压蒸汽灭菌 15min。

兔血浆的制备：取 3.8%柠檬酸钠溶液 1 份，加兔全血 4 份，混好静置(或以 3 000r/min 离心 30min)，使血液细胞下降，即可得血浆。

四、方法与步骤

食品中金黄色葡萄球菌的检验流程如图 5.1 所示。

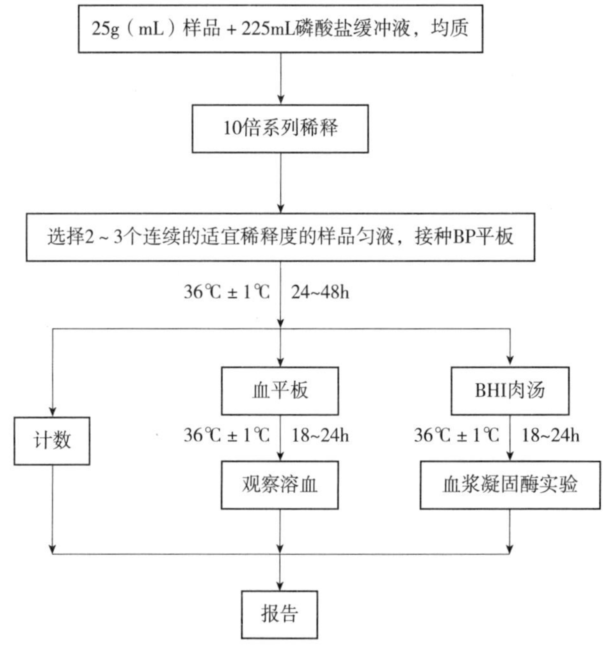

图 5.1 实验流程

(一)第 1 天：样品稀释与接种

1. 样品匀液的制备

固体和半固体样品：称取 25g 样品置盛有 225mL 磷酸盐缓冲液的无菌均质杯内，8 000~10 000r/min 均质 1~2min，或置盛有 225mL 磷酸盐缓冲液的无菌均质袋中，用拍击式均质器拍打 1~2min，制成 1∶10 的样品匀液。

液体样品：以无菌吸管吸取 25mL 样品置盛有 225mL 磷酸盐缓冲液的无菌锥形瓶中(瓶内预置适当数量的无菌玻璃珠)，充分混匀，制成 1∶10 的样品匀液。

2. 样品稀释

用 1mL 无菌吸管或微量移液器吸取 1∶10 样品匀液 1mL，沿管壁缓慢注于盛有 9mL 磷酸盐缓冲液的无菌试管中(注意吸管或吸头尖端不要触及稀释液面)，振摇试管或换用 1 支 1mL 无菌吸管反复吹打使其混合均匀，制成 1∶100 的样品匀液。按此操作程序，依次制备 10 倍系列稀释样品匀液。每递增稀释一次，换用 1 次 1mL 无菌吸管或吸头。

3. 样品的接种与培养

根据对样品污染状况的估计，选择 2~3 个适宜稀释度的样品匀液(液体样品可包括原液)涂布 BP 平板。每个稀释度分别吸取 1mL 样品匀液以 0.3mL、0.3mL、0.4mL 接种量分别加入 3 块 BP 平板，然后用无菌涂布器涂匀整个平板，注意不要触及平板边缘。使用前，如 BP 平板表面有水珠，可放在 25~50℃培养箱里干燥，直到平板表面的水珠消失。

通常情况下，涂布后，将平板静置 10min(如样液不易吸收，可将平板放在培养箱 36℃±1℃培养 1h)，等样品匀液吸收后翻转平皿，倒置于培养箱，36℃±1℃培养45~48h。

(二) 第 3 天：典型菌落计数

金黄色葡萄球菌在 BP 平板上，菌落直径为 2~3mm，颜色呈灰色到黑色，边缘为淡色，周围为一混浊带，在其外层有一透明圈。用接种针接触菌落有似奶油至树胶样的硬度，偶然会遇到非脂肪溶解的类似菌落，但无混浊带及透明圈。长期保存的冷冻或干燥食品中所分离的菌落比典型菌落所产生的黑色较淡些，外观可能粗糙并干燥。

选择有典型的金黄色葡萄球菌菌落的平板，且同一稀释度 3 个平板所有菌落数合计在 20~200cfu 之间的平板，计数典型菌落数。如果：

①只有一个稀释度平板的菌落数在 20~200cfu 之间且有典型菌落，计数该稀释度平板上的典型菌落。

②最低稀释度平板的菌落数小于 20cfu 且有典型菌落，计数该稀释度平板上的典型菌落。

③某一稀释度平板的菌落数大于 200cfu 且有典型菌落，但下一稀释度平板上没有典型菌落，应计数该稀释度平板上的典型菌落。

④某一稀释度平板的菌落数大于 200cfu 且有典型菌落，且下一稀释度平板上有典型菌落，但其平板上的菌落数不在 20~200cfu 之间，应计数该稀释度平板上的典型菌落。

(三) 第 3~4 天：血平板检测和血浆凝固酶实验

1. 第 3 天

从用于典型菌落计数的 BP 平板中任选 5 个典型菌落(小于 5 个全选)，划线血平板并同时接种 5mL BHI 肉汤。36℃±1℃培养 18~24h。

2. 第 4 天

血平板观察：金黄色葡萄球菌在血平板上，形成较大、圆形、光滑凸起、湿润、金黄色(有时为白色)的菌落，菌落周围可见完全透明溶血圈。

血浆凝固酶实验：取新鲜配置兔血浆 0.5mL，放入小试管中，再加入 BHI 培养物 0.2~0.3mL，振荡摇匀，置 36℃±1℃恒温箱或水浴箱内，每 0.5h 观察一次，观察 6h，如呈现凝固(即将试管倾斜或倒置时，呈现凝块)或凝固体积大于原体积的 1/2，被判定为阳性结果。同时，以 *Staphylococcus aureus*（血浆凝固酶实验阳性）和 *S. epidermidis*（血浆凝固酶实验阴性）的血浆凝固酶实验作为对照。结果如可疑，挑取血平板上的菌落到 5mL BHI 培养基，36℃±1℃培养 18~24h，重复实验。

3. 第 4 天：结果计算

（1）计算公式（Ⅰ）

$$T=\frac{AB}{Cd} \tag{5.1}$$

式中 T——样品中金黄色葡萄球菌菌落数；

A——某一稀释度典型菌落的总数；

B——某一稀释度血浆凝固酶阳性的菌落数；

C——某一稀释度用于血浆凝固酶实验的菌落数；

d——稀释因子。

（2）计算公式（Ⅱ）

$$T=\frac{A_1B_1/C_1+A_2B_2/C_2}{1.1d} \tag{5.2}$$

式中 T——样品中金黄色葡萄球菌菌落数；

A_1——第一稀释度（低稀释倍数）典型菌落的总数；

A_2——第二稀释度（高稀释倍数）典型菌落的总数；

B_1——第一稀释度（低稀释倍数）血浆凝固酶阳性的菌落数；

B_2——第二稀释度（高稀释倍数）血浆凝固酶阳性的菌落数；

C_1——第一稀释度（低稀释倍数）用于血浆凝固酶实验的菌落数；

C_2——第二稀释度（高稀释倍数）用于血浆凝固酶实验的菌落数；

1.1——计算系数；

d——稀释因子（第一稀释度）。

五、实验结果

①记录 BP 平板和血平板菌落观察结果。

②根据计数方法，记录 BP 平板典型金黄色葡萄球菌菌落数。

③记录血浆凝固酶实验现象，并根据计数要求记录阳性菌落数。

④计算样品中金黄色葡萄球菌菌落数，给出报告。

六、注意事项

1. 在进行血浆凝固酶实验时，菌液要新鲜；一定要同时做阳性和阴性对照实验，参比对照实验，确定反应现象；凝固体积大于原体积一半即可判断为阳性。

2. 血平板培养可以鉴别 β 溶血，可以作为血浆凝固酶实验的补充，增加致病性金黄色葡萄球菌的检出率。

3. 实验过程中要注意生物安全防护，实验结束后要消毒环境，将实验材料高压灭菌后方可清洗或丢弃。

第三节　沙门氏菌

一、实验目的

1. 了解对食品进行沙门氏菌检验的意义。
2. 掌握沙门氏菌的生物学特征。
3. 掌握食品中沙门氏菌检验的基本原理和检测方法。
4. 学会对食品中沙门氏菌的检验结果进行分析和判定。

二、实验原理

食品中沙门氏菌的检验方法主要有5个基本步骤：①前增菌，使用非选择性培养基进行培养，使样品中的沙门氏菌恢复活力。②选择性增菌，使沙门氏菌得以繁殖，而大多数其他细菌的生长受到抑制。③选择性培养基平板培养，分离沙门氏菌。④生化实验，鉴定到属。⑤血清学分型鉴定。

图5.2是2016年发布的食品沙门氏菌检验国家标准(GB 4789.4—2016)的检验程序。目前，检验食品中的沙门氏菌是以统计学取样方案为基础，以25g食品为标准分析单位。本实验参考了科技文献和国内外标准组织进行食品沙门氏菌检验所采用的常用方法，根据食品沙门氏菌检验国家标准GB 4789.4—2016进行设计，可以在全球绝大多数的实验室条件下实施。

三、实验材料

1. 菌种

Salmonella enterica(减毒株)。

2. 待检样品

鸡肉，乳品，蛋品等。

3. 仪器

灭菌锅，培养箱，均质器，涡旋混合器，振荡器，电子天平，水浴锅，剪刀，药匙，小刀，镊子，接种环(针)，0.22μm无菌滤器，三角瓶(500mL、250mL)，500mL烧杯，微量移液器及吸头，试管(3mm×50mm、10mm×75mm)，培养皿(直径90mm)，pH计或精密pH试纸等。

4. 培养基和试剂

(1)BPW培养基(buffered peptone water)

蛋白胨10.0g，NaCl 5.0g，Na_2HPO_4 3.5g，KH_2PO_4 1.5g，溶解于900mL蒸馏水后，定容至1L，pH 7.2±0.2。121℃高压蒸汽灭菌15min。

(2)TTB培养基(tetrathionate broth)

①基础液　蛋白胨10.0g，牛肉膏5.0g，NaCl 3.0g，$CaCO_3$ 45.0g，蒸馏水1L，pH 7.0±0.2。除$CaCO_3$外，将各成分加入蒸馏水中，煮沸溶解，再加入$CaCO_3$，调节pH值，

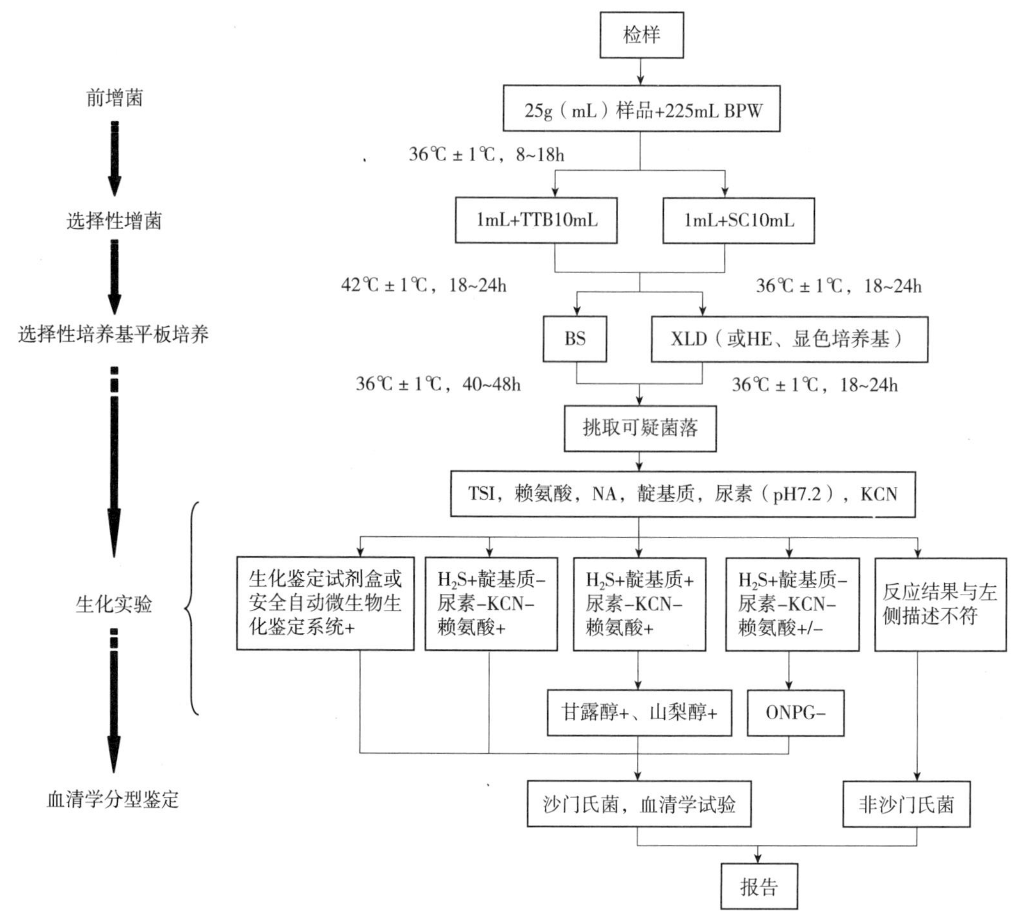

图 5.2 沙门氏菌检验程序

121℃高压蒸汽灭菌 20min。

②硫代硫酸钠溶液 $Na_2S_2O_3 \cdot 5H_2O$ 50.0g，蒸馏水加至 100mL，121℃高压蒸汽灭菌 20min。

③碘溶液 I_2 20.0g，KI 25.0g，蒸馏水加至 100mL。将 KI 充分溶解于少量的蒸馏水中，再投入 I_2，振摇玻瓶至 I_2 全部溶解为止，然后加蒸馏水至规定的总量，贮存于棕色瓶内，塞紧瓶盖备用。

④0.5%煌绿水溶液 煌绿 0.5g，蒸馏水 100mL。溶解后，存放暗处不少于 1d，使其自然灭菌。

⑤牛胆盐溶液 牛胆盐 10.0g，蒸馏水 100mL。加热煮沸至完全溶解，121℃高压蒸汽灭菌 20min。

⑥TTB 培养基配制 基础液 900mL，硫代硫酸钠溶液 100mL，碘溶液 20.0mL，煌绿水溶液 2.0mL，牛胆盐溶液 50.0mL。临用前，按上述顺序，以无菌操作依次加入基础液中，每加入一种成分，均应摇匀之后再加入另一种成分。

(3) SC 培养基(selenite cysteine broth)

蛋白胨 5.0g，乳糖 4.0g，Na_2HPO_4 10.0g，$NaHSeO_3$ 4.0g，L-胱氨酸 0.01g，蒸馏水

1L，pH 7.0±0.2。除 $NaHSeO_3$ 和 L-胱氨酸外，将各成分加入蒸馏水中，煮沸溶解，冷至 55℃以下，以无菌操作加入 $NaHSeO_3$ 和 1g/L L-胱氨酸溶液 10mL(称取 0.1g L-胱氨酸，加 1mol/L NaOH 溶液 15mL，使溶解，再加无菌蒸馏水至 100mL 即成，如为 DL-胱氨酸，用量应加倍)。摇匀，调节 pH 值。

(4)BS 平板(bismuth sulfite agar)

蛋白胨 10.0g，牛肉膏 5.0g，葡萄糖 5.0g，$FeSO_4$ 0.3g，Na_2HPO_4 4.0g，煌绿 0.025g(或 0.5%煌绿水溶液 5.0mL)，柠檬酸铋铵 2.0g，Na_2SO_3 6.0g，琼脂 20.0g，蒸馏水 1L，pH 7.5±0.2。将前 3 种成分加入 300mL 蒸馏水(制作基础液)，$FeSO_4$ 和 Na_2HPO_4 分别加入 20mL 和 30mL 蒸馏水中，柠檬酸铋铵和 Na_2SO_3 分别加入另一 20mL 和 30mL 蒸馏水中，琼脂加入 600mL 蒸馏水中。然后分别搅拌均匀，煮沸溶解。冷至 80℃左右时，先将 $FeSO_4$ 和 Na_2HPO_4 混匀，倒入基础液中，混匀。将柠檬酸铋铵和 Na_2SO_3 混匀，倒入基础液中，再混匀。调节 pH 值，随即倾入琼脂液中，混合均匀，冷至 50~55℃。加入煌绿溶液，充分混匀后立即倾注平皿。

(5)XLD 平板(xylose lysine deoxycholate agar)

酵母膏 3.0g，L-赖氨酸 5.0g，木糖 3.75g，乳糖 7.5g，蔗糖 7.5g，去氧胆酸钠 2.5g，柠檬酸铁铵 0.8g，$Na_2S_2O_3$ 6.8g，NaCl 5.0g，琼脂 15.0g，酚红 0.08g，蒸馏水 1L，pH 7.4±0.2。除酚红和琼脂外，将其他成分加入 400mL 蒸馏水中，煮沸溶解，调节 pH 值。另将琼脂加入 600mL 蒸馏水中，煮沸溶解。将上述两溶液混合均匀后，再加入指示剂，待冷至 50~55℃倾注平皿。本培养基不需要高压灭菌，在制备过程中不宜过分加热，避免降低其选择性，贮于室温暗处。本培养基宜于当天制备，第二天使用。

(6)LB 平板

蛋白胨 10.0g，酵母抽提物 5.0g，NaCl 10.0g，pH 7.4±0.2，琼脂 15.0g。121℃高压蒸汽灭菌，20min。待冷至 50~55℃倾注平皿。

(7)TSI 琼脂(triple sugar iron agar)

蛋白胨 20.0g，牛肉膏 5.0g，乳糖 10.0g，蔗糖 10.0g，葡萄糖 1.0g，$(NH_4)_2Fe(SO_4)_2 \cdot 6H_2O$ 0.2g，酚红 0.025g(或 5.0g/L 溶液 5.0mL)，NaCl 5.0g，$Na_2S_2O_3$ 0.2g，琼脂 12.0g，蒸馏水 1L，pH 7.4±0.2。除酚红和琼脂外，将其他成分加入 400mL 蒸馏水中，煮沸溶解，调节 pH 值。另将琼脂加入 600mL 蒸馏水中，煮沸溶解。将上述两溶液混合均匀后，再加入指示剂，混匀，分装试管，每管 2~4mL，121℃高压蒸汽灭菌 10min 或 115℃高压蒸汽灭菌 15min。灭菌后制成高层斜面，呈橘红色。

(8)赖氨酸脱羧酶实验培养基

蛋白胨 5.0g，酵母抽提物 3.0g，葡萄糖 1.0g，蒸馏水 1L，1.6%溴甲酚紫-乙醇溶液 1.0mL，L-赖氨酸 5g(或 DL-赖氨酸 10g)，pH 6.8±0.2。除赖氨酸以外的成分加热溶解后，分装每瓶 100mL，分别加入赖氨酸。L-赖氨酸按 0.5%加入，DL-赖氨酸按 1%加入，调节 pH 值。对照培养基不加赖氨酸。分装于无菌的小试管内，每管 5mL，上面滴加一层液体石蜡，115℃高压蒸汽灭菌 10min。

(9)蛋白胨水(供做靛基质实验)

蛋白胨(或胰蛋白胨)20.0g，NaCl 5.0g，蒸馏水 1L，pH 7.4±0.2。将上述成分加入蒸馏水中，煮沸溶解，调节 pH 值，分装小试管，121℃高压蒸汽灭菌 15min。

(10) 靛基质试剂

柯凡克试剂：将 5g 对二甲氨基甲醛溶解于 75mL 戊醇中，然后缓慢加入浓盐酸 25mL。

欧-波试剂：将 1g 对二甲氨基苯甲醛溶解于 95mL 95%乙醇中。然后缓慢加入浓盐酸 20mL。

(11) 尿素琼脂

蛋白胨 1.0g，NaCl 5.0g，葡萄糖 1.0g，KH_2PO_4 2.0g，酚红 0.012g，琼脂 20.0g，蒸馏水 900mL，20%尿素溶液 100mL，pH 7.2±0.2。除尿素、琼脂和酚红外，将其他成分加入 900mL 蒸馏水中，溶解后调节 pH 值；然后加入琼脂，煮沸溶解、混合均匀后，再加入酚红，121℃高压蒸汽灭菌 15min。冷至 50~55℃，加入经除菌过滤的尿素溶液，使尿素的最终浓度为 2%。混匀后分装于无菌试管内，放成斜面备用。

(12) 氰化钾(KCN)培养基

蛋白胨 10.0g，NaCl 5.0g，KH_2PO_4 0.225g，Na_2HPO_4 5.64g，蒸馏水 1L，0.5% KCN 20.0mL。将除 KCN 以外的成分加入蒸馏水中，煮沸溶解，分装后 121℃高压蒸汽灭菌 15min。放在冰箱内使其充分冷却。每 100mL 培养基加入 0.5%KCN 溶液 2.0mL(最后浓度为 1∶10 000)，分装于无菌试管内，每管约 4mL，立刻用无菌橡皮塞塞紧，放在 4℃冰箱内，至少可保存两个月。同时，将不加 KCN 的培养基作为对照培养基，分装试管备用。

(13) 糖发酵培养基

牛肉膏 5.0g，蛋白胨 10.0g，NaCl 3.0g，$Na_2HPO_4 \cdot 12H_2O$ 2.0g，0.2%溴麝香草酚蓝溶液 12.0mL，蒸馏水 950mL，pH 7.4±0.2。按上述成分配好基底液，121℃高压蒸汽灭菌 15min。同时分别配好甘露醇和山梨醇的 10%溶液，过滤除菌。在无菌操作下，在 950mL 基底液中加入 50mL 10%糖溶液，制成糖发酵培养基，然后以无菌操作分装小试管。

(14) ONPG 培养基

邻硝基酚 β-D-半乳糖苷(O-Nitrophenyl-β-D-galactopyranoside，ONPG) 60.0mg，0.01mol/L 磷酸钠缓冲液(pH 7.5) 10.0mL，1%蛋白胨水(pH 7.5) 30.0mL。将 ONPG 溶于缓冲液内，加入蛋白胨水，以过滤法除菌，分装于无菌的小试管内，每管 0.5mL，用橡皮塞塞紧。

(15) 沙门氏菌 O 抗原和 H 抗原诊断血清

四、方法与步骤

(一) 第 1 天：前增菌

称取 25g(或者 25mL)样品放入盛有 225mL BPW 培养基的三角瓶中，振荡混匀。固体食品放入盛有 225mL BPW 培养基的无菌均质杯中，以 8 000~10 000r/min 均质 1~2min。36℃±1℃培养 16~20h。

(二) 第 2 天：选择性增菌

轻轻摇动前增菌培养物混匀，移取 1mL，转接于 10mL TTB 培养基，42℃±1℃培养 18~24h。同时，另取 1mL，转接于 10mL SC 培养基，36℃±1℃培养 18~24h。

(三)第3天：接种选择性平板

取TTB或SC增菌液1环，划线接种于一个BS平板和一个XLD平板，于36℃±1℃培养18~24h。

(四)第4天：挑取可疑菌落

1. 观察BS平板

沙门氏菌菌落为黑色有金属光泽、棕褐色或灰色，菌落周围培养基可呈黑色或棕色；有些菌株形成灰绿色的菌落，周围培养基不变。

2. 观察XLD平板

沙门氏菌菌落呈粉红色，带或不带黑色中心，有些菌株可呈现大的带光泽的黑色中心，或呈现全部黑色的菌落；有些菌落为黄色菌落，带或不带黑色中心。

从选择性平板上挑取2个典型的可疑菌落，转接于LB平板，36℃±1℃培养18~24h，用于生化实验和血清学鉴定。

若无典型菌落，再培养18~24h。若仍然没有典型菌落，则记录该样品为沙门氏菌阴性。

(五)第5~6天：生化实验

1. 第5天

将LB平板保存的可疑菌落接种到TSI斜面，先在斜面划线，再于底层穿刺；同时接种赖氨酸脱羧酶实验培养基，36℃±1℃培养18~24h。

2. 第6天

根据TSI斜面和赖氨酸脱羧酶实验培养基的反应结果判断是否为可疑沙门氏菌(表5.1)。

表5.1 沙门氏菌在TSI斜面和赖氨酸脱羧酶实验培养基的反应结果

TSI斜面				赖氨酸脱羧酶实验培养基	初步判断
斜面	底层	产气	H_2S		
K	A	+(−)	+(−)	+	可疑沙门氏菌
K	A	+(−)	+(−)	−	可疑沙门氏菌
A	A	+(−)	+(−)	+	可疑沙门氏菌
A	A	+/−	+/−	−	非沙门氏菌
K	K	+/−	+/−	+/−	非沙门氏菌

注：K：产碱，A：产酸；+：阳性，−：阴性；+(−)：多数阳性，少数阴性；+/−：阳性或阴性。

TSI斜面实验结果判别方法：TSI斜面实验用于观察细菌对糖的利用和产硫化氢的情况。若细菌能够利用培养基中任意一种糖产酸，则培养基变黄。若细菌只能利用葡萄糖，葡萄糖被分解产酸可使斜面先变黄，但因培养基中葡萄糖含量低，仅有少量酸的生成，表面因接触空气而氧化，加之细菌利用培养基中含氮物质，生成碱性产物，故使斜面后来又变红，琼脂柱底部由于在厌氧状态下，酸类不被氧化，仍保持黄色。若细菌可发酵乳糖或蔗糖，则产生大量的酸，使整个培养基呈现黄色。若细菌能在厌氧条件下以 H^+ 为最终电子受体，还原 H^+ 产气，则会使琼脂柱断裂或者抬升琼脂柱。若细菌能分解含硫氨基酸，生成硫化氢，硫化氢和培养基中的铁盐反应，生成黑色的硫化亚铁沉淀，培养基变黑。

赖氨酸脱羧酶实验结果判别方法：氨基酸脱羧酶阳性者由于产碱，培养基应呈紫色。阴性者无碱性产物，但因葡萄糖产酸而使培养基变为黄色。对照管应为黄色。

将可疑沙门氏菌接种蛋白胨水（供做靛基质实验）、尿素琼脂（pH 7.2）和氰化钾（KCN）培养基，做进一步鉴定。

（1）靛基质实验方法

挑取小量培养物接种，在 36℃±1℃培养 1～2d（必要时可培养 4～5d）。加入柯凡克试剂约 0.5mL，轻摇试管，阳性者于试剂层呈深红色；或加入欧-波试剂约 0.5mL，沿管壁流下，覆盖于培养液表面，阳性者于液面接触处呈玫瑰红色。

（2）尿素琼脂实验方法

挑取琼脂培养物接种，在 36℃±1℃培养 24h，观察结果。尿素酶阳性者由于产碱而使培养基变为红色。

（3）KCN 培养基实验方法

将琼脂培养物接种于蛋白胨水内成为稀释菌液，挑取 1 环接种于 KCN 培养基。并另挑取 1 环接种于对照培养基。在 36℃±1℃培养 1～2d，观察结果。如有细菌生长即为阳性（不抑制），经 2d 细菌不生长为阴性（抑制）。

（六）第 7 天：鉴定结果

根据表 5.2 判定生化实验鉴定结果。

表 5.2 沙门氏菌生化反应初步鉴别表

反应序号	H_2S	靛基质	pH7.2 尿素	KCN	赖氨酸脱羧酶
A1	+	-	-	-	+
A2	+	+	-	-	+
A3	-	-	-	-	+/-

注：+：阳性，-：阴性；+/-：阳性或阴性。

1. 反应序号 A1

典型反应判定为沙门氏菌属。如尿素、KCN 和赖氨酸脱羧酶 3 项中有 1 项异常，按表 5.3 可判定为沙门氏菌；如有 2 项异常为非沙门氏菌。

表 5.3 沙门氏菌生化反应初步鉴别表

pH7.2 尿素	KCN	赖氨酸脱羧酶	判定结果
-	-	-	甲型副伤寒沙门氏菌（要求血清学鉴定结果）
-	+	+	沙门氏菌Ⅳ或Ⅴ（要求符合本群生化特性）
+	-	+	沙门氏菌个别变体（要求血清学鉴定结果）

注：+：阳性，-：阴性。

2. 反应序号 A2

补做甘露醇和山梨醇糖发酵实验。实验方法：将待测菌株接种于糖发酵培养基，36℃±1℃培养 2~3d。培养基变黄色为阳性。沙门氏菌靛基质阳性突变体两项实验结果应该均为阳性，但需要结合血清学鉴定结果进行判定。

3. 反应序号 A3

补做 ONPG 实验。实验方法：将待测菌株接种于 ONPG 培养基，36℃±1℃培养 1~3h 和 24h 观察结果。如果 β-半乳糖苷酶产生，则于 1~3h 变黄色，如无此酶则 24h 不变色。ONPG 阴性为沙门氏菌，同时赖氨酸脱羧酶阳性，甲型副伤寒沙门氏菌为赖氨酸脱羧酶阴性。

(七)第 8~9 天：血清学鉴定

1. 第 8 天

抗原的准备：将可疑菌株接种于 1.2%~1.5%琼脂浓度的 LB 平板，36℃±1℃培养 18~24h，作为玻片凝集实验用的抗原。

2. 第 9 天

多价 O 抗原鉴定：在玻片上划出 2 个约 1cm×2cm 的区域，挑取 1 环待测菌，各放 1/2 环于玻片上的每一区域上部，在其中一个区域下部加 1 滴多价 O 抗血清，在另一区域下部加入 1 滴生理盐水，作为对照。再用无菌的接种环或针分别将两个区域内的菌落研成乳状液。将玻片倾斜摇动混合 1min，并对着黑暗背景进行观察，任何程度的凝集现象皆为阳性反应。

多价 H 抗原鉴定：操作步骤如"多价 O 抗原鉴定"，只是将多价 O 抗血清换成多价 H 抗血清。

五、实验结果

记录 BS 平板和 XLD 平板培养菌落观察结果。

将生化实验结果与判定填于表 5.4 和表 5.5 中：

表 5.4 TSI 斜面与赖氨酸脱羧酶实验培养基培养结果

样品名称与编号	TSI 斜面				赖氨酸脱羧酶实验培养基	初步判断
	斜面	底层	产气	H_2S		

表 5.5 生化反应初步鉴定

样品名称与编号	H_2S	靛基质	pH7.2 尿素	KCN	赖氨酸脱羧酶	结果判断

其他生化实验现象：记录糖发酵实验和 ONPG 实验现象与结果。

记录血清学鉴定结果。

综合生化实验和血清学鉴定的结果，报告 25g(mL)样品中检出或未检出沙门氏菌。

六、注意事项

1. 靛基质实验的原理是测定细菌是否能够分解蛋白胨中的色氨酸生成吲哚。因此，为使实验现象明显，所使用的蛋白胨中应含有丰富的色氨酸。故每批蛋白胨买来后，应先用沙门氏菌鉴定后方可使用。

2. KCN 是剧毒药品，在 KCN 培养基配制和使用时应小心做好防护，切勿沾染，以免中毒。夏天分装培养基应在冰箱内进行。实验失败的主要原因是封口不严，KCN 逐渐分解，产生氢氰酸气体逸出，以致药物浓度降低，细菌生长，因而造成假阳性反应。实验时对每一环节都要特别注意。KCN 培养基使用后，不可直接清洗，应在灭菌后，每管加入数粒 $FeSO_4$ 和 0. 5mL 20%KOH 溶液，然后才可清洗。

3. 荚膜抗原的存在可阻止抗体对 O 抗原的识别。因此，在多价 O 抗原鉴定中，若是未出现凝集现象，也有可能菌株是 Vi 抗原阳性，需要煮沸 15min 冷却后再进行 O 抗原的测定。

第四节　副溶血性弧菌

一、实验目的

1. 了解对食品进行副溶血性弧菌检测的意义。
2. 掌握副溶血性弧菌的生物学特征。
3. 掌握食品中副溶血性弧菌检测的基本原理和检测方法。
4. 学会对食品中副溶血性弧菌的检验结果进行分析和判定。

二、实验原理

副溶血性弧菌(*Vibrio parahaemolyticus*)是一种革兰阴性嗜盐菌，(0. 3～0. 7)μm×(1～2)μm，属于弧菌科弧菌属，无芽孢，常存在于鱼、虾和贝类等海产品中，鱼体带菌率为 20%～90%，临床上以急性起病、腹痛、呕吐、腹泻及水样便为主要症状。我国食源性疾病监测网统计数据显示，副溶血性弧菌在沿海地区引起的食物中毒占细菌性食物中毒总数的比例高达 60%以上，在数量上超过沙门氏菌中毒案例成为首要的食源性致病菌，对人类健康具有较大威胁。因此，副溶血性弧菌检验对于预防和控制其引起的急性腹泻和食物中毒等公共卫生事件的发生具有十分重要的意义。

副溶血性弧菌检测的常用方法有 3 种：培养法、免疫学检测法及分子生物学方法。在实际操作时，应根据实际情况选择合适的检验方法和流程。本实验参考了科技文献和国内外标准组织进行副溶血性弧菌检验所采用的常用方法，根据 2013 年发布的食品副溶血性弧菌检验国家标准(GB 4789. 7—2013)进行设计，主要步骤是样品增菌后转接 TCBS 或弧菌显色培养基，培养后观察菌落形态，挑取可疑菌落做生化鉴定以确定其是否是副溶血性弧菌。

三、实验材料

1. 菌种

副溶血性弧菌(*Vibrio parahaemolyticus*)，创伤弧菌(*Vibrio vulnificus*)(对照菌株)。

2. 受试样品

鱼、虾、贝类等海产品。

3. 仪器

灭菌锅，冰箱，恒温培养箱，均质器或研钵，电子天平，恒温水浴锅，试管(18mm×180mm、15mm×100mm)，吸管，微量移液器及吸头，三角瓶(250mL、500mL、1000mL)，培养皿，涂布器，药匙，接种环(针)，涡旋混合器，振荡器，普通光学显微镜，pH 计或精密 pH 试纸等。

4. 培养基和试剂

①3%氯化钠碱性蛋白胨水　蛋白胨 10. 0g，氯化钠 30. 0g，溶于 900mL 蒸馏水中后，定容至 1L，pH 8. 5±0. 2，121℃高压灭菌 10min。

②硫代硫酸盐-柠檬酸盐-胆盐-蔗糖(TCBS)琼脂　蛋白胨 10. 0g，酵母浸膏 5. 0g，柠檬酸钠($C_6H_5O_7Na_3 \cdot 2H_2O$)10. 0g，硫代硫酸钠($Na_2S_2O_3 \cdot 5H_2O$)10. 0g，氯化钠 10. 0g，牛胆汁粉 5. 0g，柠檬酸铁 1. 0g，胆酸钠 3. 0g，蔗糖 20. 0g，溴麝香草酚蓝 0. 04g，麝香草酚蓝 0. 04g，琼脂 15. 0g，蒸馏水 1 000mL；各成分溶解后校正 pH 8. 6±0. 2，加热煮沸至完全溶解，冷却至 50℃左右倾注平板备用。

③3%氯化钠胰蛋白胨大豆琼脂　胰蛋白胨 15. 0g，大豆蛋白胨 5. 0g，氯化钠 30. 0g，琼脂 15. 0g，蒸馏水 1 000mL，pH 7. 3±0. 2，121℃高压灭菌 15min。

④3%氯化钠三糖铁琼脂(3% Sodium Chloride Triple Sugar Iron Agar，TSI 琼脂)　蛋白胨 15. 0g，蛋白胨 5. 0g，牛肉膏 3. 0g，酵母浸膏 3. 0g，氯化钠 30. 0g，乳糖 10. 0g，蔗糖 10. 0g，葡萄糖 1. 0g，硫酸亚铁($FeSO_4$)0. 2g，苯酚红 0. 024g，硫代硫酸钠($Na_2S_2O_3$)0. 3g，琼脂 12. 0g，蒸馏水 1 000mL，pH 7. 4±0. 2。分装到适当容量的试管中，121℃高压灭菌 15min，制成高层斜面，斜面长 4~5cm，高层深度为 2~3cm。

⑤嗜盐性试验培养基　胰蛋白胨 10. 0g，氯化钠按不同量加入，蒸馏水 1 000mL，校正 pH 7. 2±0. 2，共配置 5 瓶，每瓶 100mL。每瓶分别加入不同量的氯化钠：不加；3g；6g；8g；10g。分装试管，121℃高压灭菌 15min。

⑥3%氯化钠甘露醇试验培养基　牛肉膏 5. 0g，蛋白胨 10. 0g，氯化钠 30. 0g，磷酸氢二钠($Na_2HPO_4 \cdot 12H_2O$)2. 0g，甘露醇 5. 0g，溴麝香草酚蓝 0. 024g，蒸馏水 1 000mL，pH 7. 4±0. 2，分装小试管，121℃高压灭菌 10min。

⑦3%氯化钠赖氨酸脱羧酶试验培养基　蛋白胨 5. 0g，酵母浸膏 3. 0g，葡萄糖 1. 0g，溴甲酚紫 0. 02g，L-赖氨酸 5. 0g，氯化钠 30. 0g，蒸馏水 1 000mL。除赖氨酸以外的成分溶于蒸馏水中，调节 pH 6. 8±0. 2。再按 0. 5%的比例加入赖氨酸，对照培养基不加赖氨酸。分装小试管，每管 0. 5mL，121℃高压灭菌 15min。

⑧3%氯化钠 MR-VP 培养基　多胨 7. 0g，葡萄糖 5. 0g，磷酸氢二钾(K_2HPO_4)5. 0g，氯化钠 30. 0g，蒸馏水 1 000mL，pH 6. 9±0. 2，分装试管，121℃高压灭菌 15min。

⑨3%氯化钠溶液　氯化钠30.0g，蒸馏水1 000mL，pH 7.2±0.2，121℃高压灭菌15min。

⑩我妻氏血琼脂　酵母浸膏3.0g，蛋白胨10.0g，氯化钠70.0g，磷酸氢二钾(K_2HPO_4)5.0g，甘露醇10.0g，结晶紫0.001g，琼脂15.0g，蒸馏水1 000mL，pH 8.0±0.2，加热至100℃，保持30min，冷至45~50℃，与50mL预先洗涤的新鲜人或兔红细胞(含抗凝血剂)混合，倾注平板。干燥平板，尽快使用。

⑪氧化酶试剂　*N*，*N*，*N'*，*N'*-四甲基对苯二胺盐酸盐1.0g，溶于100mL蒸馏水中，2~5℃冰箱内避光保存，在7d之内使用。

⑫革兰染色液　结晶紫染色液：将1.0g结晶紫完全溶解于20.0mL 95%乙醇中，然后与80.0mL 1%草酸铵水溶液混合。革兰氏碘液：将1.0g碘与2.0g碘化钾先进行混合，加入蒸馏水少许充分振摇，待完全溶解后，再加蒸馏水至300mL。沙黄复染液：将0.25g沙黄溶解于10.0mL 95%乙醇中，加入90.0mL蒸馏水稀释。

⑬ONPG试剂　缓冲液：将6.9g磷酸二氢钠($NaH_2PO_4 \cdot H_2O$)溶于蒸馏水中，并定容至50.0mL，调节pH 7.0，置2~5℃冰箱保存。ONPG溶液：将0.08g邻硝基酚-β-D-半乳糖苷(ONPG)在37℃ 15mL蒸馏水中溶解，加入缓冲液5.0mL。ONPG溶液置2~5℃冰箱保存。试验前，将所需用量的ONPG溶液加热至37℃。

⑭Voges-Proskauer(V-P)试剂　甲液：α-萘酚5.0g，无水乙醇100.0mL。乙液：氢氧化钾40.0g，溶于蒸馏水并定容至100.0mL。

四、方法与步骤

食品中副溶血性弧菌的检验流程如图5.3所示。

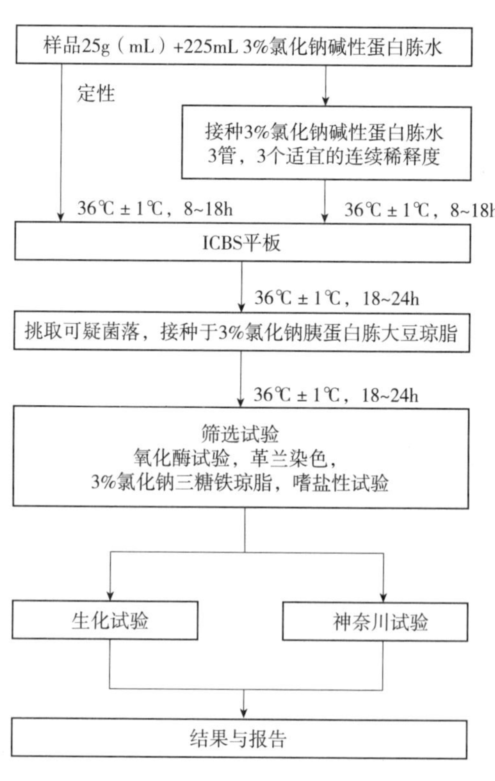

图5.3　副溶血性弧菌检验流程

(一)样品制备

非冷冻样品采集后应立即置7~10℃冰箱保存，尽可能及早检验；冷冻样品应在45℃以下不超过15min或在2~5℃不超过18h解冻。

鱼类和头足类动物取表面组织、肠或鳃；贝类取全部内容物，包括贝肉和体液；甲壳类取整个动物，或者动物的中心部分，包括肠和鳃。如为带壳贝类或甲壳类，则应先在自来水中洗刷外壳并甩干表面水分，然后以无菌操作打开外壳，按上述要求取相应部分。

以无菌操作取样品25g(mL)，加入3%氯化钠碱性蛋白胨水225mL，用旋转刀片式均质器以8 000r/min均质1min，或拍击式均质器拍击2min，制备成1∶10的样品匀液。如无均质器，则将样品放入无菌研钵，自225mL 3%氯化钠碱性蛋白胨水中取少量稀释液加入无菌研钵，样品磨碎后放入500mL无菌三角瓶，再用少量稀释液冲洗研钵中的残留样品1~2次，洗液放入三角瓶，最后将剩余稀释液全部放入三角瓶，充分振荡，制备1∶10的样品匀液。

（二）增菌

1. 定性检测

将制备好的1∶10样品匀液于36℃±1℃培养8~18h。

2. 定量检测

用无菌吸管吸取1∶10样品匀液1mL，注入含有9mL 3%氯化钠碱性蛋白胨水的试管内，振摇试管混匀，制备1∶100的样品匀液。另取1mL无菌吸管，按该操作程序，依次制备10倍系列稀释样品匀液，每递增稀释一次，换用一支1mL无菌吸管。根据对检样污染情况的估计，选择3个适宜的连续稀释度，每个稀释度接种3支含有9mL 3%氯化钠碱性蛋白胨水的试管，每管接种1mL。置36℃±1℃恒温箱内，培养8~18h。

（三）分离

对所有显示生长的增菌液，用接种环在距离液面以下1cm内沾取一环增菌液，于TCBS平板上划线分离。一支试管划线一块平板。于36℃±1℃培养18~24h。

典型的副溶血性弧菌在TCBS上呈圆形、半透明、表面光滑的绿色菌落，用接种环轻触，有类似口香糖的质感，直径2~3mm。从培养箱取出TCBS平板后，应尽快（不超过1h）挑取菌落或标记要挑取的菌落。

（四）纯培养

挑取3个或以上可疑菌落，划线接种3%氯化钠胰蛋白胨大豆琼脂平板，36℃±1℃培养18~24h。

（五）初步鉴定

1. 氧化酶试验

用细玻璃棒或一次性接种针挑取纯培养的、新鲜（24h）单菌落，涂布在氧化酶试剂湿润的滤纸上。如果滤纸在10s之内呈现粉红或紫红色，即为氧化酶试验阳性。不变色为氧化酶试验阴性。副溶血性弧菌为氧化酶阳性。

2. 涂片镜检

将可疑菌落涂片，进行革兰染色，步骤如下：

①将涂片在酒精灯火焰上固定，滴加结晶紫染色液，染1min，水洗。

②滴加革兰氏碘液，作用1min，水洗。

③滴加95%乙醇脱色，15~30s，直至染色液被洗掉，不要过分脱色，水洗。

④滴加复染液，复染1min。水洗、待干、镜检。

镜检观察形态。副溶血性弧菌为革兰阴性，呈棒状、弧状、卵圆状等多形态，无芽孢、有鞭毛。

3. TSI琼脂实验

挑取纯培养的单个可疑菌落，转接TSI琼脂斜面并穿刺底层，36℃±1℃培养24h观察结果。副溶血性弧菌在TSI琼脂斜面上产碱，在底层产酸，不产气，不产硫化氢。因此，培养后反应现象为底层变黄不变黑，无气泡，斜面颜色不变或红色加深，有动力。

4. 嗜盐性试验

挑取纯培养的单个可疑菌落，分别接种0%、6%、8%和10%不同氯化钠浓度的胰胨水，36℃±1℃培养24h，观察液体混浊情况。副溶血性弧菌在无氯化钠和10%氯化钠的胰胨水中不生长或微弱生长，在6%氯化钠和8%氯化钠的胰胨水中生长旺盛。

(六)确定鉴定

1. 生化试验

取纯培养物分别接种含3%氯化钠的甘露醇试验培养基、赖氨酸脱羧酶试验培养基、MR-VP培养基，36℃±1℃培养24~48h后观察结果；TSI琼脂隔夜培养物进行ONPG试验。

2. 神奈川试验

神奈川试验是在我妻氏血琼脂上测试是否存在特定溶血素。神奈川试验阳性结果与副溶血性弧菌分离株的致病性显著相关。神奈川试验阳性菌的感染能力强，多数毒性菌株为神奈川试验阳性(K^+)，多数非毒性菌株为神奈川试验阴性(K^-)。

用接种环将测试菌株的3%氯化钠胰蛋白胨大豆琼脂18h培养物点种于表面干燥的我妻氏血琼脂平板。每个平板上可以环状点种几个菌。36℃±1℃培养不超过24h，并立即观察。阳性结果为菌落周围呈半透明环的β溶血。

五、实验结果

根据检出的可疑菌落生化性状，报告25g(mL)样品中是否检出副溶血性弧菌。副溶血性弧菌的生理生化特性和与其他弧菌的鉴别情况分别见表5.6和表5.7。

报告所分离菌株神奈川试验结果。

表5.6 副溶血性弧菌的生理生化特性

项目	现象	项目	现象
革兰染色镜检	阴性，无芽孢	分解葡萄糖产气	-
氧化酶	+	乳糖	-
动力	+	硫化氢	-
蔗糖	-	赖氨酸脱羧酶	+
葡萄糖	+	V-P	-
甘露醇	+	ONPG	-

注："+"表示阳性；"-"表示阴性。

六、注意事项

采样时应注意首先准备好灭菌用具及容器，以无菌手续取有代表性的样品，样品必须尽快送检，不宜存放时间过长，副溶血性弧菌在适宜温度下繁殖较快，但不适于低温生存，在寒冷的情况下容易死亡，防止待检材料冷冻，以免影响检验结果。

对采取的样品有时因受存放条件的影响(如低温冷冻或干燥时间过长等原因)，使菌体处于受伤状态，故需对此类可疑食品或可疑中毒材料进行增菌培养，但应注意为有利于细菌恢复，不宜选用抑制性较强的培养基，以免影响细菌生长。

表 5.7 副溶血性弧菌主要性状与其他弧菌的鉴别

菌种名称	氧化酶	赖氨酸	精氨酸	鸟氨酸	明胶	脲酶	V-P	42℃生长	蔗糖	D-纤维二糖	乳糖	阿拉伯糖	D-甘露糖	D-甘露醇	ONPG	嗜盐性试验氯化钠含量/%				
																0	3	6	8	10
副溶血性弧菌 *V. parahaemolyticus*	+	+	-	+	+	V	-	+	-	V	-	+	+	+	-	-	+	+	+	-
创伤弧菌 *V. vulnificus*	+	+	-	+	+	-	-	+	-	+	+	-	+	V	+	-	+	+	-	-
溶藻弧菌 *V. alginolyticus*	+	+	-	+	+	-	+	+	+	-	-	-	+	+	-	-	+	+	+	+
霍乱弧菌 *V. cholerae*	+	+	-	+	+	-	V	+	+	-	-	-	+	+	+	+	+	-	-	-
拟态弧菌 *V. mimicus*	+	+	-	+	+	-	-	+	-	-	-	-	+	+	+	+	+	-	-	-
河弧菌 *V. fluvialis*	+	-	+	-	+	-	-	V	+	+	-	+	+	+	+	-	+	+	V	-
弗氏弧菌 *V. furnissii*	+	-	+	-	+	-	-	-	+	-	-	+	+	+	+	-	+	+	+	-
梅氏弧菌 *V. metschnikovii*	-	+	+	-	+	-	+	V	+	-	-	-	+	+	+	-	+	+	V	-
霍利斯弧菌 *V. hollisae*	+	-	-	-	-	-	-	nd	-	-	-	+	+	-	-	-	+	+	-	-

注："+"表示阳性；"-"表示阴性；"nd"表示未试验；"V"表示可变。

思考题

1. 为什么以大肠菌群作为食品被粪便污染的指示菌？使用3M Petrifilm™大肠菌群测试片进行检测时，为什么将蓝点带气泡的菌落记为大肠菌群数？

2. 为什么在血平板上金黄色葡萄球菌的菌落周围有溶血环？菌致病性金黄色葡萄球菌检验的重要指标是什么？

3. 沙门氏菌的检验方法包括哪5个步骤？沙门氏菌检验中为什么要进行前增菌和选择性增菌？

4. 副溶血性弧菌在TCBS平板上的典型菌落特征是什么？

第六章　食品中农兽药残留的测定

第一节　对硫磷

一、实验目的

本实验属食品中农药残留分析的范畴。农药是指在农业生产中，为保障、促进植物和农作物的成长，所施用的杀虫、杀菌、杀灭有害动物(或杂草)的一类药物统称。特指在农业上用于防治病虫以及调节植物生长、除草等药剂。农药的种类繁多，按其使用目的可分为杀虫剂、杀螨剂、杀菌剂、除草剂及植物生长调节剂等。全球农药生产和使用的品种约在500种以上。农药的使用造成对土壤、环境及农作物的污染，从而引起农产品、食品中农药的残留。目前，农药残留检测与监控技术研究已成为我国食品安全战略的重要内容。

中华人民共和国农业部公告第199号规定，在蔬菜、果树、茶叶、中草药材上禁止使用对硫磷等19种农药。近年来，农业部及各级政府管理部门加大农产品质量安全监测力度，把对硫磷列为农产品中重点监控的农药指标，因此开展农产品中对硫磷等高毒农药的残留分析实验研究具有重要的意义。

通过苹果中对硫磷残留的分析方法实验，掌握农药残留分析基本要求、实验特点及基本原理；掌握农药残留分析样品前处理中的取样、提取、浓缩和净化的方法及操作技术；了解农药残留分析主要分析方法，重点掌握气相色谱的基本构造、工作原理，较熟练操作气相色谱仪进行农药残留量测定；掌握农药残留分析定性、定量技术等。

二、实验原理

(一)农药残留分析基本原则与要求

农药残留分析是指对待测样本中微量的农药残留进行定性和定量的分析。对农药残留进行分析和监测，是为了评价农药残留的危害性，以保障人体健康，避免环境污染。农药残留分析是较复杂的微量分析技术，有以下4个特点：

①食品及环境样本中农药残留含量很低，在mg/kg、pg/kg、ng/kg量级。

②常用农药数百种，性质差异较大，因此分析方法应根据农药的特点而定。

③食品、农产品和环境样本种类多、组成各异，各类样品中农药残留检测的前处理方法差异也很大。

④测定样本中农药残留量时，对方法的准确度和精密度要求不高，但对灵敏度要求很高，必须能检测出样本中的微量农药。

农药残留分析的基本过程包括：样本采集、制备、贮存、提取、净化和检测等步骤。

①样本采集的标准化是获得准确分析数据的基础，采样必须是随机的和有代表性的。

②样本制备是指根据不同样品种类进行粉碎、缩分等。

③样本贮存须在-20℃的低温冰箱。

④提取和净化是分析检测的关键环节，应根据检测农药的性质、检测方法和样本组成而定。常用方法有振荡提取、组织捣碎提取、索氏提取和超声波提取；净化的目的是要将农药与杂质分离，常用的方法有液液分配法、固相萃取法、凝胶色谱法、磺化法等。

⑤检测方法以气相色谱、液相色谱、气相色谱-质谱联用法、液相色谱-质谱联用法为主。根据本实验的需要下面重点介绍气相色谱的分析原理。

(二)气相色谱分析原理

气相色谱法(gas chromatography，GC)是以惰性气体为流动相的柱色谱法，是一种物理化学分离方法。这种分离方法是基于物质溶解度、蒸汽压、吸附能力、立体化学等物理化学性质的微小差异，从而使其在流动相和固定相之间的分配系数有所不同，而当两相做相对运动时，组分在两相间进行连续多次分配，达到彼此分离的目的，工作原理如图 6.1 所示。

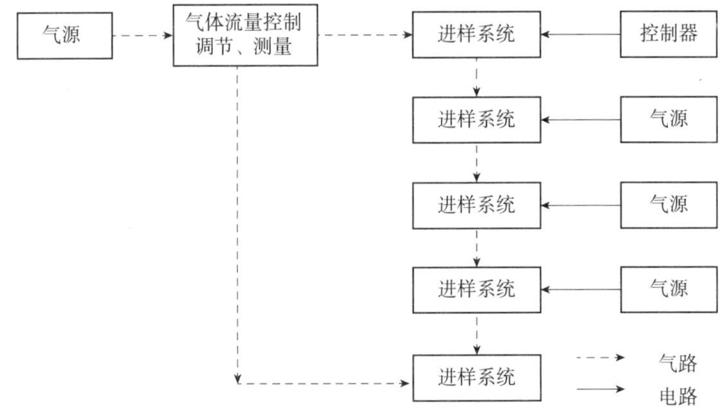

图 6.1 气相色谱仪工作原理框图

气相色谱仪基本结构是由气路系统、进样系统、分离系统、温度控制系统、检测器和数据处理系统等部分组成。

下面列举与本实验相关的两个气相色谱检测器：火焰光度检测器(FPD)是一种高灵敏度、高选择性的检测器，对含磷、硫的有机化合物敏感。氮磷检测器(NPD)又称热离子化检测器(TID)，是分析含氮、磷化合物的高灵敏度高选择性和宽线性范围的检测器。

(三)苹果中对硫磷残留量的分析方法原理

对硫磷是一种有机磷类农药，有机磷农药是用于防治植物病虫害的含有机磷农药的有机化合物。根据对硫磷的性质及特点，易溶于有机溶剂，在碱性条件下易水解而失效。有机磷农药的典型仪器分析方法是气相色谱法，通常采用的检测器有火焰光度检测器和氮磷检测器等。苹果样本中残留的对硫磷经有机溶剂提取，通过净化去除干扰杂质后，用气相色谱仪(配火焰光度检测器或氮磷检测器)分析测定。

三、实验材料

1. 仪器

气相色谱仪：配火焰光度检测器(磷滤光片)，食品加工机，匀浆机、涡旋混合器、氮吹仪、旋转蒸发仪、分析天平(精度0.000 1g，0.01g)等。

2. 试剂

除非另有说明，在实验中仅使用确认为分析纯的试剂和《分析实验室用水规格和实验方法》(GB/T 6682—2008)中规定的至少二级的水。有机溶剂在使用前进行检验及提纯处理。

乙腈、二氯甲烷、丙酮、无水硫酸钠、中性氧化铝(层析用，经300℃活化4h备用)、活性炭(称取20g活性炭用3mol/L盐酸浸泡过夜，抽滤后，用水洗至无氯离子，在120℃烘干备用)、氯化钠(140℃烘烤4h)、滤膜(0.2μm，有机溶剂膜)、铝箔、不锈钢刀具、玻璃器皿等。对硫磷标准品：对硫磷，纯度≥96%，溶剂为丙酮。

3. 受试样品

苹果(除去果梗后的整个果实)，不少于1kg。

四、方法与步骤

(一)标准溶液配制

准确称量一定量对硫磷标准品(精确到0.1mg)，用丙酮作为溶剂，配制成1 000mg/L的标准储备溶液；贮存在-18℃以下的冰箱中。使用时准确吸取适量标准储备液，用丙酮稀释配制成一系列标准工作溶液。

(二)试样制备

苹果样品取可食部分，用不锈钢刀具沿纵向切成均匀的4瓣，取对角的2瓣，切成1cm以下的碎块，在不锈钢盆中均匀混匀，用四分法缩分样品后，放入食品加工机中粉碎，制成待测样，备用。

(三)样品处理

1. 方法一

参考《蔬菜和水果有机磷、有机氯、拟虫菊酯和氨基甲酸酯类农药多残留的测定》(NY/T 761—2008)。

(1)提取

准确称取25.0g试样放入匀浆机中，加入50.0mL乙腈，在匀浆机中高速匀浆2min后用滤纸过滤，滤液收集到装有5~7g氯化钠的100mL具塞量筒中，收集滤液40~50mL，盖上塞子，剧烈振荡1min，在室温下静置30min，使乙腈层和水层分层。

(2)净化

从具塞量筒中吸取10.0mL乙腈溶液，放入150mL烧杯中，将烧杯放在80℃水浴中加热，杯内缓缓通入氮气或空气流，蒸发近干，加入2.0mL丙酮，盖上铝箔，备用。将上述备用液完全转移至15mL刻度离心管中，再用约3mL丙酮分3次冲洗烧杯，并转移至离心管，最后定容至5.0mL，在漩涡混合器上混匀，移入自动进样器样品瓶中，供色谱测定。

如定容后的样品溶液过于浑浊，应用 0.2μm 滤膜过滤后再进行测定。

2. 方法二

参考 GB/T 5009—2003 系列标准中的规定。

准确称取 10.0g 试样，置于 250mL 具塞锥形瓶中，加入 30g 左右无水硫酸钠脱水，剧烈振荡后如有固体硫酸钠存在，说明所加无水硫酸钠已充足；否则再补充加入无水硫酸钠。加 0.2~0.8g 活性炭脱色。加 70mL 二氯甲烷，在振荡器上振摇 0.5h，经滤纸过滤。量取 35mL 滤液，减压浓缩近干，定容至 2.0mL 备用。

(四) 仪器分析

气相色谱参考条件：

进样口：250℃，不分流进样。

进样体积：2μL。

色谱柱(TG-1701MS)：30m×0.25mm×0.25μm。

载气：高纯氮气(99.999%)，流量：1.5mL/min。

炉温程序：初始温度 60℃，保持 5min，以 15℃/min 升至 250℃，保持 8min。

检测器(P-FPD)温度：250℃。

补充气流量：60mL/min。

氢气流量：75mL/min。

空气流量：100mL/min。

(五) 对硫磷标准品色谱图

对硫磷标准品色谱图如图 6.2 所示。

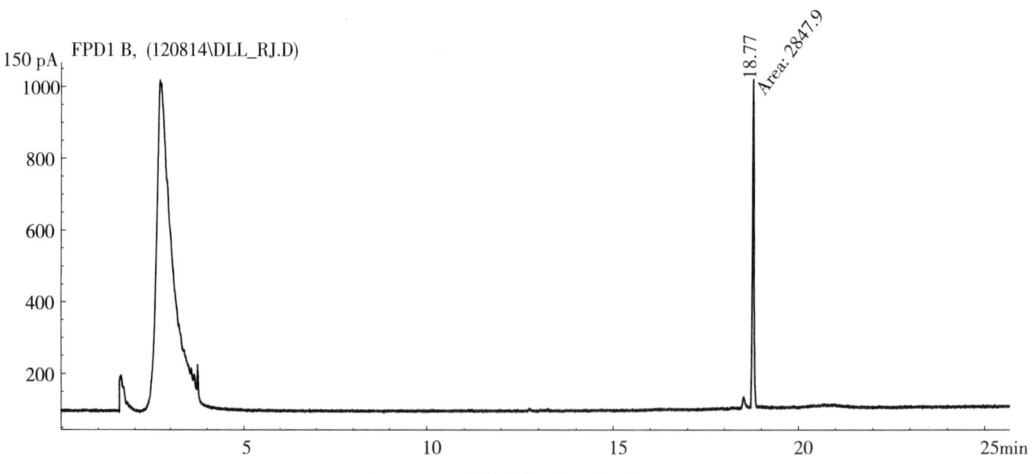

图 6.2　对硫磷标准品色谱图

五、实验结果

(一) 定性

本实验方法以气相色谱保留时间定性，如果检出的色谱峰保留时间与标准样品一致，则判断样品中存在目标农药。

(二)定量

用外标法定量，用对硫磷标准品配制成已知浓度的标准溶液与待测样本溶液在相同条件下分析测定，根据色谱图测量峰高，计算试样中的对硫磷的含量。计算公式如下：

$$C_i=\frac{H_i \times C_s \times W_s}{H_s \times W_i \times K} \tag{6.1}$$

式中 C_i——样品中农药的浓度，mg/kg；

H_i——扣除试剂空白后的峰高；

W_s——标准溶液进样量；

W_i——样品溶液进样量；

H_s——标准溶液峰高；

C_s——标准溶液的浓度，mg/kg；

K——浓缩系数。

(三)方法的灵敏度、准确度和精确度

农药残留分析主要以灵敏度、准确度和精确度作为重要的衡量指标。

1. 灵敏度以方法的最低检出浓度(最低检出限)表示

国际食品法典委员会(CAC)提出使用最低校正水平(lowest calibration level，LCL)的概念，即与规定的最高残留限量(MRL 值)比较，检测方法应该达到的最低检测浓度。在判断被检样本残留量是否超标时，一般要求方法的最低校正水平低于 MRL 值。

2. 准确度以添加回收率表示

在空白样本中添加一定量的待测农药标准品，制成已知含量的样本，然后按照以上方法对样本进行处理和测定，所得到的实际值对已知值的百分率即为方法添加回收率。添加回收率应以接近 100%为最佳，但由于杂质干扰、操作误差等原因，则要求添加回收率为 70%~110%即符合要求。

3. 精密度以相对标准偏差(RSD)表示

用一种检测方法对同一组试样进行多次重复测定，其测定结果之间的偏差程度即为该种方法的精密度。一般要求相对标准偏差低于 15%即可。

$$\text{相对标准偏差}(RSD)=\frac{\text{标准偏差}(STDEV)}{\text{测定结果的平均值}(\bar{x})}\times 100\% \tag{6.2}$$

其中标准偏差(STDEV)：

$$STDEV=\sqrt{\frac{n\sum x^2-(\sum x)^2}{n(n-1)}} \tag{6.3}$$

式中 $STDEV$——标准偏差,%；

n——试样总数或测量次数，一般 n 值不应少于 5 个；

x——各次测定值，1~n。

(四)结果确证

在首次对样品进行定性/定量检测的基础上，选用能表达检测物其他特征的性能指标

进行再次测试，以实现对检测结果的再次证实。对阳性检测结果的一般确认途径有：

①改变色谱柱　即换用另一极性色谱柱或改变测试条件，此时农药的保留参数往往有显著的改变而能实现确证目的。

②改变检测器　在同一色谱分离条件下改用另外一种检测器，特别是选择性检测器，如有机磷农药可在火焰光度检测的基础上再用氮磷检测器进行确证。

③气-质或液-质联用技术　质谱技术可以提供农药分子结构信息，具有很高的定性可靠性。但是，由于质谱一般没有选择性，而农药残留在样品中的相对比例往往很低，因此定性时需格外谨慎，避免误导。同样道理，首先要比较总离子流色谱图(TIC)中待测农药的保留时间、峰形和响应值应与标准一致。总之应根据实验室实际条件选择适合的确证方法。

六、注意事项

1. 实验对试剂的要求

对用于农药残留量检测的试剂的质量要求是很高的，必须根据分析目的和要求选择试剂种类和纯度要求。为了确定试剂的纯度是否满足分析的要求，应对市售的溶剂按下法进行检验：取 300mL 溶剂，通过旋转蒸发器浓缩至 5mL。取 5μL，在准备应用的色谱条件下，注入色谱仪，在色谱图上 2~60min 内，不应有高于仪器灵敏度的杂质峰。达到要求的试剂可以直接使用，达不到要求的溶剂要参考有关文献进行提纯。

2. 防止污染

在农药残留分析实验过程中应特别注意污染问题，这是与一般化学分析重要的不同点之一。污染可造成误差，降低灵敏度，甚至会得出错误结果，尤其在样本最后处理阶段，如果样本被污染会造成严重后果。玻璃器皿、色谱柱、检测器、实验台、洗涤剂、化妆品、不合格的试剂、实验室环境等都是可能造成污染的来源，为了防止污染，实验过程中我们应购买合格有证书的实验材料，实验器具洗涤干净，实验应确保在良好的环境下进行。

3. 避免损失

样品处理浓缩时溶剂蒸发不能太快，加热温度不能太高，减压不能太大，特别是在溶液浓缩至体积很小时或近干时，要格外注意。另外，对硫磷等有机磷类农药遇碱分解，实验过程中避免接触碱性试剂而造成损失。

4. 气相色谱仪的日常维护

气相色谱仪要定期维护，及时更换毛细管柱密封垫，要使用纯度符合要求的气体，要定期更换气体净化器填料，要使用性能可靠的压力调节阀，定期更换进样口隔垫，及时清洗注射器，定期检查并清洗进样衬管等。

5. 实验安全

实验过程中注意安全，实验室内不得存放大量易燃试剂，有毒和易燃污物的贮存应在密闭容器内，蒸溶剂和浓缩溶剂时不能用明火，接触高毒物时做好防护，实验室备有紧急喷淋装置和防火设备，实验室做好通风。实验过程中操作人员应戴手套，以防止样品间污染和对操作人员的毒害。

6. 实验记录

应使用实验记录本对整个实验过程做详细记录(表6.1)。

表6.1 农药残留分析实验原始记录

编号：____________

实验名称			
实验日期		环境状况	温度/℃： 相对湿度/%：
方法依据			
仪器名称及型号			
仪器条件			
残留农药名称			
实验次数	1	2	
试样量/g			
试样定容体积/mL			
进样量/μL			
试样溶液中的含量/(μg/mL)			
样品中含量/(mg/kg)			
计算公式			
平均值/(mg/kg)		修约值/(mg/kg)	
方法最低检出限/(mg/kg)			
平均添加回收率/%		相对标准偏差/%	
备注			
实验人员签字			

第二节 磺胺类药物

一、高效液相色谱-紫外检测法

(一)实验目的

1. 了解液相色谱仪基本结构和工作原理，初步掌握其操作技能。
2. 掌握高效液相色谱法测定磺胺类残留药物的方法。

(二)实验原理

组织经乙腈提取后，向离心后的下层溶液加入异丙醇，减压浓缩后可用碱性氧化铝柱净化，洗脱液过膜后用高效液相色谱仪进行检测。

(三)实验材料

1. 仪器

高效液相色谱仪(配紫外检测器)，匀浆机，旋转蒸发仪，天平，高速离心机。

2. 试剂

乙腈，甲醇，乙酸，正己烷，正丙醇(均为色谱纯)。

磺胺类药物标准溶液：准确称取适量的磺胺间甲氧嘧啶、磺胺二甲基嘧啶、磺胺甲噁唑、磺胺二甲氧嘧啶、磺胺喹噁啉标准品，用甲醇溶解，配制成适当浓度的标准储备液。临用前，取此储备液，用流动相稀释成浓度为 0.1~20μg/mL 的标准工作液。

(四)方法与步骤

1. 色谱条件

色谱柱：Waters XTerra RP8 柱(4.6mm×250mm，5μm)。

流动相：1%乙酸-乙腈(85+15，体积分数)。

流速：0.8mL/min。

检测波长：270nm。

进样量：20μL。

2. 碱性氧化铝柱的制备

碱性氧化铝先于 500℃高温下加热 4h，待冷却后加 5%水搅拌混匀，称 4g 处理的碱性氧化铝粉填充入玻璃柱中。

3. 提取

称取组织样品 5g±0.05g 于 50mL 离心管内，加入乙腈 20mL，以 10 000r/min 的速度匀浆 1min，然后放入离心机内，以 5 000r/min 的速度离心 5min，上清液转入平底烧瓶中，离心管内残渣再用 20mL 乙腈处理，涡旋 5min 后以 5 000r/min 的速度离心 5min，上清液合并至平底烧瓶中，加入 5mL 异丙醇，于 40℃下浓缩近干。

4. 净化

将装好的碱性氧化铝层析柱先用 95%乙腈 20mL 预淋，然后分 3 次，每次用 5mL 95%的乙腈超声溶解烧瓶内残渣后上样，然后用 2mL 30%的乙腈淋洗，不收集，最后用 4mL 的乙腈洗脱收集于刻度管中，过 0.22μm 有机滤膜，供高效液相色谱仪检测。

(五)实验结果

按下式分别计算试样中 5 种磺胺类药物残留含量，计算结果需将空白值扣除。

$$\omega = \frac{A \times \rho_s \times V \times f_2}{A_s \times m \times f_1} \tag{6.4}$$

式中 ω——试料中磺胺类药物的残留量，μg/kg；

A——试样溶液中相应药物的峰面积；

A_s——对照溶液中相应药物的峰面积；
ρ_s——对照溶液中相应药物的浓度，ng/mL；
V——定容体积，mL；
m——样品的质量，g；
f_1——净化液与总提取液体积比；
f_2——稀释倍数。

(六) 注意事项

1. 通过高温加热对碱性氧化铝进行脱水，待冷却后加入适量的水量，并充分混匀。
2. 浓缩至近干，完全干会降低方法的回收率。

二、高效液相色谱-串联质谱法

(一) 实验目的

1. 了解串联质谱仪基本结构和工作原理，初步掌握其操作技能。
2. 掌握高效液相色谱-串联质谱法测定磺胺类的方法。

(二) 实验原理

样品经乙腈提取后，离心后下清液加入异丙醇浓缩近干，残渣用甲醇+水(1+1，体积分数)溶解后，样品供液相色谱串联质谱检测，用外标法定量。

(三) 实验材料

1. 仪器

液相色谱串联质谱仪，匀浆机，旋转蒸发仪，电子天平，离心机，振荡器，离心管。

2. 试剂

乙腈(色谱纯)，异丙醇(色谱纯)，无水硫酸钠(分析纯)。

磺胺类药物标准液：准确称取磺胺间甲氧嘧啶、磺胺甲氧哒嗪、磺胺甲基异噁唑、磺胺邻二甲氧嘧啶、磺胺甲基嘧啶各 10mg，用甲醇溶解，配制成适当浓度的标准储备液(100mg/L)。

(四) 方法与步骤

1. 色谱条件

色谱柱：Luna 3μm C18(150mm×2. 0mm，3μm)。
流动相：甲醇-0. 1%甲酸水溶液(60+40，体积分数)。
流速：0. 2mL/min。
柱温：30℃。
进样体积：10μL。

2. 质谱条件

电离源(ESI+)。
喷雾电压：4. 0kV。
离子源温度：350℃。

碰撞气流流量：1.5m Torr。

选择离子参数见表6.2。

表6.2 选择离子参数设定表

化合物	母离子(m/z)	定性离子(m/z)	定量离子(m/z)	碰撞电压/eV
磺胺间甲氧嘧啶	281	156 108	156	20 14
磺胺甲氧哒嗪	281	156 215	156	16 22
磺胺甲基异噁唑	254	156 108	156	18 15
磺胺邻二甲氧嘧啶	311	156 215	156	16 18
磺胺甲基嘧啶	265	156 172	156	16 20

3. 基质加标标准工作曲线的制备

将混合标准工作液用初始流动相稀释成10～1 000μg/mL的标准系列溶液。称取与试样基质相应的空白样品5.00g，加入标准系列溶液1.0mL，与试样同时进行提取与净化。

4. 样品测定

称取5g样品(精确到0.01g)，置于50mL离心管中，加入20g无水硫酸钠和乙腈20mL，均质2min，以3 000r/min的速度离心3min。上清液倒入平底烧瓶中，分离后的残渣再用20mL乙腈处理，重复上述操作一次，合并上清液，加入异丙醇10mL，用旋转蒸发仪50℃下减压浓缩近干，氮气吹干，准确加入1mL甲醇+水(1+1，体积分数)和1mL正己烷溶解残渣，转移至5mL离心管中，涡旋混匀，以3 000r/min离心3min，吸取上层正己烷弃去，再加入1mL正己烷，重复上述步骤，直至下层变成透明液体。取下层清液，过0.2μm滤膜后供质谱测定。

(五)实验结果

按照下式计算磺胺类药物的残留：

$$X=\frac{CV\times 1\ 000}{m\times 1\ 000} \tag{6.5}$$

式中 X——样品中待测组分的含量，μg/kg；

C——测定液中待测组分的浓度，ng/mL；

V——定容体积，mL；

m——样品称样量，g。

(六)注意事项

1. 开始实验之前需要保证液相色谱-串联质谱正常运行，串联质谱的灵敏度能满足实验要求。

2. 制备的基质加标标准工作曲线的 R^2>0.99。

第三节 氟喹诺酮类药物

一、高效液相色谱-荧光检测法

(一)实验目的

1. 了解液相色谱仪基本结构和工作原理，初步掌握其操作技能。

2. 掌握高效液相色谱法测定氟喹诺酮类残留药物的方法。

(二)实验原理

用磷酸盐缓冲溶液提取试料中的残留药物，HLB 柱净化，流动相洗脱。以磷酸-乙腈为流动相，用高效液相色谱-荧光检测法测定，外标法定量。

(三)实验材料

1. 仪器

高效液相色谱仪(配荧光检测器)，天平，匀浆机，离心机，HLB 固相萃取柱(60mg，6mL)，微孔滤膜(0.45μm)。

2. 试剂

5.0mol/L 氢氧化钠溶液：取氢氧化钠 20.0g 溶解于 100mL 水中。

0.03mol/L 氢氧化钠溶液：取 5.0mol/L 氢氧化钠溶液 0.6mL，加水稀释至 100mL。

0.05mol/L 磷酸/三乙胺溶液：取浓磷酸 3.4mL，用水稀释至 1 000mL。用三乙胺调 pH 值至 2.4。

磷酸盐缓冲溶液(用于肌肉、脂肪组织)：取磷酸二氢钾 6.8g，加水使溶解并稀释至 500mL，用 5.0mol/L 氢氧化钠溶液调节 pH 值至 7.0。

磷酸盐溶液(用于肝脏、肾脏组织)：取磷酸二氢钾 6.8g，加水溶解并稀释至 500mL，pH4.0~5.0。

达氟沙星、恩诺沙星、环丙沙星和沙拉沙星标准储备液：分别精密称量达氟沙星、恩诺沙星、环丙沙星和沙拉沙星对照品各 10mg，用 0.03mol/L 氢氧化钠溶液溶解并稀释成浓度为 0.2mg/mL 的标准储备液。置 2~8℃冰箱中保存，有效期为 3 个月。

达氟沙星、恩诺沙星、环丙沙星和沙拉沙星标准工作液：准确量取 0.5mL 的达氟沙星、恩诺沙星、环丙沙星和沙拉沙星标准储备液于 50mL 容量瓶中用乙腈定容成浓度为 2μg/mL 的混合标准工作液。置 2~8℃冰箱中保存，有效期为 1 周。

(四)方法与步骤

1. 色谱条件

色谱柱：C18(250mm×4.6mm，5μm)。

流动相：0.05mol/L 磷酸溶液/三乙胺-乙腈(87+13，体积分数)。

流速：0.8mL/min。

检测波长：激发波长 280nm，发射波长 450nm。

柱温：35℃。

进样量：20μL。

2. 试料的制备

取绞碎后的供试样品，作为供试试料。

取绞碎后的空白样品，作为空白试料。

取绞碎后空白样品，调价适宜浓度的对照溶液，作为空白添加试料。

3. 标准曲线的制备

准确量取适量混合标准工作液，用流动相稀释成浓度分别为 0.005μg/mL、0.01μg/mL、0.05μg/mL、0.1μg/mL、0.3μg/mL、0.5μg/mL 的溶液，摇匀备用。

4. 样品测定

取 2g±0.0(5)g 试料，置 30mL 匀浆杯中，加磷酸盐缓冲溶液 10.0mL，10 000r/min 匀浆 1min。匀浆液转入离心管中，涡漩振荡 5min，离心(肌肉、脂肪 10 000r/min，5min；肝、肾 10 000r/min，10min)，取上清液，待用。用磷酸盐缓冲溶液 10.0mL 洗刀头及匀浆杯，转入离心管中，洗残渣，混匀，涡漩振荡 5min，离心。合并两次上清液，混匀，备用。HLB 固相萃取柱先依次用甲醇、磷酸盐缓冲溶液各 2mL 预洗。取上清液 10.0mL 过柱，用水 1mL 淋洗，挤干。用流动相 2.0mL 洗脱，挤干，收集洗脱液。经滤膜过滤后作为试样溶液，供高效液相色谱法测定。

(五)实验结果

记录实验条件，保存实验资料。

结果计算与表述：按照下式计算试料中达氟沙星、恩诺沙星、环丙沙星和沙拉沙星的残留量：

$$\omega = \frac{A \times \rho_s \times V \times f_2}{A_s \times m \times f_1} \tag{6.6}$$

式中 ω——试料中达氟沙星、恩诺沙星、环丙沙星和沙拉沙星的残留量，μg/kg；

A——试样溶液中相应药物的峰面积；

A_s——对照溶液中相应药物的峰面积；

ρ_s——对照溶液中相应药物的浓度，ng/mL；

V——定容体积，mL；

m——样品的质量，g；

f_1——净化液与总提取液体积比；

f_2——稀释倍数。

(六)注意事项

1. 开始实验之前需要保证液相色谱正常运行，荧光检测器灵敏度满足实验要求；
2. 最后柱洗脱步骤，需要保证柱子完全挤干。

二、高效液相色谱-串联质谱法

(一)实验目的

1. 了解液相色谱串联质谱仪基本结构和工作原理，初步掌握其操作技能。
2. 掌握液相色谱串联质谱法测定氟喹诺酮类残留药物的检测方法。

(二)实验原理

用0.1mol/L EDTA-Mellvaine缓冲液(pH 4.0)提取样品中的喹诺酮类抗生素，经过滤和离心后，上清液经HLB固相萃取柱净化，用液相色谱串联质谱检测。基质加标标准工作曲线定量。

(三)实验材料

1. 仪器

液相色谱串联质谱仪，天平，匀浆机，离心机，氮吹仪，固相萃取仪。

HLB固相萃取柱：200mg，6mL。

2. 试剂

0.2mol/L磷酸氢二钠溶液：称取71.63g磷酸氢二钠，用水溶解，定容至1 000mL。

0.1mol/L柠檬酸溶液：称取21.01g柠檬酸，用水溶解，定容至1 000mL。

Mellvaine缓冲溶液：将1 000mL 0.1mol/L柠檬酸溶液和625mL 0.2mol/L磷酸氢二钠溶液混合，用盐酸调节pH值至4.0±0.05。

0.1mol/L EDTA-Mellvaine缓冲溶液：称取60.5乙二胺四乙酸二钠放入1 625mL Mellvaine缓冲溶液中，振摇使其溶解。

氧氟沙星、依诺沙星、诺氟沙星、培氟沙星4种喹诺酮类药物标准储备溶液：分别称取10mg各个药物置于10.0mL容量瓶中，用甲醇溶解，配制成浓度为1mg/mL的标准储备液。

标准工作溶液：将以上各标准储备溶液稀释，配成混合标准工作液，各个组分浓度为10μg/mL。

甲醇水溶液：5%(体积分数)。

(四)方法与步骤

1. 高效液相色谱条件

色谱柱：C18柱(150mm×2.1mm，3.0μm)。

流动相：甲醇-0.1%甲酸水溶液(35+65，体积分数)。

流速：0.2mL/min。

柱温：30℃。

进样量：20μL。

2. 质谱条件

电离源(ESI+)。

毛细管电压：4.0kV。

离子源温度：350℃。

碰撞气流流量：1.5 mTorr。

选择离子参数见表6.3。

表6.3 选择离子参数设定表

化合物	母离子(m/z)	定性离子(m/z)	定量离子(m/z)	碰撞电压/eV
氧氟沙星	362	318 261	318	15 20
依诺沙星	321	303 232	303	18 25
诺氟沙星	320	302 233	302	20 15
培氟沙星	334	290 233	290	22 17

3. 基质加标标准工作曲线的制备

将混合标准工作液用初始流动相稀释成2.5~100μg/mL的标准系列溶液。称取与试样基质相应的空白样品5.00g，加入标准系列溶液1.0mL，与试样同时进行提取与净化。

4. 样品测定

称取5g样品(精确到0.01g)，置于50mL离心管中，加入20mL EDTA-Mellvaine缓冲液，涡旋混合2min，超声提取10min，以7 000r/min的速度离心3min(温度低于5℃)。提取3次，合并上清液。HLB固相萃取小柱(200mg，6mL)依次用6mL甲醇、6mL水润洗。润洗完毕后，准确吸取备用液过柱，弃去滤液，用2mL 5%甲醇水溶液淋洗弃去，抽干。再加6mL甲醇洗脱，收集洗脱液。洗脱液用氮气将吹干，准确加入1mL甲醇+水(1+1，体积分数)，涡旋混匀，上清液过0.2μm滤膜后供质谱测定。

(五)实验结果

按照下式计算喹诺酮类药物的残留：

$$X=\frac{CV\times1\ 000}{m\times1\ 000} \tag{6.7}$$

式中 X——样品中待测组分的含量，μg/kg；

C——测定液中待测组分的浓度，ng/mL；

V——定容体积，mL；

m——样品称样量，g。

(六)注意事项

1. 开始实验之前需要保证液相色谱-串联质谱正常运行，串联质谱的灵敏度能满足实验要求。

2. 制备的基质加标标准工作曲线的R^2>0.99。

第四节　氯羟吡啶

(一)实验目的

1. 了解液相色谱仪基本结构和工作原理，初步掌握其操作技能。

2. 掌握高效液相色谱法测定氯羟吡啶的方法。

(二)实验原理

组织经乙腈提取离心后减压浓缩，经碱性氧化铝柱，洗脱液过膜后用高效液相色谱仪进行检测。

(三)实验材料

高效液相色谱仪(紫外检测器)，高速匀浆机，旋转蒸发仪，电子天平，高速离心机。

乙腈(色谱纯)，甲醇(分析纯)，无水硫酸钠(分析纯)，碱性氧化铝(分析纯)。

氯羟吡啶标准液：准确称取适量氯羟吡啶标准品，用甲醇溶解，配制成适当浓度的标准储备液。临用前，取此储备液，用流动相稀释成浓度为0.1μg/mL的标准工作液。

(四)方法与步骤

1. 色谱条件

色谱柱：Waters XTerra RP18柱(4.6mm×250mm，5μm)。

流动相：乙腈-水(15+85，体积分数)。

流速：0.5mL/min。

检测波长：270nm。

进样量：20μL。

2. 碱性氧化铝柱的制备

玻璃层析柱从下至上依次为2cm无水硫酸钠，4g 5%水脱活的碱性氧化铝，2cm无水硫酸钠，轻轻敲实。

3. 提取

称取组织样品5g(精确到0.01g)于50mL离心管，加5g无水硫酸钠，加入乙腈20mL，匀浆1min，4 000r/min离心10min。上清液转入100mL具塞量筒中(量筒中事先装入氯化钠9.5g，加水至20mL刻度线)，残渣再用20mL乙腈提取一次，4 000r/min离心10min。上清液同样转入具塞量筒中，盖紧塞子剧烈振荡，静置分层后取上层溶液20mL转移至平底烧瓶中，加入10mL异丙醇，40℃下浓缩近干至1mL左右。

4. 净化

将装好的碱性氧化铝层析柱先用20mL乙腈依次预淋，分3次，每次用5mL乙腈超声溶解烧瓶内残渣后上样，然后用30mL甲醇洗脱收集至平底烧瓶中，浓缩近干，用氮气吹干，用流动相溶解定容至2.0mL，过0.22μm有机滤膜，供高效液相色谱仪检测。

(五)实验结果

按下式分别计算试样中氯羟吡啶残留含量：

$$\omega=\frac{A\times\rho_s\times V\times f_2}{A_s\times m\times f_1} \tag{6.8}$$

式中 ω——试样中氯羟吡啶的含量，mg/kg；

A——样液中氯羟吡啶的色谱峰面积；

A_s——标准工作液中氯羟吡啶的色谱峰面积；

ρ_s——标准工作液中氯羟吡啶的浓度，mg/mL；

V——样液最终定容体积，mL；

f_1——净化液与总提取液的体积比；

f_2——稀释倍数。

(六)注意事项

浓缩至近干，完全干会降低方法的回收率。

第五节　氯霉素

(一)实验目的

1. 了解液相色谱串联质谱仪基本结构和工作原理，初步掌握其操作技能。
2. 掌握液相色谱串联质谱法测定氯霉素残留药物的检测方法。

(二)实验原理

使用氘代氯霉素做内标，试料依次用乙腈、4%氯化钠去蛋白，正己烷脱脂，乙酸乙酯提取，固相萃取柱净化，氮气吹干。用高效液相色谱-串联质谱法测定，氘代氯霉素内标法定量。

(三)实验材料

1. 仪器

液相色谱串联质谱仪，匀浆机，旋转蒸发仪，电子天平，离心机，样品浓缩仪，固相萃取装置。

2. 试剂

常规试剂：乙腈，氯化钠，正己烷，乙酸乙酯，甲醇(色谱纯)，C18 固相萃取柱(500mg/3cc)，4%氯化钠溶液，水饱和乙酸乙酯溶液。

氯霉素标准储备液：取氯霉素约 10mg，置 100mL 量瓶中，用甲醇超声溶解并稀释成100μg/mL。

5-氘代氯霉素内标储备液：取 5-氘代氯霉素置容量瓶中，用甲醇超声溶解并稀释成20μg/mL。

氯霉素标准工作液：准确量取标准储备液适量，用流动相稀释成浓度为 10ng/mL、50ng/mL 的标准工作液。

氘代氯霉素标准工作液：准确量取内标储备液适量，用流动相稀释成浓度为 50ng/mL 的内标工作液。

(四)方法与步骤

1. 色谱条件

色谱柱：C18 150mm×3.2mm，粒径 5μm。

流动相：甲醇-水溶液(60+40，体积分数)。

流速：0.2mL/min。

柱温：30℃。

进样量：5μL。

2. 质谱条件

电离源(ESI-)。

毛细管电压：3.0kV。

离子源温度：350℃。

碰撞气流流量：1.5 mTorr。

选择离子参数见表 6.4。

表 6.4　选择离子参数设定表

化合物	母离子(m/z)	定性离子(m/z)	定量离子(m/z)	碰撞电压/eV
氯霉素	321	152 257	152	16 22

内标化合物氯霉素-D5 的选择离子：m/z 为 326/157。

3. 提取

取 10 000r/min 匀浆 1min 的试料 5g 置 50mL 离心管中，加 5-氘代氯霉素内标工作液 100μL，加乙腈 5mL，4%氯化钠溶液 5mL，涡旋振荡 2min，4 000r/min 离心 10min，取上清液至另一 50mL 离心管中，重复提取 1 次，合并提取溶液。提取液中加正己烷 5mL，涡旋振荡 1min，2 000r/min 离心 10min，弃去上层液，重复 1 次。加水饱和乙酸乙酯溶液 5mL，涡旋振荡 1min，2 000r/min 离心 10min，将上层液转移到 15mL 离心管中，重复提取 1 次，合并提取液氮气吹干，用 3mL 水-乙腈(95+5，体积分数)溶解，备用。

4. 净化

固相萃取柱依次用甲醇 10mL、水 10mL 淋洗，取备用液过柱。用水 3mL 洗柱，洗 2 次后，用流动相 4mL 以 1mL/min 的速度将样品洗脱入 15mL 离心管中。洗脱液中加水饱和乙酸乙酯溶液 4mL，涡旋振荡 1min，2 000r/min，离心 5min，取上层液，重复提取 1 次，合并提取液，氮气流下吹干。用流动相 1.0mL 溶解残余物后，过滤膜后供高效液相色谱-串联质谱测定。

(五)实验结果

按照下式计算氯霉素的残留：

$$\omega=\frac{(A/A_i)\times\rho_s\times V\times\rho_i\times f_2}{(A_s/A_m)\times m\times\rho_m\times f_1} \tag{6.9}$$

式中　ω——试料中氯霉素的残留量，μg/kg；

A——试样溶液中相应药物的峰面积；

A_i——试样溶液中相应内标药物的峰面积；

A_s——对照溶液中相应药物的峰面积；

A_m——对照溶液中相应内标药物的峰面积；

ρ_i——试样溶液中相应内标药物的浓度，ng/mL；

ρ_s——对照溶液中相应药物的浓度，ng/mL；

ρ_m——对照溶液中相应内标药物的浓度，ng/mL；

V——定容体积，mL；

m——样品的质量，g；

f_1——净化液与总提取液体积比；

f_2——稀释倍数。

（六）注意事项

1. 开始实验之前需要保证液相色谱-串联质谱正常运行，串联质谱的灵敏度能满足实验要求。

2. 样品检测加入内标的操作尽量保证平行，以免影响检测的准确性。

思考题

1. 样品中对硫磷的残留量还可以用气相色谱的那种检测器测定？

2. 样品处理过程非常重要，目标物的提取效率直接影响测定结果的准确性，应该怎样来评估目标物的提取效率？

3. 为什么提取液要经过浓缩过程才能用于分析？这一操作应注意什么？

4. 农药标准品在实验中的作用是什么？

5. 如果农药色谱峰与杂质峰分离不好，可以调节哪些参数改善色谱分离效果？

6. 解释氯霉素在电喷雾模式下离子化的特点。

7. 实验中使用的乙酸乙酯为什么需要用水进行饱和？

8. 肉制品中这些物质是否可以同时检测？

第七章　食品中添加剂的测定

第一节　糖精钠

甜味剂是赋予食品或饲料以甜味的物质。甜味是各种食品的基础风味，在食品中加入甜味剂可以增加食品的适口性，改善食品中的不良味道，调整和平衡食品的风味，增加食品的感官品质。

甜味剂的种类很多，按来源可分为天然甜味剂和人工合成甜味剂；按营养价值分为营养性甜味剂和非营养性甜味剂；按化学结构和性质分为糖类和非糖类甜味剂；按相对甜度及功能分为糖类甜配料、强力甜味剂、功能性甜味剂。

天然甜味剂是天然提取物，如葡萄糖、蔗糖、果糖、罗汉果苷、甘草甜素和木糖醇等，天然甜味剂的安全性好，但甜度低，提取成本高，大多数热量值较高。合成甜味剂是人工合成的具有甜味的物质，如糖精钠、环已基氨基磺酸钠、阿斯巴甜等。合成甜味剂成本低，化学性质稳定，耐酸、耐碱、耐热，在一般情况下不易分解。合成甜味剂的甜度较高，一般是蔗糖的几十倍以上，但其在人体内不易吸收，多数合成甜味剂不提供热量，适合肥胖病人、糖尿病人、老人等食用。随着合成甜味剂在食品中应用越来越广泛，其安全性已成为关注的焦点。

糖精及其钠盐是使用较广泛的人工合成的甜味剂之一。糖精在水中的溶解度较小，对热不稳定，长时间加热会失去甜味，因此生产上常使用其钠盐。糖精钠是糖精的钠盐，化学名称为二水邻磺酰苯甲酸亚胺钠，又称可溶性糖精，分子式为 $C_7H_4NSNaO_3 \cdot 2H_2O$，其结构见图 7.1。糖精钠是无色结晶或稍带白色的结晶性粉末，易失去结晶水成为无水糖精钠，无臭或有微弱香气，味浓甜带苦、甜度是蔗糖的 300 倍到 500 倍。

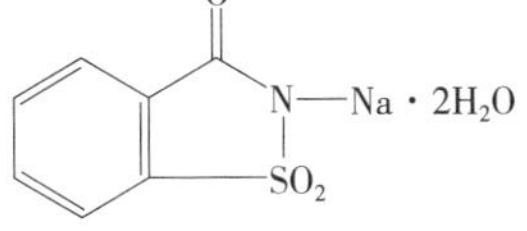

图 7.1　糖精钠结构式

作为最早合成的甜味剂，糖精钠的安全性一直存在争议，1997 年加拿大的研究发现，大量摄入糖精钠可以导致雄性大鼠膀胱癌，虽然 2001 年美国国家环境健康研究所的报告认为糖精钠导致老鼠致癌的情况不适用于人类，但规定如在食品中添加了糖精钠，必须在标签中注明“糖精能引起动物肿瘤”的警告。我国在《食品添加剂使用标准》(GB 2760—2014)中对糖精钠的允许使用品种、使用范围和最大使用量做了严格的规定(表 7.1)，并规定在婴儿食品中不得使用糖精钠。

表 7.1 糖精钠的允许使用品种、使用范围以及最大使用量

食品名称	最大使用量/(g/kg)	食品名称	最大使用量/(g/kg)
冷冻饮品(03.04 食用冰除外)	0.15	腌渍的蔬菜	0.15
水果干类(仅限于芒果干、无花果干)	5.0	新型豆制品(大豆蛋白膨化食品、大豆素肉等)	1.0
果酱	0.2	熟制豆类	1.0
蜜饯凉果	1.0	带壳熟制坚果与籽类	1.2
凉果类	5.0	脱壳熟制坚果与籽类	1.0
话化类(甘草制品)	5.0	复合调味料	0.15
果糕类	5.0	配制酒	0.15

食品中糖精钠的检测方法主要有薄层色谱法、高效液相色谱法、分光光度法、离子选择电极法、液相色谱-串联质谱法等。

一、薄层色谱法

(一)实验目的

掌握薄层色谱法测定食品中糖精钠含量的原理和方法。

(二)实验原理

样品经处理后，在酸性条件下，食品中的糖精钠利用乙醚提取，浓缩后利用薄层色谱分离，显色后，与标准系列比较，进行定性和半定量分析。

(三)实验材料

1. 试剂

(1)乙醚

(2)无水硫酸钠

(3)无水乙醇；95%乙醇

(4)聚酰胺粉(200 目)

(5)盐酸(1+1)

量取 100mL 盐酸和 100mL 水，混合。

(6)10%硫酸铜

称取 10g 五水硫酸铜用水溶解并稀释至 100mL。

(7)4%氢氧化钠

称取 4g 氢氧化钠用水溶解并稀释至 100mL。

(8)盐酸酸化水

用盐酸(1+1)将水的 pH 值调至 1。

(9)展开剂

正丁醇+氨水+无水乙醇(7+1+2)：量取正丁醇 70mL，浓氨水 10mL；无水乙醇 20mL，

混匀。

(10)显色剂

0.04%溴甲酚紫溶液：称取0.04g溴甲酚紫，用50%乙醇溶解，用4%氢氧化钠溶液调pH值为8。

(11)标准溶液

糖精钠标准溶液(1mg/mL)：准确称0.085 1g(已提前在120℃烘干4h)，用95%乙醇溶解并定容至100mL。

2. 仪器

透析用玻璃纸，展开槽，薄层板(10cm×20cm或20cm×20cm)，点样针，紫外灯(253.7nm)，喷雾器。

3. 受试样品

酱油，果汁，果酱，糕点等。

(四)方法与步骤

1. 样品提取

(1)样品预处理

称取20.00g混合均匀的酱油、果汁、果酱等液体样品，置于100mL容量瓶中，加水至约60mL。果汁粉等固体称取磨碎混合均匀的样品20.0g，置于200mL容量瓶中，加水100mL，加温使果汁粉溶解，放置室温。在容量瓶中加入10%硫酸铜20mL，混匀，再加入4%氢氧化钠4.4mL，加水至刻度，混匀，静置30min，过滤，待提取。糕点、饼干等含蛋白、脂肪、淀粉多的样品，称取混合均匀的样品25g，置于透析用玻璃纸中，放入大小适当的烧杯中，加50mL 0.08%的氢氧化钠调成糊状，将玻璃纸袋扎紧，放入装有200mL 0.08%氢氧化钠的烧杯中，透析过夜。量取125mL透析液(相对于12.5g样品)，加0.4mL盐酸(1+1)将透析液呈中性，加10%硫酸铜20mL混匀，再加入4%氢氧化钠4.4mL混匀，静置30min后过滤，待提取。

(2)乙醚提取

取相当于10g样品的滤液(酱油、果汁等取50mL滤液；果汁粉100mL；糕点等125mL)，置于250mL分液漏斗中，加盐酸(1+1)2mL酸化，分别用乙醚30mL、20mL、20mL提取3次，合并乙醚提取液，用5mL盐酸酸化水洗涤一次，除去水溶性杂质，弃去水层。乙醚层经过无水硫酸钠脱水后，转入旋转蒸发瓶中，除去乙醚，用2.0mL无水乙醇溶解残留物，密封保存。

2. 薄层板的制备

称取1.6g聚酰胺粉，加0.4g可溶性淀粉，加水约7.0mL，研磨3~5min，将磨好的聚酰胺粉均匀涂在薄层板上，厚度为0.25~0.30mm，室温下干燥后，放入80℃烘箱中干燥1h。置于干燥器中保存。

3. 样品测定

(1)点样

在薄层板纵向的一端(这一端称为下端，另一端称为上端)2cm处，用铅笔轻划横线，用微量进样器点 10μL 和 20μL 的样液两个点，同时点 3μL、5μL、7μL、10μL 糖精钠标准溶液，间距 1.5cm。

(2)展开

将任意一种展开剂放入展开槽，展开剂液层约 0.5cm，平衡后，将点好样品的薄层板放入展开剂中展开，展开至 10cm 左右时取出，挥干。

(3)显色

在薄层板上均匀喷雾显色剂，糖精钠的斑点呈黄色，根据样品点和标准点的比移值定性(糖精钠的比移值 0.5 左右)，根据斑点颜色的深浅半定量。

(五)实验结果

样品中糖精钠的含量按式(7.1)进行计算：

$$X=\frac{A\times V_1\times V_3\times 1\ 000}{V_2\times V_4\times m\times 1\ 000} \tag{7.1}$$

式中 X——样品中糖精钠的含量，g/kg 或 g/L；

A——测定用样液中糖精钠的质量，mg；

m——试样质量或体积，g 或 mL；

V_1——试样提取液定容体积，mL；

V_2——分取试样提取液体积，mL；

V_3——乙醚提取浓缩后加入无水乙醇的体积，mL；

V_4——点样体积，mL。

(六)注意事项

1. 本方法测定饮料、冰棍、汽水等样品时，可将样品酸化后，直接用乙醚提取。
2. 样品处理液中加入盐酸的目的是使糖精钠转化成糖精，糖精易溶于乙醚，而糖精钠难溶于乙醚。
3. 样品中加入硫酸铜和氢氧化钠的目的是沉淀蛋白质，防止乙醚萃取发生乳化现象，两种试剂加入量可根据样品情况按比例增减。
4. 含脂肪多的样品，为防止用乙醚萃取糖精时发生乳化，可先在碱性条件下用乙醚萃取除去脂肪，然后将样品酸化，再用乙醚提取糖精。
5. 展开时也可以选择异丙醇+氨水+无水乙醇(7+1+2)为展开剂。
6. 聚酰胺薄层板，烘干温度不能高于 80℃，否则聚酰胺容易变色。
7. 为保证分离和测定效果，点样量应控制糖精含量在 0.1~0.5mg。
8. 该方法提取和分离过程较复杂、操作烦琐，为半定量方法。

二、高效液相色谱法

(一)实验目的

掌握《食品安全国家标准　食品中苯甲酸、山梨酸和糖精钠的测定》(GB 5009.28—2016)中的高效液相色谱法测定食品中糖精钠的原理及方法。

(二)实验原理

样品经水提取，高脂肪样品经正己烷脱脂、高蛋白样品经蛋白沉淀剂沉淀蛋白，采用液相色谱分离、紫外检测器检测，外标法定量。

(三)实验材料

除非另有说明，本方法所用试剂均为分析纯，水为 GB/T 6682—2008 规定的一级水。

1. 试剂

(1)常规试剂

氨水($NH_3 \cdot H_2O$)，亚铁氰化钾溶液[$K_4Fe(CN)_6 \cdot 3H_2O$]，正己烷(C_6H_{14})，乙酸锌[$Zn(CH_3COO)_2 \cdot 2H_2O$]，无水乙醇($CH_3CH_2OH$)，甲醇($CH_3OH$)(色谱纯)，乙酸铵($CH_3COONH_4$)(色谱纯)，甲酸(HCOOH)(色谱纯)。

(2)试剂配制

氨水溶液(1+99)：取氨水 1mL，加到 99mL 水中，混匀。

亚铁氰化钾溶液(92g/L)：称取 106g 亚铁氰化钾，加入适量水溶解，用水定容至 1 000mL。

乙酸锌溶液(183g/L)：称取 220g 乙酸锌溶于少量水中，加入 30mL 冰乙酸，用水定容至 1 000mL。

乙酸铵溶液(20mmol/L)：称取 1.54g 乙酸铵，加入适量水溶解，用水定容至 1 000mL，经 0.22μm 水相微孔滤膜过滤后备用。

甲酸-乙酸铵溶液(2mmol/L 甲酸+20mmol/L 乙酸铵)：称取 1.54g 乙酸铵，加入适量水溶解，再加入 75.2μL 甲酸，用水定容至 1 000mL，经 0.22μm 水相微孔滤膜过滤后备用。

2. 标准品

苯甲酸钠(C_6H_5COONa，CAS 号：532-32-1)，纯度≥99.0%；或苯甲酸(C_6H_5COOH，CAS 号：65-85-0)，纯度≥99.0%，或经国家认证并授予标准物质证书的标准物质。

山梨酸钾($C_6H_7KO_2$，CAS 号：590-00-1)，纯度≥99.0%；或山梨酸($C_6H_8O_2$，CAS 号：110-44-1)，纯度≥99.0%，或经国家认证并授予标准物质证书的标准物质。

糖精钠($C_6H_4CONNaSO_2$，CAS 号：128-44-9)，纯度≥99%，或经国家认证并授予标准物质证书的标准物质。

3. 标准溶液配制

(1)苯甲酸、山梨酸和糖精钠(以糖精计)标准储备溶液(1 000mg/L)

分别准确称取苯甲酸钠、山梨钾和糖精钠 0.118g、0.134g 和 0.117g(精确到 0.000 1g)，用水溶解并分别定容至 100mL。于 4℃贮存，保存期为 6 个月。当使用苯甲酸和山梨酸标准品时，需要用甲醇溶解并定容。

注：糖精钠含结晶水，使用前需在 120℃烘 4h，干燥器中冷却至室温后备用。

(2)苯甲酸、山梨酸和糖精钠(以糖精计)混合标准中间溶液(200mg/L)

分别准确吸取苯甲酸、山梨酸和糖精钠标准储备溶液各 10.0mL 于 50mL 容量瓶中，用水定容。于4℃贮存，保存期为3个月。

(3)苯甲酸、山梨酸和糖精钠(以糖精计)混合标准系列工作溶液

分别准确吸取苯甲酸、山梨酸和糖精钠混合标准中间溶液0mL、0.05mL、0.25mL、0.50mL、1.00mL、2.50mL、5.00mL和10.0mL，用水定容至10mL，配制成质量浓度分别为0mg/L、1.00mg/L、5.00mg/L、10.0mg/L、20.0mg/L、50.0mg/L、100mg/L和200mg/L的混合标准系列工作溶液。临用现配。

4. 仪器和设备

水相微孔滤膜(0.22μm)，塑料离心管(50mL)，高效液相色谱仪(配紫外检测器)，分析天平(感量为0.001g和0.000 1g)，涡旋振荡器，离心机(转速>8 000r/min)，匀浆机，恒温水浴锅，超声波发生器。

5. 仪器参考条件

色谱柱：C18柱，柱长250mm，内径4.6mm，粒径5μm，或等效色谱柱。

流动相：甲醇+乙酸铵溶液=5+95。

流速：1mL/min。

6. 受试样品

果汁，果酒，果冻等。

(四)方法与步骤

1. 试样制备

取多个预包装的饮料、液态奶等均匀样品直接混合；非均匀的液态、半固态样品用组织匀浆机匀浆；固体样品用研磨机充分粉碎并搅拌均匀；奶酪、黄油、巧克力等采用50~60℃加热熔融，并趁热充分搅拌均匀。取其中的200g装入玻璃容器中，密封，液体试样于4℃保存，其他试样于-18℃保存。

2. 试样提取

(1)一般性试样

准确称取2g(精确到0.001g)试样于50mL具塞离心管中，加水约25mL，涡旋混匀，于50℃水超声20min，冷却至室温后加亚铁氰化钾溶液2mL和乙酸锌溶液2mL，混匀，于8 000r/min离心5min，将水相转移至50mL容量瓶中，于残渣中加水20mL，涡旋混匀后超声5min，于8 000r/min离心5min，将水相转移到同一50mL容量瓶中，并用水定容至刻度，混匀。取适量上清液过0.22μm滤膜，待液相色谱测定。

注：碳酸饮料、果酒、果汁、蒸馏酒等测定时可以不加蛋白沉淀剂。

(2)含胶基的果冻、糖果等试样

准确称取2g(精确到0.001g)试样于50mL具塞离心管中，加水约25mL，涡旋混匀，于70℃水浴加热溶解试样，于50℃水浴超声20min，之后的操作同(1)。

(3)油脂、巧克力、奶油、油炸食品等高油脂试样

准确称取2g(精确到0.001g)试样于50mL具塞离心管中，加正己烷10mL，于60℃水浴加热约5min，并不时轻摇以溶解脂肪，然后加氨水溶液(1+99)25mL，乙醇1mL，涡旋混匀，于50℃水浴超声20min，冷却至室温后，加亚铁氰化钾溶液2mL和乙酸锌溶液

2mL，混匀，于 8 000r/min 离心 5min，弃去有机相，水相转移至 50mL 容量瓶中，残渣同(1)再提取一次后测定。

3. 色谱参考条件

色谱柱：C18 柱，柱长 250mm，内径 4. 6mm，粒径 5μm，或等效色谱柱。

流动相：甲醇+乙酸铵溶液 = 5+95。

流速：1mL/min。

检测波长：230nm。

进样量：10μL。

注：当存在干扰峰或需要辅助定性时，可以采用加入甲酸的流动相来测定，如流动相：甲醇+甲酸-乙酸铵溶液 = 8+92，参考色谱图见图 7. 2。

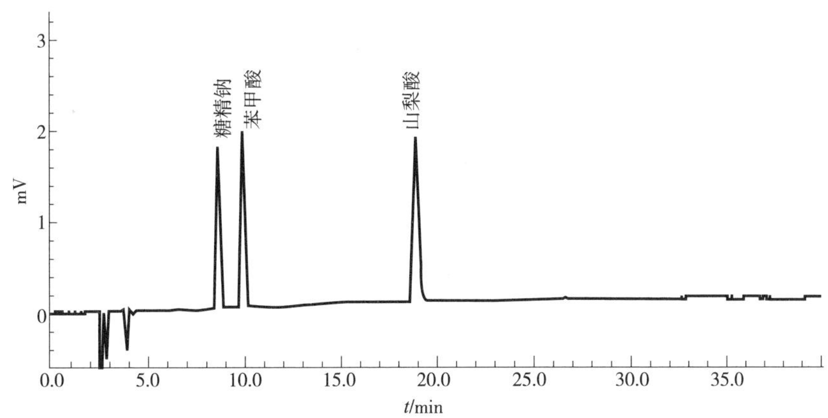

图 7. 2　1mg/L 苯甲酸、山梨酸和糖精钠标准溶液液相色谱图

(流动相：甲醇+甲酸-乙酸铵溶液 = 8+92)

4. 标准曲线的制作

将混合标准系列工作溶液分别注入液相色谱仪中，测定相应的峰面积，以混合标准系列工作溶液的质量浓度为横坐标，以峰面积为纵坐标，绘制标准曲线。

5. 试样溶液的测定

将试样溶液注入液相色谱仪中，得到峰面积，根据标准曲线得到待测液中苯甲酸、山梨酸和糖精钠(以糖精计)的质量浓度。

(五)实验结果

1. 分析结果的表述

样品中糖精钠的含量按式(7. 2)计算。

$$X = \frac{\rho \times V}{m \times 1\ 000} \tag{7.2}$$

式中　X——试样中待测组分含量，g/kg；

ρ——由标准曲线得出的试样液中待测物的质量浓度，mg/L；

V——试样定容体积，mL；

m——试样的质量，g；

1 000——由 mg/kg 转换为 g/kg 的换算因子。

结果保留 3 位有效数字。

2. 精密度

在重复性条件下获得的两次独立测定结果的绝对差值不得超过算术平均值的 10%。

3. 其他

按取样量 2g，定容 50mL 时，苯甲酸、山梨酸和糖精钠(以糖精计)的检出限均为 0.005g/kg，定量限均为 0.01g/kg。

三、选择电极法测定

(一)实验目的

了解离子选择电极法测定食品中糖精钠的原理及方法。

(二)实验原理

糖精选择电极是以季铵盐所制 PVC 薄膜为感应膜的电极，它和作为参比电极的饱和甘汞电极配合使用以测定食品中糖精钠的含量。当测定温度、溶液总离子强度和溶液接界电位条件一致时，测得的电位遵守能斯特方程式，电位差随溶液中糖精离子的活度(或浓度)改变而变化。当被测溶液中糖精钠含量在 0.02～1mg/mL 范围内，电极值与糖精离子浓度的负对数成直线关系。

(三)实验材料

1. 仪器

精密酸度计(准确至±1mV)，糖精选择电极，217 型双盐桥甘汞电极，磁力搅拌器，透析用玻璃纸，半对数纸。

2. 试剂

(1)常规试剂

无水硫酸钠，4%氢氧化钠，乙醚[使用前用盐酸(1+1)饱和]，盐酸(1+1)(取 100mL 盐酸，加水稀释至 200mL，使用前用乙醚饱和)，0.08%氢氧化钠溶液(称取 0.8g 氢氧化钠加水溶解并稀释至 1 000mL)，10%硫酸铜溶液(称取五水合硫酸铜 10g 溶于 100mL 水中)。

(2)总离子强度调节缓冲液

量取 1mol/L 磷酸二氢钠溶液(称取 78g 二水合磷酸二氢钠用水溶解，定容至 500mL) 87.7mL 和 1mol/L 磷酸氢二钠溶液(取 89.5g 十二水磷酸氢二钠用水溶解并定容至 250mL) 12.3mL，混合均匀。

(3)糖精钠标准溶液(1mg/mL)

准确称取 0.085 1g 经 120℃干燥 4h 后的糖精钠，移入 100mL 容量瓶中，加水稀释至刻度，摇匀备用。

3. 受试样品

果汁，饮料，糕点等。

(四)方法与步骤

1. 样品处理

(1)果汁、饮料、汽水、酒等样品

准确吸取 25mL，转入 250mL 分液漏斗中，加 2mL 盐酸(1+1)酸化，待提取。

(2)蛋白、脂肪、淀粉含量多的样品

称取混合均匀的样品 25g，置于透析用玻璃纸中，放入大小适当的烧杯中，加 0.08%的氢氧化钠溶液 50mL 调成糊状，将透析袋扎紧，放入装有 200mL 0.08%氢氧化钠溶液的烧杯中，透析过夜。量取 125mL 透析液，加 0.4mL 盐酸(1+1)使其呈中性，加 10%硫酸铜溶液 20mL，混匀，再加入 4%氢氧化钠溶液 4.4mL 混匀，静置 30min 后过滤，取 120mL 滤液(相对于 10.0g 样品)，置于 250mL 分液漏斗中，加 2mL 盐酸(1+1)。

(3)样品提取

分别用 20mL、20mL、10mL 乙醚提取 3 次，合并乙醚提取液，用 5mL 经盐酸酸化的水洗涤一次，弃去水层，乙醚层转移至 50mL 容量瓶，用少量乙醚洗涤分液漏斗，合并入容量瓶中，用乙醚定容至刻度。

2. 样品测定

(1)标准曲线的配置

准确吸取 0mL、0.5mL、1.0mL、2.5mL、5.0mL、10.0mL 糖精钠标准溶液(相当于 0mg、0.5mg、1.0mg、2.5mg、5.0mg、10.0mg 糖精钠)，分别置于 50mL 容量瓶中，各加 5mL 总离子强度调节缓冲液，加水至刻度，摇匀。

(2)测定平衡电位

将糖精选择电极和甘汞电极分别与测量仪器的负端和正端相连接，将电极插入盛有双蒸水的烧杯中，按仪器的使用说明书调节至使用状态，在搅拌下用水洗至电极起始电位。取出电极用滤纸吸干。将上述标准系列溶液按低浓度到高浓度逐个测定，测定其在搅拌时的平衡电位值(-mV)。

(3)标准曲线的绘制

以平衡电位值(-mV)为横坐标，糖精钠浓度的负对数(-lgC)为纵坐标绘制标准曲线。

(4)样品的测定

准确吸取 20mL 乙醚提取液置于 50mL 烧杯中，挥发至干，残渣用 5mL 总离子强度调节缓冲液溶解，将烧杯内容物全部定量转移入 50mL 容量瓶中，用少量水多次洗涤烧杯后，并入容量瓶中，加水至刻度摇匀。依法测定其电位值(-mV)，查标准曲线，求得测定液中糖精钠毫克数。

(五)实验结果

样品中糖精钠的含量按式(7.3)进行计算。

$$X=\frac{A\times V_2\times 1\ 000}{V_1\times m\times 1\ 000} \tag{7.3}$$

式中 X——样品中糖精钠的含量，g/kg 或 g/L；

A——测定用样液中糖精钠的质量，mg；

m——测定液中相当于试样的质量或体积，g 或 mL；

V_2——乙醚提取液的定容体积，mL；

V_1——分取乙醚提取液的体积，mL。

(六)注意事项

1. 用乙醚萃取样品中的糖精钠时会有少量的水溶解在提取液中，可加入无水硫酸钠脱水后再转移至容量瓶中。

2. 苯甲酸浓度小于 1 000mg/L 时对糖精钠的测定无明显干扰；水杨酸和对羟基苯甲酸酯有严重干扰。

四、高效液相色谱-串联质谱法

(一)实验目的

了解液相色谱-串联质谱测定食品中糖精钠的原理及方法。

(二)实验原理

食品中的糖精钠经甲醇-水提取，液相色谱-串联质谱进行检测，外标法定量。

(三)实验材料

1. 仪器

高效液相色谱-串联质谱仪，超声波提取仪，离心机。

2. 试剂

(1)常规试剂

甲醇(色谱纯)，水(超纯水)，甲醇-水(1+1)(量取 100mL 甲醇和 100mL 超纯水，混匀)，甲酸，甲酸铵。

(2)流动相

5mmol/L 甲酸铵溶液(含 0.1%甲酸)：称取 0.315 3g 甲酸铵用水溶解，转入 1 000mL 容量瓶中，加水约 500mL，加入 1mL 甲酸后，用水定容，混匀，过 0.45μm 滤膜。

(3)标准溶液

糖精钠标准储备液(1mg/mL)：准确称取 0.085 1g 经 120℃干燥 4h 后的糖精钠，移入 100mL 容量瓶中，加水稀释至刻度，混匀。

糖精钠标准中间液(10μg/mL)：准确量取 1mL 糖精钠标准储备液与 100mL 容量瓶中，用甲醇-水(1+1)定容。

糖精钠基质标准工作溶液：用样品基质空白配置不同浓度的标准工作溶液。

3. 受试样品

果汁，饮料，糕点等。

(四)方法与步骤

1. 样品处理

(1)果汁、饮料、汽水等

取适量样品超声脱气 20min 后，取 1mL 样品，用超纯水适当稀释，过 0.45μm 微孔滤膜。

(2)果冻、蜜饯等

准确称取混合均匀的样品 2.0g，加入到 50mL 离心管中，加入 20mL 甲醇-水(1+1)溶液，超声提取 20min，于 7 500r/min 离心 5min，上清液转移至 100mL 容量瓶中，残渣再用 20mL 甲醇-水溶液提取一次，合并提取液，用甲醇-水(1+1)溶液定容至刻度，取部分提取液，过 0.45μm 微孔滤膜，备用。

2. 样品测定

(1)色谱参考条件

色谱柱：C18 柱，3.0mm×150mm，5μm，或性能相当色谱柱。

流动相：A 相 5mmol/L 甲酸铵溶液(含 0.1%甲酸)；B 相乙腈；液相色谱梯度洗脱条件见表 7.2。

表 7.2 液相色谱梯度洗脱条件

时间/min	A/%	B/%	时间/min	A/%	B/%
0.0	85	15	10.1	85	15
10.0	10	90	15.0	80	20

流速：0.3mL/min。

进样量：10μL。

柱温：35℃。

(2)质谱参考条件

离子源：ESI；离子源扫描方式：负离子扫描；雾化气压力：450kPa；辅助气压力：410kPa；电喷雾电压：-4.5kV；去溶剂温度：500℃；入口电压为-10V，碰撞室出口电压为-15V；定量离子检测方式：多反应监测扫描模式(MRM)，参数见表 7.3。

表 7.3 糖精钠的 MRM 参数

母离子(*m/z*)	子离子(*m/z*)	碎裂电压/V	碰撞电压/V
182.2	106*	-20	-27
182.2	62.0	-20	-42

注：*定量离子。

(五)实验结果

样品中糖精钠的含量按式(7.4)进行计算。

$$X=\frac{c\times V\times 1\ 000}{m\times 1\ 000} \tag{7.4}$$

式中 X——样品中糖精钠的含量，mg/kg 或 mg/L；

c——测定用样液中糖精钠的浓度，μg/mL；

m——试样的质量或体积，g 或 mL；

V——试样定容体积，mL。

(六)注意事项

1. 不同质谱仪质谱参数会有所不同，根据各自仪器选择合适的条件。

2. 样品基质不同对测定结果有一定的影响，需要根据测定样品的不同，配置不同的基质标准曲线，减少基质干扰。

3. 流动相的离子强度对检测灵敏度有重要的影响，离子强度过高，会对分析物的电离产生抑制作用。

4. 本方法样品前处理过程简单，检测灵敏度较高。

第二节 合成着色剂

着色剂是能赋予食品色泽或改变食品色泽的物质。食品的色泽是影响食品感官品质的重要因素，因此，在食品的制作过程中常使用着色剂来保持和改善食品的感官品质。

着色剂主要分为天然着色剂、合成着色剂和矿物质类着色剂三类。天然着色剂是从天然原料中(动物、植物及微生物)提取并精制的色素。动物类着色剂是从动物体内提取的色素物质，多为昆虫、鱼类、鸟类及兽类等的保护色和警戒色。常见的有胭脂虫红、紫胶红(虫胶红)等。植物类着色剂是从植物的根、茎、叶、花、果实、种子中提取的天然存在的色素，如β-胡萝卜素、番茄红素、甜菜红、玉米黄等。微生物着色剂是经微生物发酵制成的色素，如红曲红、红曲米色素等。天然着色剂大多数具有生物活性，安全性高，但缺点是成本较高、染色能力差、稳定性差，易受光、热、氧、pH 值、金属离子和微生物等因素的影响。

合成着色剂一般是以芳香烃化合物为原料合成的，多属于偶氮化合物。由于其原料多为苯、甲苯、萘等煤焦油成分，美国、日本和欧盟等多数国家和地区将该类色素称为焦油色素。合成着色剂根据其溶解度可分为油溶性和水溶性两大类。油溶性色素进入体内不易排出，毒性较大，很少应用到食品中，目前国际上使用的都是水溶性色素。矿物质类色素是矿物质经过加工而成的无机化合物，主要有二氧化钛、氧化铁红、氧化铁黑等。

相比较而言，合成色素具有色泽鲜艳，着色能力强，不容易褪色，用量比较低，使用方便，性质稳定，不易受到光、热、氧、pH 等的影响等特点，在食品行业得到广泛的应用。目前，我国批准使用的合成着色剂及其色淀有 11 种。色淀是由水溶性色素沉淀在允许使用的不溶性基质(通常为氧化铝)上所制备的特殊着色剂。铝色淀几乎不溶于水，适合粉末食品、油脂食品、糖衣和糕点等。在 11 种着色剂中呈红色的有赤藓红、酸性红、苋菜红、新红、胭脂红和诱惑红；呈蓝色的有靛蓝和亮蓝；呈黄色的有喹啉黄、柠檬黄、日落黄。红、黄、蓝 3 种基色，可以调配成不同的颜色，如红色与黄色混合，可以调配出橙色，红色和蓝色可以调配成紫色，而黄色和蓝色可以调配成绿色，通过不同色素之间的调配，可以使食品呈现不同的色彩，表 7.4 为我国批准使用的合成着色剂的基本性质。

表 7.4　合成着色剂的基本性质

名称	化学名称	结构式	基本性质
赤藓红	9-(O-羧基苯基)-6-羟基-2，4，5，7-四碘-3H-呫吨-3 酮二钠盐水合物	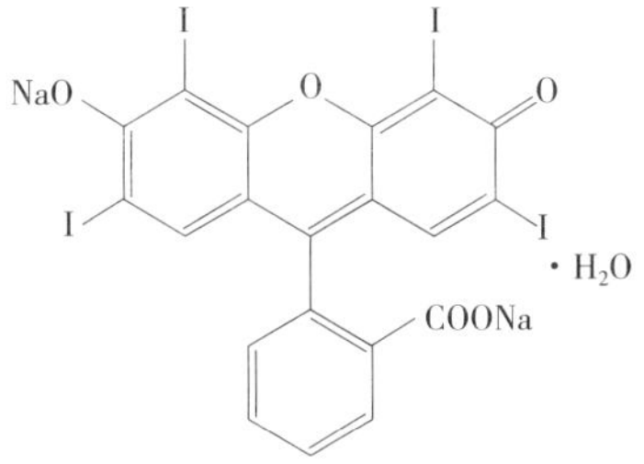 I I NaO O O I I ·H_2O COONa	红至暗红褐色粉末或颗粒，无臭，易溶于水，乙醇、丙二醇和甘油，不溶于油脂，在需高温焙烤食品和碱性及中性食品中着色能力较强
苋菜红	3-羟基-4-(4-偶氮萘磺酸)2，7-萘二磺酸三钠盐	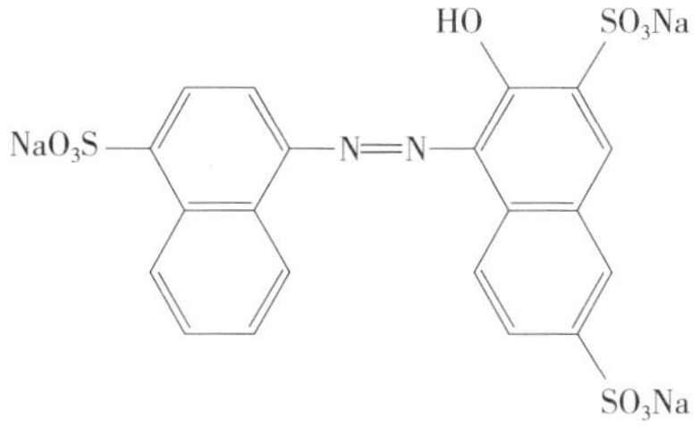 HO SO_3Na NaO_3S N═N SO_3Na	红至红褐色粉末或颗粒，无臭，易溶于水和甘油，微溶于乙醇，不溶于油脂；遇铜、铁易褪色，耐光、耐热、耐盐，但耐氧化还原性差，不适于发酵食品应用
新红	7-[(4-磺酸基苯基)偶氮]-1-乙酰氨基-8-萘酚-3，6-二磺酸三钠盐	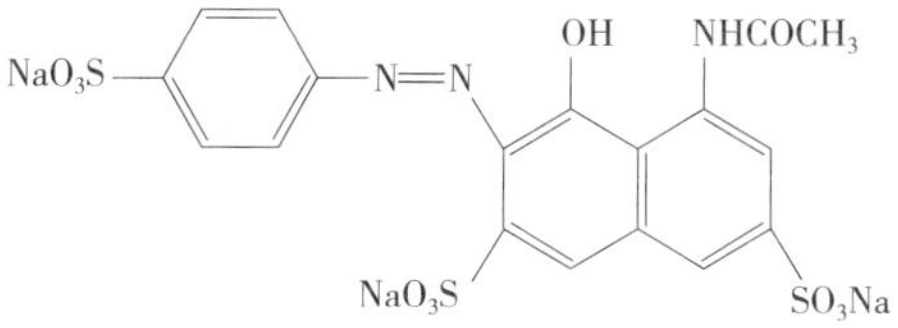 NaO_3S N═N OH $NHCOCH_3$ NaO_3S SO_3Na	红色粉末，易溶于水，微溶于乙醇，不溶于油脂
胭脂红	1-(4-磺酸-1-萘偶氮)-2-羟基-6，8-萘二磺酸三钠盐	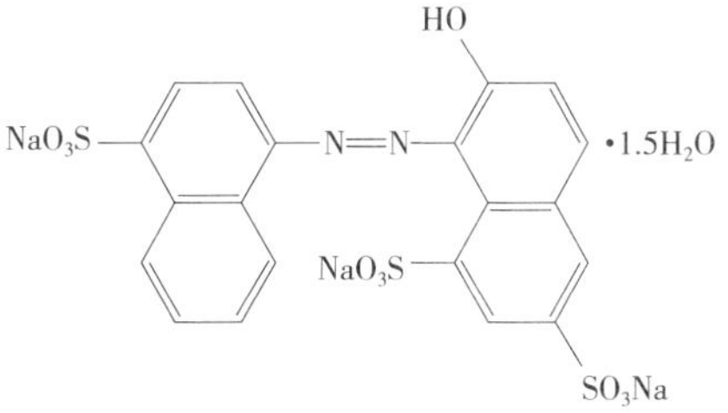 HO NaO_3S N═N ·1.5H_2O NaO_3S SO_3Na	红色至深红色粉末或颗粒，易溶于水，难溶于乙醇，溶于甘油，不溶于油脂
诱惑红	6-羟基-5-(2-甲氧基-5-甲基-4-磺基苯偶氮)-2-萘磺酸二钠	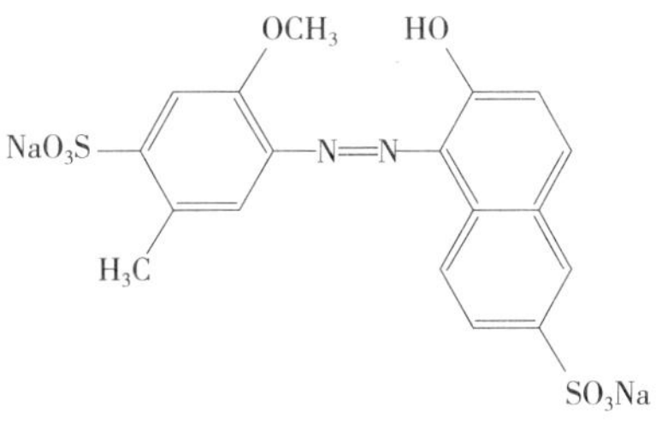 OCH_3 HO NaO_3S N═N H_3C SO_3Na	暗红色粉末，溶于水，可溶于甘油和丙二醇，微溶于乙醇，不溶于油脂，溶于水中呈微带黄色的红色溶液

（续）

名称	化学名称	结构式	基本性质
酸性红	1-羟基-2-(4-偶氮苯磺酸)-4-萘磺酸二钠盐	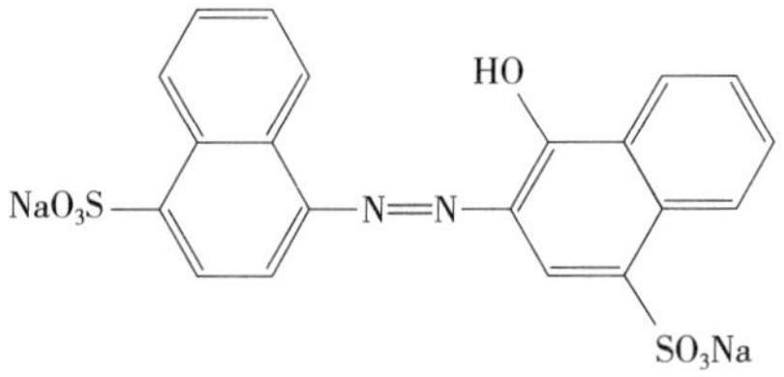 NaO_3S … HO … N=N … SO_3Na	红褐色或暗红色，粉末或颗粒，溶于水，微溶于乙醇
靛蓝	5-5′-靛蓝素二磺酸二钠盐	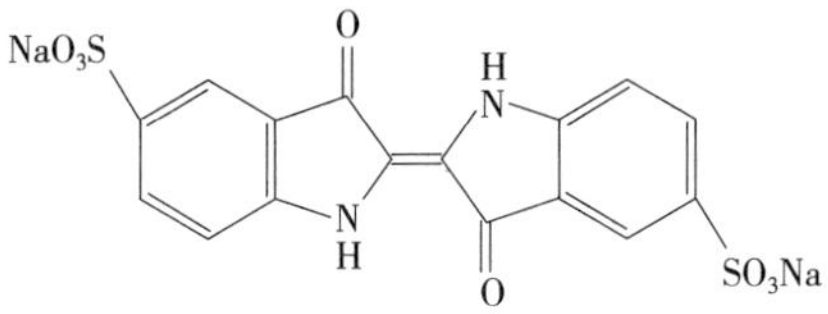 NaO_3S … O … H N … N H … O … SO_3Na	深紫蓝色至深紫褐色均匀粉末，无臭，易溶于水、甘油、丙二醇，不溶于油脂
亮蓝	4-[N-乙基-N-(3′-磺基苯甲基)-氨基]苯基-(2′-磺基苯基)-亚甲基-(2，5-亚环己二烯基)-(3′-磺基苯甲基)-乙基胺二钠盐	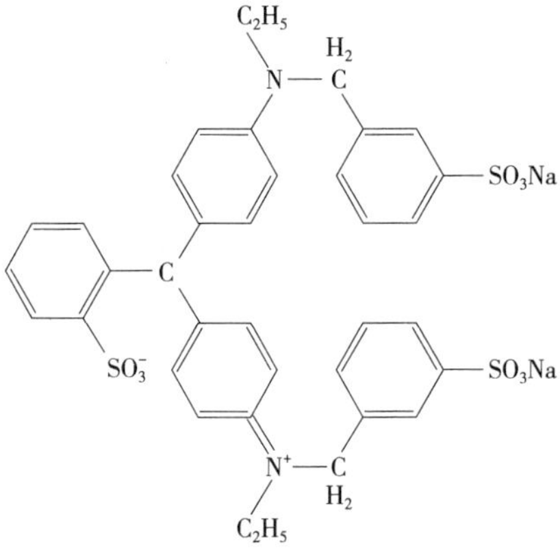 C_2H_5 … H_2 … N—C … SO_3Na … C … SO_3^- … SO_3Na … N^+—C … H_2 … C_2H_5	蓝色粉末，无臭，易溶于水，微溶于乙醇，溶于甘油和丙二醇；弱酸时呈青色，强酸性呈黄色，与柠檬黄可配成绿色色素
喹啉黄	2-(2-喹啉基)-1，3-茚二酮二磺酸二钠盐	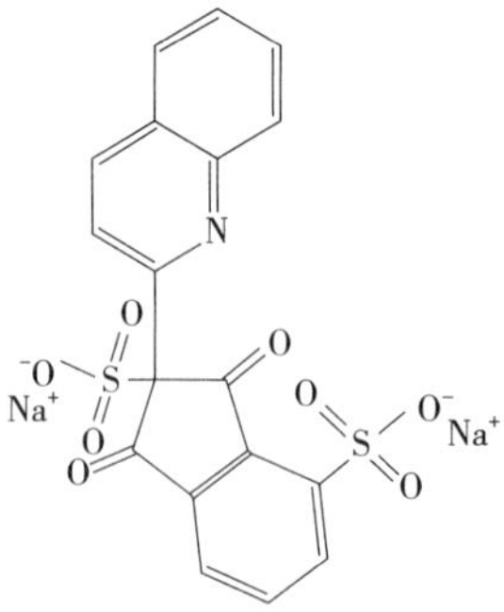 N … O … ^-O … Na^+ … S … O … O … O … S … O^- … Na^+ … O	黄色粉末或颗粒，可溶于水，微溶于乙醇

（续）

名称	化学名称	结构式	基本性质
柠檬黄	1-（4′-磺酸基苯基）-3-羧基-4-（4′-磺酸基苯基偶氮）-5-吡唑酮三钠盐	NaO_3S—C₆H₄—N═N—（吡唑酮环，COONa，O，N）；N-C₆H₄-SO_3Na	橙黄色粉末或颗粒，无臭，易溶于水，溶于甘油和丙二醇，微溶于乙醇、油脂，水溶液呈黄色
日落黄	6-羟基-5-[（4-磺酸基苯基）偶氮]-2-萘磺酸二钠盐	NaO_3S—C₆H₄—N═N—萘环（HO，SO_3Na）	橙红色粉末或颗粒，无臭，易溶于水、甘油、丙二醇，微溶于乙醇，不溶于油脂，中性和酸性水溶液呈橘黄色，遇碱变为红褐色

在食品中允许使用范围较广的着色剂为日落黄、柠檬黄、亮蓝、胭脂红，其次为诱惑红、赤藓红、靛蓝、苋菜红、新红和酸性红，而喹啉黄仅允许在配制酒中的预调酒中使用。不同着色剂及其色淀在食品中的适用范围及最大使用量有较大差异。

日落黄及其铝色淀的最大使用量在调制乳、风味发酵乳、调制炼乳、含乳饮料为0.05g/kg；在谷物和淀粉类甜品中为0.02g/kg；果冻为0.025g/kg；冷冻饮品为0.09g/kg；西瓜酱罐头、蜜饯凉果、熟制豆类、加工坚果与籽类、可可制品、巧克力及其制品以及糖果、虾片、糕点上彩装、焙烤食品馅料及表面用挂浆、果蔬汁饮料、乳酸菌饮料、植物蛋白饮料、碳酸饮料、风味饮料、配制酒、膨化食品等为0.1g/kg；装饰性果蔬、糖果和巧克力制品包衣、粉圆、复合调味料为0.2g/kg；巧克力及其制品、除胶基糖果以外的其他糖果、面糊、布丁和糕点表面用挂浆和其他调味糖浆为0.3g/kg；果酱、水果调味糖浆、半固体复合调味料为0.5g/kg；固体饮料为0.6g/kg。

柠檬黄及其色淀的最大使用量在蛋卷上为0.04g/kg；风味发酵乳、调味炼乳、冷冻饮品、风味派馅料、饼干夹心和糕点夹心、果冻中为0.05g/kg；谷类和淀粉类甜品为0.06g/kg；即食谷物为0.08g/kg；蜜饯凉果、装饰性果蔬、腌渍的蔬菜、熟制豆类、加工坚果与籽类、可可制品、巧克力和巧克力制品及其糖果、虾味片、糕点上彩装、香辛料酱、饮料类、配制酒及膨化食品中为0.1g/kg；液体复合调味料为0.15g/kg；粉圆、固体复合调味料为0.2g/kg；除胶基糖果以外的其他糖果、面糊、果粉、煎炸粉、布丁、糕点、其他调味糖浆为0.3g/kg；果酱、水果调味糖浆、半固体复合调味料为0.5g/kg。

亮蓝及其铝色淀允许使用限量在香辛料及粉、芥末酱等香辛料酱为0.01g/kg；即食谷物为0.015g/kg；饮料类为0.02g/kg；风味发酵乳、调制炼乳、冷冻饮品、凉果类、腌渍的蔬菜、熟制豆类、加工坚果与籽类、虾味片、糕点、饼干夹心、调味糖浆、果蔬汁、含乳饮料、碳酸饮料、配制酒、果冻为0.025g/kg；装饰性果蔬、粉圆为0.1g/kg；固体饮料为0.2g/kg；可可制品、巧克力和巧克力制品以及糖果为0.3g/kg；果酱、水果调味糖浆、半固体复合调味料为0.5g/kg。

胭脂红及其铝色淀最大使用量在蛋卷上为0.01g/kg；可食性动物肠衣类、胶原蛋白肠衣、植物蛋白饮料等为0.025g/kg；调制乳、风味发酵乳、调制炼乳、冷冻饮品、蜜饯凉果腌渍的蔬菜、可可制品、巧克力和巧克力制品及糖果、虾味片、糕点上彩装、饼干夹心和蛋糕夹心、果蔬汁(肉)饮料、含乳饮料、碳酸饮料、果味饮料、配制酒、果冻及膨化食品中为0.05g/kg；水果罐头、装饰性果蔬、糖果和巧克力制品包衣为0.1g/kg；调味乳粉和调味奶油粉为0.15g/kg；调味糖浆、蛋黄酱、沙拉酱等为0.2g/kg；水果调味糖浆、半固体复合调味料为0.5g/kg。

诱惑红铝色淀的最大使用限量在肉灌肠类为0.015g/kg；在西式火腿、果冻类为0.025g/kg；固体复合调味料为0.04g/kg；在装饰性果蔬、糕点上彩装、可食性动物肠衣、胶原性肠衣、配制酒等为0.05g/kg；在冷冻饮料、苹果干、即食谷物为0.07g/kg；在熟制豆类、加工坚果和籽类、焙烤食品馅料及表面用挂浆、饮料类、膨化食品为0.1g/kg；粉圆为0.2g/kg；可可制品、巧克力和巧克力制品及其糖果、调味果浆为0.3g/kg；半固体复合调味料为0.5g/kg。

赤藓红及其铝色淀的最大使用限量在肉灌肠、肉罐头类为0.015g/kg；在油炸坚果与籽类、膨化食品类为0.025g/kg；在可可制品、巧克力和巧克力制品及其糖果、糕点上彩装、酱及酱制品、复合调味料、果蔬汁(肉)饮料、碳酸饮料、果味饮料、配制酒类食品中为0.05g/kg；在装饰性果蔬上为0.1g/kg。

靛蓝及其铝色淀允许使用限量在腌渍的蔬菜为0.01g/kg；油炸坚果与籽类、膨化食品中为0.05g/kg；蜜饯类、凉果类、可可制品、巧克力和巧克力制品以及糖果、糕点上彩装、饼干夹心、果蔬汁饮料、碳酸饮料、果味饮料、配制酒等食品中为0.1g/kg；除胶基糖果以外的其他糖果为0.3g/kg。

苋菜红及其铝色淀的最大使用限量在冷冻饮品中为0.025g/kg；在蜜饯凉果、腌渍的蔬菜、巧克力和巧克力制品及其糖果、糕点上彩装、饼干夹心、果蔬汁(肉)饮料、碳酸饮料、果味饮料、配制酒、果冻等食品上为0.05g/kg；在装饰性果蔬为0.1g/kg；固体汤料为0.2g/kg；在水果调味果浆、果酱、配制酒中为0.3g/kg；在可乐型碳酸饮料中为1.0g/kg。

新红及其色淀允许使用限量在凉果类、巧克力和巧克力制品以及糖果、糕点上彩装、碳酸饮料、风味饮料、配制酒为0.05g/kg；装饰性果蔬为0.1g/kg。

酸性红最大使用限量在冷冻饮品、可可制品、巧克力和巧克力制品以及糖果和饼干夹心中均为0.05g/kg。

合成着色剂的测定方法主要有分光光度法、高效液相色谱法、示波法、液相色谱-串联质谱法等。常用的前处理技术有聚酰胺粉吸附法、液液萃取法、离子交换固相萃取法、溶剂提取结合薄层色谱、纸色谱法、分散固相萃取法等，其中聚酰胺粉吸附法是使用最广泛的方法。测定食品中合成着色剂时需要根据样品的种类选择不同的前处理方法及分析方法。

一、比色法测定胭脂红

（一）实验目的

了解比色法测定肉制品中胭脂红的原理与方法。

（二）实验原理

样品经脱脂、碱性溶液提取、沉淀蛋白质后，样品中的胭脂红在酸性条件下被聚酰胺吸附，然后在碱性条件下解吸附，再经过纸色谱法或薄层色谱法进行分离后，用分光光度计进行测定，与标准比较定性、定量。

（三）实验材料

1. 仪器

可见分光光度计，微量注射器，展开槽（25cm×6cm×4cm），层析缸，滤纸，中速滤纸，薄层板（5cm×20cm），电吹风机。

2. 试剂

如无特别说明，所用试剂均为分析纯。

（1）石油醚（沸程为 30~60℃）

（2）聚酰胺粉（尼龙，200 目）

（3）硅胶 G

（4）pH 5 的水

取 500mL 水，用 20%柠檬酸溶液调节 pH 值至 5。

（5）甲醇-甲酸（6+4）

量取 60mL 甲醇和 40mL 乙酸，混匀。

（6）硫酸溶液（1+9）

量取 10mL 浓硫酸，边搅拌边加入到 90mL 水中，混匀。

（7）盐酸溶液（1+10）

量取 50mL 浓盐酸，加入到 500mL 水中，混匀。

（8）无水乙醇-氨水-水（7+2+1）

量取 70mL 无水乙醇，20mL 氨水、10mL 水，混匀。

（9）10%钨酸钠溶液

称取 10g 钨酸钠，用水溶解，稀释至 100mL。

（10）20%柠檬酸溶液

称取 20g 一水柠檬酸，加水溶解，稀释至 100mL。

（11）海沙

先用盐酸溶液（1+10）煮沸 15min，用水洗至中性，再用 5%氢氧化钠溶液煮沸 15min，用水洗至中性，放入 105℃烘箱内干燥，取出后贮于具塞玻璃瓶中，备用。

（12）纸色谱用展开剂

正丁醇-无水乙醇-1%氨水（6+2+3）；正丁醇-吡啶-1%氨水（6+3+4）。

(13)薄层色谱用展开剂

甲醇-乙二胺-氨水(10+3+2)。

(14)胭脂红标准贮备液(1mg/mL)

准确称取按纯度折算为100%质量的胭脂红0.100g，置于100mL容量瓶中，用pH 5的水溶解并定容至刻度。

(15)胭脂红标准工作液(100μg/mL)

吸取胭脂红标准贮备液10.00mL，用水定容至100mL。

3. 受试样品

肉制品。

(四)方法与步骤

1. 样品制备

取代表样品用均质机捣碎，避免样品的温度超过25℃，如果使用绞肉机，样品至少通过绞肉机2次。

2. 样品提取

称取5~10.0g样品于研钵中，加少许海沙，研磨混匀，用吹风机吹冷风使样品略微干燥后，加入50mL石油醚搅拌。放置片刻，倾出石油醚，如此重复处理3次，以除去脂肪，吹干后研细，全部倒入漏斗中，用无水乙醇-氨水-水(7+2+1)提取色素，直至提取液无色为止，收集全部提取液。

3. 沉淀蛋白质

将提取液合并于锥形瓶中，在70℃水浴中浓缩至10mL以下，立即用硫酸溶液(1+10)调至微酸性，再加1.0mL硫酸溶液(1+10)，加1mL 10%钨酸钠溶液，混匀，继续加热5min，使蛋白质沉淀，过滤，用少量水洗涤，收集滤液。

4. 聚酰胺粉吸附

将滤液加热至70℃，将1.0~1.5g聚酰胺粉用少量的水调成粥状，倒入样品提取液，充分搅拌，使色素被完全吸附，将吸附着色剂的聚酰胺全部转入G3垂融漏斗中过滤，用70℃ pH 5的水反复洗涤3~5次，每次约20mL，边洗边搅拌，若含有天然着色剂，用甲醇-甲酸(6+4)洗涤3~5次，每次20mL，至洗出液无色为止。再用70℃水洗涤至流出的溶液为中性。用无水乙醇-氨水-水(7+2+1)解吸3~5次着色剂，每次约5mL，收集全部解吸液，在水浴上驱氨，蒸发近干。如果为单色，用水溶解并定容至10mL，直接测定其吸光值。如果为多种着色剂混合液，将上述溶液置水浴中浓缩至2mL后移入5mL容量瓶中，用50%乙醇洗涤容器，洗液并入容量瓶中并定容至刻度。

5. 纸色谱分离

取色谱用纸，在距底边2cm的起始线上分别点3~10μL试样溶液、1~2μL胭脂红标准溶液，挂于分别盛有正丁醇-无水乙醇-1%氨水(6+2+3)、正丁醇-吡啶-1%氨水(6+3+4)的展开剂的层析缸中，用上行法展开，待溶剂前沿展至15cm处，将滤纸取出于空气中晾干，与标准斑点比较定性。

6. 薄层色谱

(1)薄层板制备

称取 1.6g 聚酰胺粉、0.4g 可溶性淀粉及 2g 硅胶 G，置于研钵中，加 15mL 水研磨均匀后，立即置涂布器中铺成厚度为 0.3mm 的板。室温晾干后，于 80℃下干燥 1h，置干燥器中备用。

(2)点样

在距薄层板底边 2cm 处将 0.5mL 样液从左到右点成与底边平行的条状，板的左边点 2μL 色素标准溶液。

(3)展开

取适量展开剂倒入展开槽中，将薄层板放入展开，待着色剂明显分开后取出，晾干，与标准比较，如比移值相同，即为同一色素。

(4)定量

标准曲线的配置：吸取胭脂红标准工作液 0.0mL、2.0mL、4.0mL、6.0mL、8.0mL、10.0mL 置于 50mL 容量瓶中，用水定容至刻度，配成浓度分别为 0μg/mL、4μg/mL、8μg/mL、12μg/mL、16μg/mL、20μg/mL 胭脂红标准溶液，用 1cm 比色杯，以零管调节零点，在 510nm 处测定标准溶液的吸光值，以胭脂红的浓度为横坐标，相应的吸光值为纵坐标绘制标准曲线。

样品制备：将纸色谱的条状色斑剪下，用少量热水洗涤数次，洗液移入 10mL 比色管中，并加水至刻度，备用。将薄层色谱的条状色斑包括有扩散的部分，分别用刮刀刮下，移入漏斗中，用无水乙醇-氨水-水(7+2+1)解吸，少量多次反复解吸至蒸发皿中，于水浴锅中挥发去氨，移入 10mL 比色管中，加水至刻度。

(5)测定

按标准系列测定方法测定样品溶液吸光值，从标准曲线中查出胭脂红的相应浓度。

(五)实验结果

样品中着色剂的含量按式(7.5)进行计算。

$$X=\frac{c\times V\times V_2\times 1\,000}{V_1\times m\times 1\,000\times 1\,000} \tag{7.5}$$

式中 X——试样中着色剂的含量，g/kg；

c——测定用样液中色素的浓度，μg/mL；

m——试样质量或体积，g 或 mL；

V——试样解吸后总体积，mL；

V_1——样液点样体积，mL；

V_2——点样分离后定容体积，mL。

(六)注意事项

1. 该方法也可以用于蛋白质、脂肪含量高的样品。蛋白质用钨酸钠或蛋白酶去除；脂肪用丙酮或石油醚去除；天然色素用甲醇-甲酸溶液(6+4)除去；能溶于水的杂质用酸性水洗涤去除。

2. 该方法可以测定苋菜红、柠檬黄、日落黄、亮蓝、靛蓝等多种色素，测定波长分别为苋菜红520nm、柠檬黄430nm、日落黄482nm、亮蓝627nm、靛蓝620nm。

3. 采用纸色谱分离时，如果测定靛蓝，可用甲乙酮-丙酮-水(7+3+3)作为展开剂展开。

4. 采用薄层色谱分离时，测定不同的合成着色剂使用不同的展开剂。如果测定亮蓝与靛蓝用甲醇-氨水-乙醇(5+1+10)展开；测定柠檬黄和其他色素可用2.5%柠檬酸钠溶液-氨水-乙醇(8+1+2)展开。展开剂放置时间过长会导致各组分比例的变化，影响分离效果，一般2d更换一次。

5. 聚酰胺粉可回收使用，使用过的聚酰胺粉转入烧杯中，用0.5%氢氧化钠溶液浸泡24h后，转入G3垂融漏斗中抽干，再转入烧杯中，用0.1mol/L盐酸溶液浸泡30min，转入G3垂融漏斗中抽干，用水洗至中性，60℃烘干。

6. 样品均质后应尽快分析，为防止变质和成分的变化，应在捣碎后24h内分析。

7. 用于比色的样品溶液应澄清透明，如果浑浊，可通过离心、过0.45μm微孔滤膜等方式去除，以免影响测定结果。

8. 该方法操作烦琐，试剂消耗量大，灵敏度相对较低，不适合低含量样品的测定。

二、高效液相色谱法测定合成着色剂

(一)实验目的

掌握高效液相色谱法(主要参考的实验方法为《食品安全国家标准　食品中合成着色剂的测定》(GB 5009.35—2016)，2017年3月1日实施)测定饮料、配制酒、硬糖、蜜饯、淀粉软糖、巧克力豆及着色糖衣制品中合成着色剂(不含铝色锭)的原理及方法。

(二)实验原理

食品中人工合成着色剂用聚酰胺吸附法或液-液分配法提取，制成水溶液，注入高效液相色谱仪，经反相色谱分离，根据保留时间定性和与峰面积比较进行定量。

(三)实验材料

1. 仪器

高效液相色谱仪(带二极管阵列检测器)，天平(感量为0.01g和0.000 1g)，恒温水浴锅，G3垂融漏斗。

2. 试剂

甲醇(CH_3OH)(色谱纯)，正己烷(C_6H_{14})，盐酸(HCl)，冰醋酸(CH_3COOH)，甲酸(HCOOH)，乙酸铵(CH_3COONH_4)，柠檬酸($C_6H_8O_7 \cdot H_2O$)，硫酸钠(Na_2SO_4)，正丁醇($C_4H_{10}O$)，三正辛胺($C_{24}H_{51}N$)，无水乙醇(CH_3CH_2OH)，氨水($NH_3 \cdot H_2O$)(含量20%~25%)，聚酰胺粉[尼龙6，过200μm(目)筛]。

3. 试剂配制

(1)乙酸铵溶液(0.02mol/L)

称取1.54g乙酸铵，加水至1 000mL，溶解，经0.45μm微孔滤膜过滤。

(2)氨水溶液

量取氨水 2mL，加水至 100mL，混匀。

(3)甲醇-甲酸溶液(6+4，体积比)

量取甲醇 60mL，甲酸 40mL，混匀。

(4)柠檬酸溶液

称取 20g 柠檬酸，加水至 100mL，溶解混匀。

(5)无水乙醇-氨水-水溶液(7+2+1)

量取无水乙醇 70mL、氨水溶液 20mL、水 10mL，混匀。

(6)三正辛胺-正丁醇溶液(5%)

量取三正辛胺 5mL，加正丁醇至 100mL，混匀。

(7)饱和硫酸钠溶液

(8)pH 6 的水

水加柠檬酸溶液调 pH 值到 6。

(9)pH4 的水

水加柠檬酸溶液调 pH 值到 4。

4. 标准品

柠檬黄(CAS：1934-21-0)，新红(CAS：220658-76-4)，苋菜红(CAS：915-67-3)，胭脂红(CAS：2611-82-7)，日落黄(CAS：2783-94-0)，亮蓝(CAS：3844-45-9)，赤藓红(CAS：16423-68-0)。

5. 标准溶液配制

(1)合成着色剂标准储备液(1mg/mL)

准确称取按其纯度折算为 100%质量的柠檬黄、日落黄、苋菜红、胭脂红、新红、赤藓红、亮蓝各 0.1g(精确至 0.000 1g)，置 100mL 容量瓶中，加 pH 6 的水到刻度。配成水溶液(1.00mg/mL)。

(2)合成着色剂标准使用液(50μg/mL)

临用时将标准储备液加水稀释 20 倍，经 0.45μm 微孔滤膜过滤。配成每毫升相当 50.0μg 的合成着色剂。

(四)方法与步骤

1. 试样制备

(1)果汁饮料及果汁、果味碳酸饮料等

称取 20~40g(精确至 0.001g)，放入 100mL 烧杯中。含二氧化碳样品加热或超声驱除二氧化碳。

(2)配制酒类

称取 20~40g(精确至 0.001g)，放入 100mL 烧杯中，加小碎瓷片数片，加热驱除乙醇。

(3)硬糖、蜜饯类、淀粉软糖等

称取5~10g(精确至0.001g)粉碎样品，放入100mL小烧杯中，加水30mL，温热溶解，若样品溶液pH值较高，用柠檬酸溶液调pH值到6左右。

(4)巧克力豆及着色糖衣制品

称取5~10g(精确至0.001g)，放入100mL小烧杯中，用水反复洗涤色素，至巧克力豆无色素为止，合并色素漂洗液为样品溶液。

2. 色素提取

(1)聚酰胺吸附法

样品溶液加柠檬酸溶液调pH值到6，加热至60℃，将1g聚酰胺粉加少许水调成粥状，倒入样品溶液中，搅拌片刻，以G3垂融漏斗抽滤，用60℃ pH 4的水洗涤3~5次，然后用甲醇-甲酸混合溶液洗涤3~5次，再用水洗至中性，用乙醇-氨水-水混合溶液解吸3~5次，直至色素完全解吸，收集解吸液，加乙酸中和，蒸发至近干，加水溶解，定容至5mL。经0.45μm微孔滤膜过滤，进高效液相色谱仪分析。

(2)液-液分配法(适用于含赤藓红的样品)

将制备好的样品溶液放入分液漏斗中，加2mL盐酸、三正辛胺-正丁醇溶液(5%)10~20mL，振摇提取，分取有机相，重复提取，直至有机相无色，合并有机相，用饱和硫酸钠溶液洗2次，每次10mL，分取有机相，放蒸发皿中。水浴加热浓缩至10mL，转移至分液漏斗中，加10mL正己烷，混匀，加氨水溶液提取2~3次，每次5mL，合并氨水溶液层(含水溶性酸性色素)，用正己烷洗2次，氨水层加乙酸调成中性，水浴加热蒸发至近干，加水定容至5mL。经0.45μm微孔滤膜过滤，进高效液相色谱仪分析。

3. 高效液相色谱参考条件

色谱柱：Diamonsil C18色谱柱，5μm，4.6mm×250mm。

进样量：10μL。

柱温：35℃。

二极管阵列检测器波长范围：400~800nm，或紫外检测器检测波长：254nm。

流动相：甲醇-乙酸铵溶液(0.02mol/L)。梯度洗脱条件见表7.5。

表7.5 液相色谱梯度洗脱条件

时间/min	流速/(mL/min)	甲醇/%	0.02mol/L乙酸铵溶液/%
0	1.0	5	95
3	1.0	35	65
7	1.0	100	0
10	1.0	200	0
10.1	1.0	5	95
21	1.0	5	95

4. 测定

取样品提取液和合成着色剂标准使用液分别注入高效液相色谱仪，根据保留时间定性，峰高或峰面积定量，7 种合成色素参考色谱图见图 7. 3a、图 7. 3b。

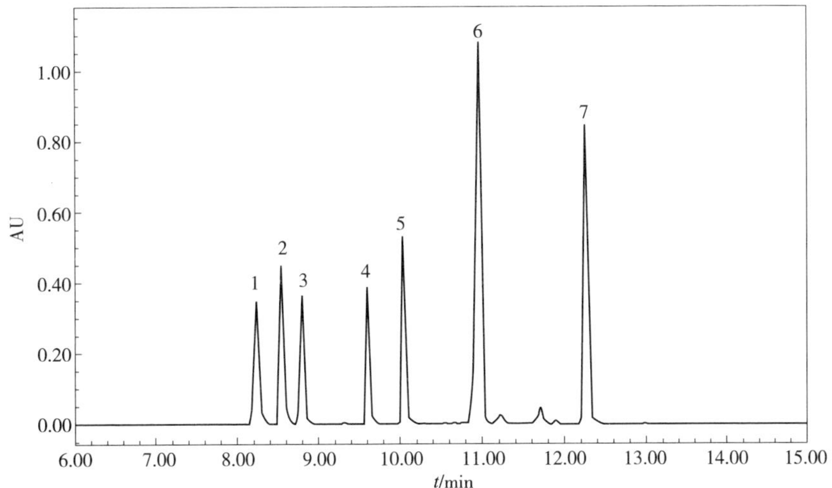

图 7. 3a　7 种合成着色剂标准样品液相色谱图(λ：400~800nm 最大值图)

1-柠檬黄；2-新红；3-苋菜红；4-胭脂红；5-日落黄；6-亮蓝；7-赤藓红

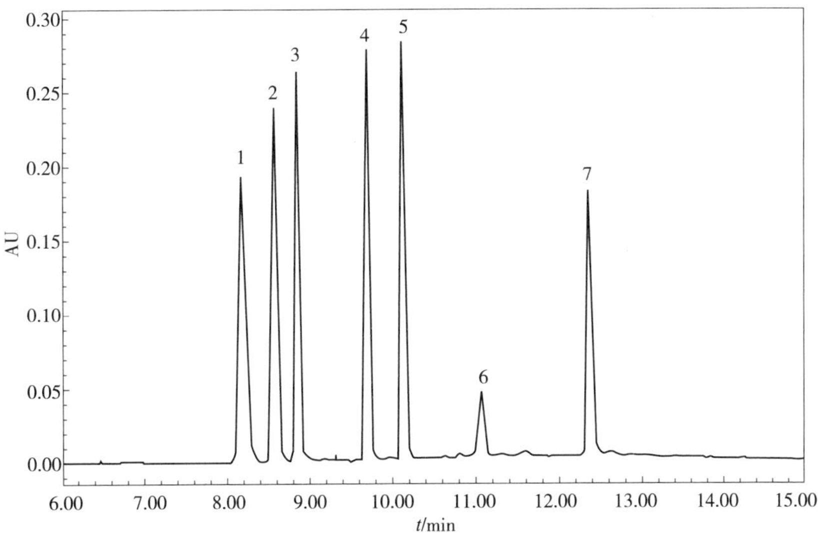

图 7. 3b　7 种合成着色剂标准样品液相色谱图(λ：254nm)

1-柠檬黄；2-新红；3-苋菜红；4-胭脂红；5-日落黄；6-亮蓝；7-赤藓红

(五)实验结果

样品中着色剂的含量按式(7. 6)进行计算。

$$X=\frac{c\times V\times 1\ 000}{m\times 1\ 000\times 1\ 000} \tag{7.6}$$

式中　X——试样中被测组分的含量，g/kg；

c——从标准曲线得到的试样溶液中被测组分的含量，μg/mL；

m——试样质量或体积，g 或 mL；

V——样品溶液的定容体积，mL；

1 000——换算系数。

计算结果以重复性条件下获得的两次独立测定结果的算术平均值表示，结果保留两位有效数字。

（七）注意事项

1. 固相萃取柱为离子交换柱，上样、解析时需要控制流速，速度过快不利于样品的吸附和解析，影响回收率。

2. 洗脱程序需要根据不同的色谱柱、仪器等条件进行适当的调整。

3. 采用二极管阵列检测器时可根据不同色素最大吸收波长，分别设置检测波长。采用紫外检测器时，检测波长可设为254nm，但灵敏度相对较低。

4. 该方法的检出限分别为：柠檬黄、新红、苋菜红、胭脂红、日落黄均为0.5mg/kg；亮蓝、赤藓红均为0.2mg/kg（检测波长254nm时亮蓝检出限为1.0mg/kg，赤藓红检出限为0.5mg/kg）。

5. 精密度：在重复性条件下获得的两次独立测定结果的绝对差值不得超过算术平均值的10%。

三、示波极谱法测定合成着色剂

（一）实验目的

了解示波极谱法测定食品中合成色素的定性、定量方法。

（二）实验原理

食品中的合成着色剂，在特定的缓冲溶液中，在滴汞电极上可产生敏感的极谱波，波高与着色剂的浓度成正比。当食品中存在一种或两种以上互不影响测定的着色剂时，可用其进行定性、定量分析。

（三）实验材料

1. 仪器

极谱仪。

2. 试剂

（1）溶液

20%柠檬酸溶液；乙醇-氨溶液（取1mL浓氨水，加70%乙醇）至100mL；20%氢氧化钠；盐酸（1+1）（量取盐酸50mL，水50mL，混匀）。

（2）底液

底液A（磷酸盐缓冲液）：称取13.6g无水磷酸二氢钾、14.1g无水磷酸氢二钠和10.0g氯化钠，加水溶解后稀释至1L。该底液常用于红色和黄色复合色素的测定，可作为苋菜红、胭脂红、日落黄、柠檬黄以及靛蓝等的测定底液。

底液B（乙酸盐缓冲液）：量取40.0mL冰乙酸，加水约400mL，加入20.0g无水乙酸钠，溶解后加水稀释至1L。该底液常用于绿色和蓝色复合色素的测定，可作为靛蓝、亮蓝、柠檬黄、日落黄等着色剂的测定底液。

(3)标准溶液

合成着色剂标准储备溶液(1mg/mL)：准确称取按其纯度折算为100%质量的人工色素0.100g，置于100mL容量瓶中，加水至刻度。

合成着色剂标准使用液(10μg/mL)：吸取着色剂标准溶液1.00mL，置于100mL容量瓶中，加水至刻度。

3. 受试样品

饮料，酒，果冻等。

(四)方法与步骤

1. 试样处理

(1)饮料和酒类

量取10.0~25.0mL样品，加热驱除二氧化碳和乙醇，冷却后用20%氢氧化钠或盐酸(1+1)调至中性，然后加蒸馏水至原体积。

(2)食品表层色素

称取样品5.00~10.0g，用蒸馏水反复漂洗直至色素完全被洗脱。合并洗脱液并定容至一定体积。

(3)水果糖和果冻类

称取样品5.00g，用水加热溶解，冷却后定容至25.0mL。

(4)奶油类

取样5.00g于50mL离心管中，用石油醚洗涤3次，每次20~30mL，用玻璃棒搅匀，离心，弃上清液。低温挥发去残留的石油醚，用乙醇-氨溶液溶解并定容至25.0mL，离心，分取一定量上清液，置于水浴上蒸干，用适量的水加热溶解，转入10mL容量瓶并定容。

(5)奶糖类

称取5.00g粉碎均匀的样品，用乙醇-氨溶液定容至25.0mL，离心。取上清液20.0mL，加水20mL，加热挥去约20mL，冷却，用20%柠檬酸调至pH 4，加入0.5~1.0g聚酰胺粉，充分搅拌使色素完全吸附后，用30~40mL酸性水洗入50mL离心管中，离心，弃上层液体。沉淀物反复用酸性水洗涤3~4次后，用适量酸性水洗入含滤纸的漏斗中。用乙醇-氨溶液洗脱色素，将洗脱液水浴蒸干，用适量的水加热溶解色素，多次洗涤，转入10mL容量瓶中定容。

2. 测定

(1)极谱条件

滴汞电极，一阶导数，三电极制，扫描速度250mV/s，底液A的初始扫描电位为-0.2V，终止扫描电位为-0.9V。参考峰电位为：苋菜红-0.42V、日落黄-0.50V、柠檬黄-0.56V、胭脂红-0.69V、靛蓝-0.29V。底液B的初始扫描电位为0.0V，终止扫描电位为-1.0V。参考峰电位(溶液、底液偏酸使出峰电位正移，偏碱使出峰电位负移)：靛蓝

-0.16V、日落黄-0.32V、柠檬黄-0.45V、亮蓝-0.80V。

(2)标准曲线

吸取着色剂标准使用溶液0mL、0.50mL、1.00mL、2.00mL、3.00mL、4.00mL，分别于10mL比色管中。加入5.00mL底液，用水定容至10.0mL混匀后于极谱仪上测定。0为试剂空白溶液。

(3)试样测定

取试样处理液1.00mL，或一定量(复合色素峰电位较近时，尽量取稀溶液)，加底液5.00mL，加水至10.00mL，摇匀后与标准系列溶液同时测定。

(五)实验结果

试样中着色剂的含量按式(7.7)进行计算。

$$X=\frac{c\times V\times V_2\times 1\ 000}{V_1\times m\times 1\ 000\times 1\ 000} \tag{7.7}$$

式中 X——试样中着色剂的含量，g/kg；

c——测定用样液中色素的浓度，μg/mL；

m——试样质量或体积，g或mL；

V——试样处理液总体积，mL；

V_1——测定时分取试样体积，mL；

V_2——测定时定容体积，mL。

(六)注意事项

1. 汽水须加热驱除二氧化碳，配制酒须加热驱除乙醇。

2. 聚酰胺粉在pH 4~6时，对合成色素的吸附力较强，因此利用聚酰胺粉吸附前，须将提取液的pH值调节至4左右。

3. 色素被聚酰胺粉吸附后，用60℃酸化水洗涤，可以去除可溶性杂质；用甲醇-甲酸溶液洗涤，可除去部分天然着色剂。

4. 样品中色素浓度过高时，需要稀释后，再对样品进行吸附，否则会影响吸附和测定的效果。

5. 示波法测定食品中的合成色素操作简单、分析速度快；该方法适合于测定成分简单的样品，测定复杂样品时容易产生干扰。

四、高效液相色谱-串联质谱法测定着色剂

(一)实验目的

了解高效液相色谱-串联质谱法测定食品中着色剂的原理及方法。

(二)实验原理

食品中的着色剂采用水相溶解提取，聚酰胺固相萃取柱净化后，进行高效液相色谱-串联质谱分析，外标法定量。

（三）实验材料

1. 仪器

固相萃取柱：Anpelean PA SPE Tubes 聚酰胺柱（3mL，150mg）。

2. 试剂

（1）常规试剂

色谱纯甲醇、乙腈、甲酸。

（2）溶剂

20%柠檬酸溶液（称取 20g 柠檬酸粉末，加水溶解并定容至 100mL）；10%氨水-甲醇溶液（量取 100mL 浓氨水，用甲醇定容至 1 000mL）。

（3）流动相

乙酸铵溶液（0.02mol/L），称取 1.54g 乙酸铵，加水至 1 000mL 溶解，经 0.45μm 滤膜过滤。

（4）合成着色剂标准溶液

称取酸性红、红色 2G、喹啉黄、专利蓝、酸性红 26、柠檬黄、靛蓝、胭脂红、诱惑红、日落黄、亮蓝和苋菜红用甲醇配成质量浓度为 10mg/L 标准储备液，-18℃冰箱中保存。

（四）方法与步骤

1. 提取

称取试样 1.0g 于 50mL 离心管中，加入 6.0mL 水，在 60℃的水浴中溶解，液态奶样品需在提取液中加入 1.0mL 乙腈，涡旋振荡。样品在水浴中超声提取 15min，以 4 500r/min 离心 10min，转移上清液于 50mL 离心管中，残渣再用 6.0mL 的水提取两次，合并提取液。用 20%柠檬酸溶液调节提取液 pH 值至 4.0，待净化。

2. 净化

聚酰胺固相萃取柱预先用 3.0mL 甲醇，3.0mL 水活化，将上述提取液转移至已活化的聚酰胺固相萃取柱中，依次用 3mL 甲醇-甲酸-水（2+2+6）、3mL 水淋洗小柱，负压下抽干小柱后，再依次用甲醇和 10%氨水-甲醇溶液洗脱待测组分，收集洗脱液于 50℃下氮吹干，用 1.00mL 水，超声振荡溶解，过 0.45μm 滤膜后，供液相色谱-串联质谱分析。

3. 仪器参考条件

（1）色谱条件

色谱柱：Agilent XDB-C18（100mm×3.0mm，1.8μm），或性能相当色谱柱。

流动相：0.02mol/L 乙酸铵水溶液-乙腈，梯度洗脱条件见表 7.6。

表 7.6 液相色谱梯度洗脱条件

时间	乙酸铵溶液/%	乙腈/%	时间	乙酸铵溶液/%	乙腈/%
0.0	70	30	12.0	2	98
2.0	50	50	12.1	70	30
6.0	40	60	18.0	70	30
10.0	2	98			

流速：0.4mL/min。

柱温：40℃。

进样量：10μL。

(2)质谱条件

离子源：电喷雾离子源。

扫描方式：负离子，反应监测(MRM)。

雾化气：氮气；雾化器压力：0.344MPa。

毛细管电压：-4 000V。

干燥气温度：350℃。

干燥器流速：10L/min。

化合物的母离子、子离子、碎裂电压和碰撞能量见表7.7。

表7.7　化合物的母离子、子离子、碎裂电压和碰撞能量

化合物名称	定量离子	定性离子	裂解电压/V	碰撞电压/V
酸性红	557.1/513.0	557.1/513.0；557.1/433.1	256	44；50
红色2G	486.0/380.9	486.0/380.9；486.0/338.9	168	20；32
喹啉黄	215.6/183.5	215.6/183.5；215.6/161.6	124	10；10
专利蓝	559.1/435.1	559.1/435.1；559.1/479.2	242	49；33
酸性红26	217.0/136.5	217.0/136.5；217.0/142.0	110	14；28
柠檬黄	467.0/198.0	467.0/198.0；467.0/171.5	120	8；14
靛蓝	442.8/362.9	442.8/362.9；442.8/339.8	212	32；38
胭脂红	536.9/301.8	536.9/301.8；536.8/508.7	130	28；10
诱惑红	473.1/182.0	473.1/182.0；473.1/194.9	168	29；33
日落黄	429.0/171.0	429.0/171.0；429.0/364.9	168	41；29
亮蓝	746.9/170.0	746.9/170.0；746.9/259.9	110	60；57
苋菜红	536.9/302.0	536.9/302.0；536.9/317.0	190	39；34

(五)实验结果

样品中着色剂的含量按式(7.8)进行计算。

$$X=\frac{c\times V\times 1\ 000}{m\times 1\ 000} \tag{7.8}$$

式中　X——试样中待测组分含量，mg/kg；

c——从标准曲线得到的待测组分的浓度，μg/mL；

m——试样质量或体积，g或mL；

V——试样定容体积，mL。

(六)注意事项

1. 本方法可以测定硬糖、果酱、液态奶和果汁中合成着色剂的含量。

2. 液相色谱-串联质谱分析时容易受到基质的干扰，采用基质匹配标准溶液能有效消除样品的基质效应。

3. 采用固相萃取柱净化，比聚酰胺粉净化操作简单，所用的试剂少，净化效果好，回收率高。使用不同厂家或不同批次的固相萃取柱需对洗脱条件进行摸索。

第三节　苯甲酸及其钠盐

苯甲酸可与人体内的氨基乙酸结合生成马尿酸而随尿液排出体外。过量摄入苯甲酸和苯甲酸钠，将会影响肝脏酶对脂肪酸的作用，苯甲酸钠中过量的钠对人体血压、心脏、肾功能也会产生影响。因此，对心脏、肝、肾功能弱的人群而言，摄食苯甲酸和苯甲酸钠是不适合的，会造成代谢性酸中毒、惊厥和气喘等病症。在体外测定中还可以测到一些弱断裂剂的放射性。苯甲酸及其钠盐因为有叠加中毒现象的报道，在使用上有争议，虽然仍为各国允许使用，但应用范围越来越窄。日本的进口食品中就限制其使用，甚至部分禁止使用，日本已停止生产苯甲酸及其钠盐。但因其价值低廉，在中国仍作为主要防腐剂使用，因此，我国在《食品安全国家标准　食品添加剂使用标准》(GB 2760—2014)中对苯甲酸及其钠的允许使用品种、使用范围和最大使用量做了严格的规定(表7.8)。

表7.8　苯甲酸及其钠盐的允许使用品种、使用范围以及最大使用量

食品名称	最大使用量/(g/kg)	食品名称	最大使用量/(g/kg)
风味冰、冰棍类	1.0	半固体复合调味料	1.0
果酱(罐头除外)	1.0	液体复合调味料(不包括醋、酱油)	1.0
蜜饯凉果	0.5	浓缩果蔬汁(浆)(仅限食品业用)	2.0
腌渍的蔬菜	1.0	果蔬汁(浆)类饮料	1.0
胶基糖果	1.5	蛋白饮料	1.0
除胶基糖果以外的其他糖果	0.8	碳酸饮料	0.2
调味糖浆	1.0	茶、咖啡、植物(类)饮料	1.0
醋	1.0	特殊用途饮料	0.2
酱油	1.0	风味饮料	1.0
酱及酱制品	1.0	配制酒	0.4
复合调味料	0.6	果酒	0.8

在食品工业中，作为防腐剂，不能影响人体正常的生理功能，一般说来，在正常规定的使用范围内使用食品防腐剂对人体没有毒害或毒性极小。因此，食品防腐剂的定性与定量的检测在食品安全性方面是非常重要的。目前，测定防腐剂的方法主要有：薄层色谱法、高效液相色谱法、毛细管电泳法、气相色谱法等。

一、气相色谱法

(一)实验目的

掌握《食品安全国家标准　食品中苯甲酸、山梨酸和糖精钠的测定》(GB 5009.28—

2016)中的气相色谱法测定食品中山梨酸、苯甲酸的含量，学会样品的制备和处理方法，学会使用气相色谱仪。

(二)实验原理

样品经盐酸酸化后，用乙醚提取苯甲酸，用气相色谱-氢火焰离子化检测器进行分离测定，与标准系列比较定量(外标法定量)。

(三)实验材料

1. 仪器

气相色谱仪(带氢火焰离子化检测器)，分析天平(感量为0.001g和0.000 1g)，涡旋振荡器，离心机(转速>8 000r/min)，匀浆机，氮吹仪。

2. 材料

塑料离心管(50mL)。

3. 试剂

乙醚($C_2H_5OC_2H_5$)；乙醇(C_2H_5OH)；正己烷(C_6H_{14})；乙酸乙酯($CH_3CO_2C_2H_5$)：色谱纯；盐酸(HCl)；氯化钠(NaCl)；无水硫酸钠(Na_2SO_4)：500℃烘8h，于干燥器中冷却至室温后备用。

4. 试剂配制

盐酸溶液(1+1)：取50mL盐酸，边搅拌边慢慢加入到50mL水中，混匀。

氯化钠溶液(40g/L)：称取40g氯化钠，用适量水溶解，加盐酸溶液2mL，加水定容到1L。

正己烷-乙酸乙酯混合溶液(1+1)：取100mL正己烷和100mL乙酸乙酯，混匀。

5. 标准品

苯甲酸(C_6H_5COOH，CAS号：65-85-0)，纯度≥99.0%，或经国家认证并授予标准物质证书的标准物质。

山梨酸($C_6H_8O_2$，CAS号：110-44-1)，纯度≥99.0%，或经国家认证并授予标准物质证书的标准物质。

6. 标准溶液配制

(1)苯甲酸、山梨酸标准储备溶液(1 000mg/L)

分别准确称取苯甲酸、山梨酸各0.1g(精确到0.000 1g)，用甲醇溶解并分别定容至100mL。转移至密闭容器中，于-18℃贮存，保存期为6个月。

(2)苯甲酸、山梨酸混合标准中间溶液(200mg/L)

分别准确吸取苯甲酸、山梨酸标准储备溶液各10.0mL于50mL容量瓶中，用乙酸乙酯定容。转移至密闭容器中，于-18℃贮存，保存期为3个月。

(3)苯甲酸、山梨酸混合标准系列工作溶液

分别准确吸取苯甲酸、山梨酸混合标准中间溶液0mL、0.05mL、0.25mL、0.50mL、1.00mL、2.50mL、5.00mL和10.0mL，用正己烷-乙酸乙酯混合溶液(1+1)定容至10mL，配制成质量浓度分别为0mg/L、1.00mg/L、5.00mg/L、10.0mg/L、20.0mg/L、50.0mg/L、

100mg/L 和 200mg/L 的混合标准系列工作溶液。临用现配。

(四)方法与步骤

1. 样品制备

取多个预包装的样品，其中均匀样品直接混合，非均匀样品用组织匀浆机充分搅拌均匀，取其中的200g 装入洁净的玻璃容器中，密封，水溶液于4℃保存，其他试样于-18℃保存。

2. 试样提取

准确称取约 2. 5g(精确至 0. 001g)试样于 50mL 离心管中，加 0. 5g 氯化钠、0. 5mL 盐酸溶液(1+1)和 0. 5mL 乙醇，用 15mL 和 10mL 乙醚提取 2 次，每次振摇 1min，于 8 000r/min 离心 3min。每次均将上层乙醚提取液通过无水硫酸钠滤入 25mL 容量瓶中。加乙醚清洗无水硫酸钠层并收集至约 25mL 刻度，最后用乙醚定容，混匀。准确吸取 5mL 乙醚提取液于 5mL 具塞刻度试管中，于 35℃氮吹至干，加入 2mL 正己烷-乙酸乙酯混合溶液(1+1)溶解残渣，待气相色谱测定。

3. 仪器参考条件

色谱柱：聚乙二醇毛细管气相色谱柱，内径 320μm，长 30m，膜厚度 0. 25μm，或等效色谱柱。

载气：氮气，流速 3mL/min。

空气：400L/min。

氢气：40L/min。

进样口温度：250℃。

检测器温度：250℃。

柱温程序：初始温度 80℃，保持 2min，以 15℃/min 的速率升温至 250℃，保持 5min。

进样量：2μL。

分流比：10∶1。

4. 标准曲线的制作

将混合标准系列工作溶液分别注入气相色谱仪中，以质量浓度为横坐标，以峰面积为纵坐标，绘制标准曲线。

5. 试样溶液的测定

将试样溶液注入气相色谱仪中，得到峰面积，根据标准曲线得到待测液中苯甲酸、山梨酸的质量浓度。

(五)实验结果

1. 试样中山梨酸或苯甲酸的含量按式(7.9)计算

$$X=\frac{\rho\times V\times 25}{m\times 5\times 1\ 000} \tag{7.9}$$

式中 X——试样中苯甲酸的含量，g/kg；

ρ——由标准曲线得出的样液中苯甲酸的质量浓度，mg/L；

V——加入正己烷-乙酸乙酯(1+1)混合溶剂的体积，mL；

25——试样乙醚提取液的总体积，mL；

m——试样的质量，g；

5——测定时吸取乙醚提取液的体积，mL；

1 000——由 mg/kg 转换为 g/kg 的换算因子。

结果保留 3 位有效数字。

2. 精密度

在重复性条件下获得的两次独立测定结果的绝对差值不得超过算术平均值的 10%。

3. 其他

取样量 2. 5g，按试样前处理方法操作，最后定容到 2mL 时，苯甲酸、山梨酸的检出限均为 0. 005g/kg，定量限均为 0. 01g/kg。

4. 参考色谱图

山梨酸和苯甲酸的气相色谱图见图 7. 4。

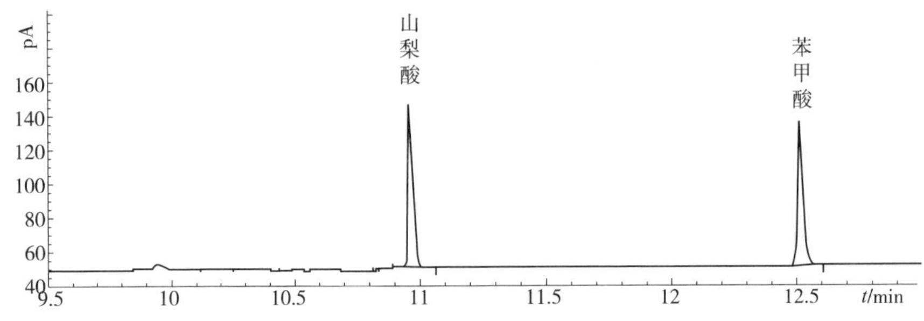

图 7. 4 100mg/L 苯甲酸、山梨酸标准溶液气相色谱图

(六)注意事项

1. 连接气路管道的密封垫圈，假若环境温度在 150℃ 以内，可用聚四氟乙烯管做垫圈；若超过 150℃，则应使用紫铜垫圈。

2. 稳压阀、针形阀的调节须缓慢进行。稳压阀不工作时，必须放松调节手柄(顺时针旋转)。针形阀不工作时，应将阀门处于“开”的状态(逆时针旋转)。

3. 使用热导池检测器时，必须先开载气，后开启热导池电源；关闭时，则先关电源后关载气，以防烧断钨丝。

4. 使用氢火焰离子化检测器时应注意：

①为防止放大器上热导—氢焰选择旋钮开至“热导”而烧断钨丝，可把仪器后背的热导池检测器的信号引出线插头拔除。

②在氢火焰未点燃时，扳动放大器灵敏度开关，基线不应变动或仅有微小变动。若这时基线发生很大变动，则说明同轴电缆或离子室的绝缘下降，或放大器有故障，应检查修理。

③必须罩好离子室外罩，旋上端盖，以保证良好的屏蔽，以防止外界空气侵入。氢焰点火应在检测器恒温稳定后进行，以防止水蒸气冷凝，影响电极绝缘，引起基线不稳定。

5. 柱室的实际温度为毫伏表指示值加上室温。由于环境温度的变化及仪器壁的升温，特别在仪器长期工作或在高温下工作时，会造成测温误差。为此，在主机的左侧备有测温孔，可用水银温度计测量柱室的精确温度。

6. 进样器的硅橡胶密封垫圈应注意及时更换(一般至少可进样 20~30 次)。

二、高效液相色谱法测定苯甲酸和糖精钠

(一)实验目的

1. 掌握高效液相色谱法(HPLC)测定苯甲酸和糖精钠含量的基本原理与操作技术。
2. 了解高效液相色谱分析仪的结构及使用方法。
3. 了解饮料中苯甲酸的含量。

(二)实验原理

样品加温除去二氧化碳和乙醇，调 pH 值至近中性，过滤后进高效液相色谱仪，经液相色谱分离后，根据保留时间和峰面积进行定性和定量。

(三)实验材料

1. 仪器

高效液相色谱仪：带紫外检测器。

2. 试剂

方法中所用试剂，除另有规定外，均为分析纯试剂，水为蒸馏水或同等纯度水，溶液为水溶液。

甲醇：经滤膜 0.5μm 过滤。

稀氨水(1+1)：氨水加水等体积混合。

乙酸铵溶液 0.02mol/L：称取 1.54g 乙酸铵，加水至 1 000mL，溶解，经 0.45μm 滤膜过滤。

碳酸氢钠溶液 20g/L：称取 2g 碳酸氢钠(优级纯)，加水至 100mL，振摇溶解。

苯甲酸标准储备溶液：准确称取 0.100 0g 苯甲酸，加碳酸氢钠溶液 20g/L 5mL，加热溶解，移入 100mL 容量瓶中，加水定容至 100mL，苯甲酸含量为 1mg/mL，作为储备溶液。

苯甲酸标准混合使用溶液：取苯甲酸标准储备溶液各 10.0mL，放入 100mL 容量瓶中，加水至刻度。此溶液含苯甲酸各 0.1mg/mL。

(四)方法与步骤

1. 样品处理

(1)汽水

称取 5.00~10.0g 样品，放入小烧杯中，微温搅拌除去二氧化碳，用氨水(1+1)调 pH 值至约 7。加水定容至 10~20mL，经 0.45μm 滤膜过滤。

(2)果汁类

称取 5.00~10.0g 样品，用氨水(1+1)调 pH 值至约 7，加水定容至适当体积，离心沉淀，上清液经 0.45μm 滤膜过滤。

(3) 配制酒类

称取 10.0g 样品，放入小烧杯中，水浴加热除去乙醇，用氨水(1+1)调 pH 值至约 7，加水定容至适当体积，经 0.45μm 滤膜过滤。

2. 高效液相色谱参考条件

色谱柱：YWG-C18(4.6mm×250mm，10μm，不锈钢柱)。

流动相：甲醇：乙酸铵溶液 0.02mol/L=5：95。

流速：1mL/min。

进样量：10μL。

检测器：紫外检测器，波长 230nm，灵敏度 0.2AUFS。

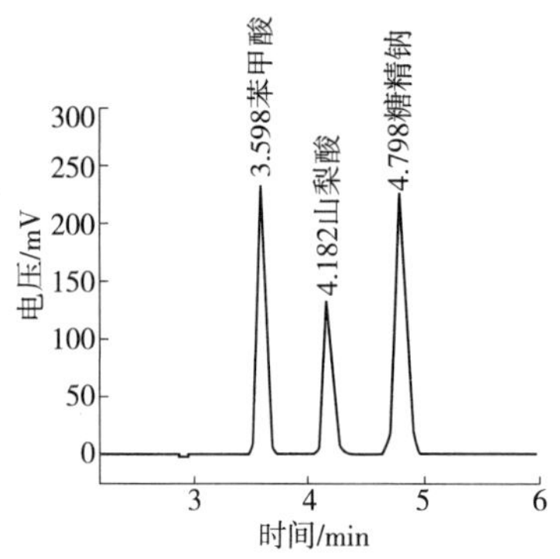

图 7.5 糖精钠、苯甲酸、山梨酸色谱图及出峰时间

(五) 实验结果

如图 7.5 所示为苯甲酸、糖精钠液相色谱图谱，根据保留时间定性，外标峰面积法定量。

允许差：相对相差≤10%。

(六) 注意事项

1. 食品样品往往含有大量的油脂、蛋白质，对提取极为不利；如处理不干净也会污染色谱柱，影响检测工作。这类样品处理的关键在于如何找到一种较理想的沉淀剂，尽量排除待测样品中的油脂、蛋白质，且不影响待测物组分的回收率。使用 5% 硫酸铜溶液沉淀蛋白，对于蛋白质含量较低的食品尚可，对于豆粉、奶粉、月饼等高油脂、高蛋白样品则沉淀效果不理想。如用 10%钨酸钠溶液作为沉淀剂，效果好些；如用 10%亚铁氰化钾溶液和 20%醋酸锌溶液则效果更理想。

2. 为获得良好的结果，标准和样品的进样量要严格保持一致。

3. 实验完毕后，应依次用水和甲醇冲洗干净色谱柱。

苯甲酸、山梨酸、糖精钠在液相上的出峰次序很有特点。在流动相 5：95 及以下比例时，次序是苯甲酸、山梨酸、糖精钠(注意气相的出峰次序)，逐步增大甲醇含量，苯甲酸、山梨酸的出峰时间逐步提前，而糖精钠是出峰时间迅速提前，随着甲醇比例的逐步增大(15%~30%)，原先在最后出峰的糖精钠集次和前面的苯甲酸、山梨酸重叠，并位于最前面，其次序变为糖精钠、苯甲酸、山梨酸。再提高甲醇浓度，次序不变。

三、紫外分光光度法测定苯甲酸

(一) 实验目的

1. 掌握 751 紫外分光光度计的正确操作方法。

2. 了解不同食品中防腐剂测定的预处理方法及测定方法。

(二) 实验原理

样品中苯甲酸在酸性溶液中可以随水蒸气蒸馏出来，与样品中挥发性成分分离，然后用重铬酸钾溶液和硫酸溶液进行激烈氧化使除苯甲酸以外的其他有机物氧化分解，将此氧化后的溶液再次蒸馏，用碱液吸取苯甲酸，第二次所得的蒸馏液中基本不含除苯甲酸以外的其他杂质。根据苯甲酸钠在 225nm 有最大吸收，故测定吸光度可以计算出苯甲酸的含量。

(三)实验材料

1. 仪器

蒸馏器，容量瓶，分液漏斗，分光光度计。

2. 试剂

无水乙醚(回收后可重复使用)，苯甲酸标液(1mg/mL)，5%$NaHCO_3$ 溶液，5%NaCl 溶液，(1+2v)盐酸溶液，10%NaOH 溶液。

(四)方法与步骤

①准确称取均匀样品 10g，置于 250mL 蒸馏瓶中，加磷酸 1mL，无水硫酸钠 2g，水 70mL，玻璃珠 3 粒进行蒸馏。用预先加有 5mL 0.1moL/L NaOH 溶液的 50mL 容量瓶接收馏出液，当蒸馏液收集到 45mL 时，停止蒸馏，用少量水洗涤冷凝器，最后用水稀释至刻度。

②吸取上述蒸馏液 25mL 于 125mL 分流漏斗中，加入(1+2v)盐酸溶液 2mL 进行酸化，用无水乙醚萃取 2 次，每次 30mL，每次振摇 1min。

③合并乙醚层于另一干净分流漏斗中，用 5%NaCl 溶液洗涤 2 次，每次 5~10mL。然后蒸馏瓶回收乙醚，用 20mL 5%$NaHCO_3$ 溶液溶解，定容至 100mL 备用。

④固体或半固体样品　如果冻等，将样品捣碎，称取 10g 左右，用 10%NaOH 溶液调节到碱性，定容至 100mL，放置 30min，过滤，取 10mL 滤液于 125mL 分液漏斗中，加入(1+2v)盐酸溶液酸化，然后用乙醚进行萃取，其余过程与液体样品处理相同。

⑤标准曲线的绘制　取苯甲酸标准使用液 0mL、1mL、2mL、4mL、6mL 分别置于 100mL 容量瓶中，各加入 5%$NaHCO_3$ 溶液 2mL，(1+2v)盐酸溶液 2mL，加水至刻度，摇匀。放置 15min，尽量让二氧化碳逸尽。

⑥用 1cm 吸收池于波长 230nm 处测定其吸光度。以吸光度为纵坐标，以浓度为横坐标绘制标准曲线。

⑦取样品处理液 10mL 于容量瓶中加入(1+2v)盐酸溶液 2mL，摇荡以排除二氧化碳，加水至刻度、摇匀、放置 15min，与标准系列一起进行比色测定。

(五)实验结果

根据测得吸光度，在标准曲线上查出其对应量，就可以计算出样品中苯甲酸(钠)的含量。

(六)注意事项

1. 若样品和标准溶液须保存，应置于冰箱中。
2. 注意防止萃取过程中的乳化现象，可以通过长时间静置或者盐析效应来避免。

思考题

1. 试分析这些检测食品中糖精钠方法的优势和缺点。

2. 检测食品中糖精钠方法对样品的前处理的要求有哪些不同?
3. 检测食品中糖精钠的方法哪个可用于快速检测?
4. 试分析这些检测食品中合成着色剂方法的优势和缺点。
5. 检测食品中合成着色剂对样品的前处理的要求有哪些不同?
6. 这些检测食品中合成着色剂的方法哪个可用于精准检测?
7. 流动相中使用甲醇溶液和0.02mol/L醋酸铵溶液的原因?
8. 在测定苯甲酸及其钠盐时选用气相色谱和液相色谱方法的优缺点是什么?
9. 影响外标标准曲线法分析准确度的主要因素有哪些?
10. 用什么方法从样品中把苯甲酸分离出来?
11. 如何确定样品中防腐剂为苯甲酸?

第八章　食品中重金属含量的测定

第一节　砷

砷(arsenic)，俗称砒，是一种类金属元素，在化学元素周期表中位于第 4 周期、第 VA 族，原子序数 33，元素符号 As，单质以灰砷、黑砷和黄砷这 3 种同素异形体的形式存在。砷元素广泛地存在于自然界，共有数百种的砷矿物已被发现。砷与其化合物被运用在农药、除草剂、杀虫剂及多种合金中。砷化物毒性很强，最常见的砷化合物有三氧化二砷(俗称砒霜或白霜)，为白色，无味无嗅的粉末。砷常用于制造农药和药物，水产品和其他食物由于受水质或其他原因的污染而含有一定量的砷。砷的化合物有强烈的毒性，我国食品安全标准中对各类食物中含砷量有严格的规定。本实验将参照国家标准 GB 5009. 11—2014《食品安全国家标准　食品中总砷及无机砷的测定》介绍应用氢化物原子荧光光谱法测定食品中总砷含量的方法。

一、实验目的

1. 掌握原子荧光光谱法测定砷含量的原理方法。
2. 了解测定砷含量的意义。
3. 掌握氢化物-原子荧光光谱法的原理和使用方法。

二、实验原理

食品样品经湿消解或干灰化后，加入硫脲使五价砷还原为三价砷，再加入硼氢化钠($NaBH_4$)或硼氢化钾(KBH_4)使还原生成砷化氢，由氩气载入石英原子化器中分解为原子态砷，在高强度砷空心阴极灯的发射光激发下产生原子荧光，其荧光强度在固定条件下与被测液中的砷浓度成正比，与标准系列比较定量。

三、实验材料

1. 仪器与设备

原子荧光光谱仪，天平(感量为 0. 1mg 和 1mg)，组织匀浆机，高速粉碎机，控温电热板(50~200℃)，马弗炉。

2. 试剂

本方法所用试剂均为分析纯以上试剂，测定用水为去离子水或同等纯度的水。

氢氧化钾溶液(5g/L)：称取 5. 0g 氢氧化钾，溶于 1L 水中，混匀。

硼氢化钾(KBH_4)溶液(20g/L)：称取硼氢化钾 20. 0g 溶于 1 000mL 5g/L 的氢氧化钾

溶液中，混匀。此液于冰箱可保存10d，取出后应当日使用。

硫脲溶液(50g/L)。

硫酸溶液(1+9)：量取硫酸100mL，缓慢倒入900mL水中，混匀。

盐酸溶液(1+1)：量取100mL盐酸，缓缓倒入100mL水中，混匀。

硝酸溶液(2+98)：量取20mL盐酸，缓缓倒入980mL水中，混匀。

氢氧化钠溶液(100g/L)：称取10.0g氢氧化钠，溶于水并定容至100mL(供配制砷标准液用，少量即够)。

砷标准溶液：三氧化二砷(As_2O_3)标准品，纯度≥99.5%。

砷标准储备液(100mg/L)：准确称取于100℃干燥2h的三氧化二砷0.013 2g，加100g/L氢氧化钠溶液1mL和少量水溶解，转入100mL容量瓶中，加入适量盐酸调整酸度近中性，加水稀释至刻度。

砷使用标准液：吸取1.00mL砷标准储备液(100mg/L)于100mL容量瓶中，用硝酸溶液(2+98)稀释至刻度。此液现用现配。

干灰化试剂：六水硝酸镁(150g/L)、氧化镁、盐酸(1+1)。

四、方法与步骤

1. 试验样品预处理

试验样品是指各类食品，在采样和制备过程中，应注意不使样品受到污染。粮食、豆类等样品去杂物后粉碎均匀，装入洁净聚乙烯瓶中，密封保存备用；蔬菜、水果、鱼类、肉类及蛋类等新鲜样品，洗净晾干，取可食部分匀浆，装入洁净聚乙烯瓶中密封，于4℃冰箱冷藏备用。

2. 样品消解

湿法消解：固体试样称取1.0～2.5g，液体试样称取5.0～10.0g(或mL)(精确到0.001g)，置于50～100mL锥形瓶中，同时做两份试剂空白。加硝酸20mL、高氯酸4mL、硫酸1.25mL，摇匀后放置过夜。次日置于电热板上加热消解。若消解液处理至1mL左右时仍有未分解物质或色泽变深，取下放冷，补加硝酸5～10mL，再消解至2mL左右观察，如此反复两三次，注意避免炭化。如仍不能消解完全，则加入高氯酸1～2mL，继续加热至消解完全后，再持续蒸发至高氯酸的白烟散尽，硫酸的白烟开始冒出。冷却，加水25mL，再蒸发至冒硫酸白烟。冷却，用水将内容物转入25mL容量瓶或比色管中，加入硫脲+抗坏血酸溶液2mL，补水至刻度并混匀，放置30min，备测。按同一操作方法作空白试验。

干灰化法：一般应用于固体样品。称取0.5g(精确至小数点后第二位)于50～100mL坩埚中，同时做2份试剂空白。加150g/L硝酸镁10mL混匀，低热蒸干，将氧化镁1g仔细覆盖在干渣上，于电炉上炭化至无黑烟，移入550℃马弗炉灰化4h。取出放冷，小心加入盐酸(1+1)10mL以中和氧化镁并溶解灰分，转入25mL容量瓶或比色管中，向容量瓶或比色管中加入硫脲+抗坏血酸溶液2mL，另用硫酸溶液(1+9)12.5mL分次涮洗坩埚后转出合并，直至25mL刻度，混匀备测。按同一操作方法做空白实验。

标准系列制备：取25mL容量瓶或比色管6只，依次准确加入1μg/mL砷使用标准液

0.00mL、0.10mL、0.25mL、0.50mL、1.5mL、3.0mL（各相当于砷浓度 0.0ng/mL、4.0ng/mL、10ng/mL、20ng/mL、60ng/mL、120ng/mL），各加硫酸(1+9)12.5mL，硫脲+抗坏血酸溶液 2mL，补加水至刻度，摇匀备用。

3. 测定

仪器参考条件：光电倍增管电压：400V；砷空心阴极灯灯电流：35mA；原子化器：温度 820~850℃，高度 7mm；氩气流速：载气 600mL/min；测量方式：荧光强度或浓度直读；读数方式：峰面积；读数延迟时间：1s；读数时间：15s；硼氢化钾加入时间：5s；标液或样液加入体积：2mL。

浓度测量：如直接测荧光强度，则在开机并设定好仪器条件后，预热稳定约 20min。按“Blank”键进入空白值测量状态，连续用标准系列的“0”管进样，待读数稳定之后，按空档键寄存下空白值(即让仪器自动扣除空白)即可开始测量。先依次测标准系列(可不再测“0”管)，标准系列测完后应仔细清洗进样器(或更换一支)，并再用“0”管测试使读数基本回零后，才能测试剂空白和样品，每测不同的样品前都应清洗进样器，记录(或打印)测量数据。

仪器自动测量：利用仪器提供的软件功能可进行浓度直读测定，在开机、设定条件和预热后，需输入必要的参数，即样品量(g 或 mL)、稀释体积(mL)，进样体积(mL)，结果的浓度单位，标准系列各点的重复测量次数，标准系列的点数(不计零点)及各点的浓度值。首先进入空白值测量状态，连续用标准系列的“0”管进样以获得稳定的空白值并执行自动扣底后，再依次测标列(此时“0”管需再测一次)。在测样液前，需再次进入空白值测量状态，先用标列“0”管测试使读数复原并稳定后，再用两个试剂空白各进一次样，让仪器取其均值作为扣底的空白值，随后即可依次测样品，测定完毕后退回主菜单，选择“打印报告”即可将测定结果打出。

五、实验结果

如果采用荧光强度测量方式，则需先对标准系列的结果进行回归运算(由于测量时“0”管强制为 0，故零点值应该输入以占据一个点位)，然后根据回归方程求出试剂空白液和试样被测液的砷浓度，再按式(8.1)计算试样的砷含量：

$$X=\frac{(C-C_0)\times V\times 1\ 000}{m\times 1\ 000\times 1\ 000} \tag{8.1}$$

式中 X——试样中砷含量，mg/kg 或 mg/L；

C——测定样液中砷含量，ng/mL；

C_0——空白液中砷含量，ng/mL；

V——待测样品经处理，稀释定容后的最终体积，mL；

m——试样质量或体积，g 或 mL。

结果以重复性条件下获得的 2 次独立测定结果的算术平均值表示，结果保留 2 位有效数字。湿消解法在重复性条件下获得的 2 次独立测定结果的绝对差值不得超过算术平均值的 10%。干灰化法在重复性条件下获得的 2 次独立测定结果的绝对差值不得超过算术平均值的 15%。

六、说明

(1)线性范围和相关系数

标准曲线的线性范围为0~200ng/mL，在此范围内相关系数>0.999 0。如果采用仪器软件提供的二、三次曲线回归功能，则量程范围还可扩大一个数量级。

检出限：本方法的检出限为2ng/mL砷(按低浓度测量时的3倍标准差计算)，若取样量以5g(mL)计，则对样品的最低测定浓度为0.01mg/kg(或mg/L)。

精密度：湿消解法重复测定的相对标准差<10%，干灰化法重复测定的相对标准差<15%。

准确度：湿消解法测定的回收率为90%~105%；干灰化法测定的回收率为85%~100%。

(2)砷的氢化和原子化机理

①在酸性环境中，硫脲使五价砷还原为三价砷，自身被氧化为甲脒化二硫：

$$AsO_4^{3-}+2\,(H_2N)_2C{=}S = AsO_3^{3-} + (H_2N)(HN{=})C{-}S{-}S{-}C({=}NH)(NH_2) + H_2O$$

②硼氢化钠(或钾)与酸作用生成大量新生态氢：

$$NaBH_4+H^++3H_2O \rightleftharpoons H_3BO_3+Na^++8H\cdot$$

③三价砷再被新生态氢还原为气态的砷化氢逸出：

$$AsO_3^{3-}+6H\cdot+3H^+=AsH_3\uparrow+3H_2O$$

④砷化氢被氩气和反应中产生的氢气载入石英炉管中，受热后即分解为原子态砷，在砷灯发射光的激发下产生原子荧光：

$$2AsH_3=2As+3H_2$$

(3)试剂及其浓度和用量

硼氢化钾的浓度：硼氢化钾的水溶液不太稳定，浓度越稀越不稳定，必须加入氢氧化钠以提高其稳定性；但氢氧化钠又不能加得太多，否则会剧烈降低反应时的酸度。采用进口试剂按本方法配制，保存于冰箱中两周内效果不变。国产试剂纯度较低，稳定性也较差。

硼氢化钾的用量：在本仪器上硼氢化钾溶液的用量是通过加液时间来控制的，经实测，在仪器上流速约为0.3mL/s。实验证明，硼氢化钾溶液的用量对测定灵敏度有显著影响。当用量少时，由于还原力弱，灵敏度就低；当用量过多时，由于发生大量氢气产生稀释作用，灵敏度也降低。最优的用量是与具体的反应条件(硼氢化钾的浓度和碱度、样液的加入体积和酸度)密切相关的。在本方法条件下，10g/L的硼氢化钾加液时间为5s(约1.5mL)效果最好。

硫酸的用量：在生成砷化氢的反应中酸性介质可用硫酸、盐酸或其他酸，由于在样品消解时要加入硫酸，故本方法选用硫酸做介质。在实验所得的荧光强度-硫酸浓度曲线上，荧光强度起初随着酸度的增加而急剧增大，继之由于氢气的稀释作用而逐渐减小，约在硫酸(1+49)酸度时达到平台区。考虑到硼氢化钾溶液的流速以及消解后硫酸的剩余量可能出现的变异，本方法中硫酸的用量选择了相当于平台区中部硫酸浓度(1+19)的量。

硫脲的影响：实验证明单用硼氢化钾不能将五价砷定量地还原为砷化氢，此时还原率只有70%~80%；而加入硫脲预还原后反应便能达到完全。由于样品经消解后绝大部分砷已被氧化为五价，所以加入硫脲是必需的。

(4)样品消解

硝酸镁在灼烧时放出氧，起着促进灰化的作用。150g/L 硝酸镁溶液 10mL 分解后生成氧化镁 0.23g，加上加入的氧化镁共 1.23g，以后恰能被盐酸(1+1)10mL 中和。氧化镁除了保温传热以外，更起着防止砷挥发损失的作用，因为灼烧中升华出的三氧化二砷能被它固定下来。因此在灰化前，应将氧化镁粉末仔细覆盖在全部样品干渣的表面。

干扰：在研究对砷测定的干扰时，考虑了能生成氢化物的元素；在食品中经常存在的元素。

因此，选择了锑、铅、锡、铜、锌 5 种进行实验。当加入一定浓度倍数的试验离子后使结果偏离在±10%以上时，即判为有干扰。结果如下：

锑，6 倍以下无干扰；铅，20 倍以下无干扰；锡，30 倍以下无干扰；铜，200 倍以下无干扰；锌，200 倍以下无干扰。

七、注意事项

1. 仪器管道、进样针、气液分离器及所用到的所有玻璃器皿，都需要在 30%的硝酸溶液中浸泡 24h 以上，以免污染样品，出现检测结果异常。

2. 湿法消解过程中，在开始 10min 内，温度上升要有一定梯度，切勿直接上升到 150℃以上，勿加高氯酸，否则极易溅出，造成损失。消解澄清后，一定要把硝酸、高氯酸赶净，以免干扰目标物测定。

3. 干灰化后的灰分十分松散，极易在打开炉门时被气流吹走，因此应在马弗炉断电后炉温降低后再打开炉门(大概断电 1h 即可)。

4. 砷标准储备液可由国家标准物质研究中心购买。

第二节 汞

汞(mercury)，元素符号 Hg，俗称水银。在化学元素周期表中位于第 6 周期、第 IIB 族，是常温常压下唯一以液态存在的金属。汞是银白色闪亮的重质液体，化学性质稳定，不溶于酸也不溶于碱。汞是一种剧毒，人体非必需元素，广泛存在于各类环境介质和食物链(尤其是鱼类)中，其踪迹遍布全球各个角落。汞可以在生物体内积累，很容易被皮肤以及呼吸道和消化道吸收。汞破坏中枢神经系统，对口、黏膜和牙齿有不良影响。长时间暴露在高汞环境中可以导致脑损伤和死亡。汞的化合物在工农业和医药方面应用广泛，很容易在环境中造成污染。工厂排放含汞的废水导致水体被污染，江河、湖泊、沼泽等的水生植物、水产品易积蓄大量的汞，环境中的微生物能使无机汞转化为有机汞，如甲基汞、二甲基汞等，毒性更大。汞的化合物残留在生物体内，从而导致食品污染，通过食物链的传递汞在人体内积蓄，可引起汞中毒，导致骨骼、关节疼痛等症状。因此，对食品中汞含量进行检测具有重要的安全意义，本实验将依托食品安全国家标准 GB 5009. 17—2014《食品中总汞及有机汞的测定》设计实验，测定食品试样中汞的含量。

一、实验目的

1. 了解测定食品中汞含量的意义和作用。
2. 掌握原子荧光光谱分析法测定汞含量的原理和方法。
3. 掌握氢化物-原子荧光光谱法的原理和使用方法。

二、实验原理

试样经酸加热消解后，在酸性介质中，试样中的汞被硼氢化钾(KBH_4)或硼氢化钠($NaBH_4$)还原成原子态汞，由载气(氩气)带入石英原子化器中，在特制汞空心阴极灯的照射下，基态汞原子被激发至高能态，在由高能态去活化回到基态时，发射出特征波长的荧光，其荧光强度与汞含量成正比，与标准系列比较定量。

三、实验材料

1. 仪器与设备

玻璃器皿及聚四氯乙烯消解内罐均需以硝酸溶液(1+4)浸泡 24h，用水反复冲洗，最后用去离子水冲洗干净。

原子荧光光谱仪，微波消解系统，电子天平(感量为 0. 1mg 和 1mg)，恒温干燥箱(50~300℃)，控温电热板(50~200℃)，压力消解器，超声水浴箱。

2. 试剂

除非另有说明，本方法所使用试剂均为分析纯，分析过程中所有用水均使用去离子水。

硝酸：优级纯。

过氧化氢(30%)。

硫酸：优级纯。

硝酸溶液(1+9)：量取 50mL 硝酸，缓缓倒入 450mL 水中，混匀。

硝酸溶液(5+95)：量取 5mL 硝酸，缓缓倒入 95mL 水中，混匀。

氢氧化钾溶液(5g/L)：称取 5. 0g 氢氧化钾，溶于水中，稀释至 1 000mL，混匀。

硼氢化钾溶液(5g/L)：称取硼氢化钾 5. 0g，溶于 5g/L 氢氧化钾溶液中，并稀释至 1 000mL，混匀，现用现配。

重铬酸钾的硝酸溶液(0. 5g/L)：称取 0. 05g 重铬酸钾于 100mL 硝酸溶液(5+95)中。

硝酸-高氯酸混合溶液(5+1)：量取 500mL 硝酸，100mL 高氯酸，混匀。

汞标准储备液(1. 00mg/mL)：精确称取 0. 135 4g 经干燥过的氯化汞，用重铬酸钾的硝酸溶液(0. 5g/L)溶解并转移至 100mL 容量瓶中，稀释至刻度，混匀。此溶液浓度为 1. 00mg/mL。于 4℃冰箱中避光保存，可保存 2 年。或购买经国家认证并授予标准物质证书的标准溶液物质。

汞标准中间液(10μg/mL)：吸取 1. 00mL 汞标准储备液(1. 00mg/mL)于 100mL 容量瓶

中，用重铬酸钾的硝酸溶液(0.5g/L)稀释至刻度，混匀，此溶液浓度为10μg/mL。于4℃冰箱中避光保存。

汞标准使用液(50ng/mL)：吸取0.50mL汞标准中间液(10μg/mL)于100mL容量瓶中，用0.5g/L重铬酸钾的硝酸溶液稀释至刻度，混匀，此溶液浓度为50ng/mL，现用现配。

四、方法与步骤

1. 实验样品预处理

①在采样和制备过程中，应注意不使试样污染。

②粮食、豆类等样品去除杂物后粉碎均匀，装入洁净聚乙烯瓶中，密封保存备用。

③蔬菜、水果、鱼类、肉类及蛋类等新鲜样品，用水洗净后晾干，取可食部分，用食品加工机或匀浆机打成匀浆，装入洁净聚乙烯瓶中，密封于4℃冰箱冷藏备用。

2. 试样消解(根据实验室条件选用以下任何一种方法消解)

(1)压力罐消解法

本法适用于粮食、豆类、蔬菜、水果、瘦肉类、鱼类、蛋类及乳与乳制品类食品中汞的测定。

称取经粉碎混匀过40目筛的固体干样0.2~1.0g(精确到0.001g)，或新鲜样品0.5~2.0g(精确到0.001g)，或液体试样1~5mL，置于聚四氟乙烯消解内罐中，加5mL硝酸浸泡过夜。盖好内盖，旋紧不锈钢外套，放入恒温干燥箱，140~160℃保持4~5h，在箱内自然冷却至室温，然后缓慢旋松不锈钢外套，将消解内罐取出，用少量水冲洗内盖，放在控温电热板上或超声水浴箱中，于80℃或超声脱气2~5min赶去棕色气体。取出消解内罐，将消化液转移至25mL容量瓶中，用少量水分3次洗涤内罐，洗涤液合并于容量瓶中并定容至刻度，混匀备用；同时做空白实验。

(2)微波消解法

称取固体试样0.2~0.5g(精确到0.001g)、新鲜样品0.2~0.8g或液体试样1~3mL，于消解罐中，加入5~8mL硝酸，加盖放置过夜，旋紧罐盖，按照微波消解仪的标准操作步骤进行消解(消解条件见表8.1和表8.2)。冷却后取出，缓慢打开罐盖排气，用少量水冲洗内盖，将消解罐放在控温电热板上或超声水浴箱中，80℃加热或超声脱气2~5min赶去棕色气体，取出消解内罐，将消化液转移至25mL容量瓶中，用少量水分3次洗涤内罐，洗涤液合并于容量瓶中并定容至刻度，混匀备用；同时做空白实验。

表8.1 粮食、蔬菜、鱼类试样微波分析条件

步骤	1	2	3
功率/%	50	75	90
压力/kPa	343	686	1 096
升压时间/min	30	30	30
保压时间/min	5	7	5
排风量/%	100	100	100

表 8.2 油脂、糖类试样微波分析条件

步 骤	1	2	3	4	5
功率/%	50	70	80	100	100
压力/kPa	343	514	686	959	1 234
升压时间/min	30	30	30	30	30
保压时间/min	5	5	5	7	5
排风量/%	100	100	100	100	100

3. 测定

(1)标准曲线制作

分别吸取 50ng/mL 汞标准使用液 0.00mL、0.20mL、0.50mL、1.00mL、1.50mL、2.00mL、2.50mL 于 50mL 容量瓶中，用硝酸溶液(1+9)稀释至刻度，混匀。各自相当于汞浓度为 0.00ng/mL、0.20ng/mL、0.50ng/mL、1.00ng/mL、1.50ng/mL、2.00ng/mL、2.50ng/mL。

(2)仪器参考条件

光电倍增管负高压：240V。

汞空心阴极灯电流：30mA。

原子化器温度：300℃。

原子化器高度：8mm。

氩气流速：载气 500mL/min，屏蔽气 1 000mL/min。

测量方式：标准曲线法。

读数方式：峰面积。

读数延迟时间：1s。

读数时间：10s。

硼氢化钾溶液加入时间：8s。

标液或样液加入体积：2mL。

(3)试样溶液的测定

设定好仪器最佳条件，预热稳定 10~20min 后开始测量。连续用硝酸溶液(1+9)进样，待读数稳定之后，转入标准系列测量，绘制标准曲线。转入试样测量，先用硝酸溶液(1+9)进样，使读数基本回零，再分别测定试样空白和试样消化液，每测不同的试样前都应清洗进样器，记录下(或打印)测量数据。

五、实验结果

试样中汞含量按式(8.2)进行计算。

$$X=\frac{(c-c_0)\times V\times 1\ 000}{m\times 1\ 000\times 1\ 000} \tag{8.2}$$

式中 X——试样中汞含量，mg/kg 或 mg/L；

c——测定样液中汞含量，ng/mL；

c_0——试剂空白液中汞含量，ng/mL；

V——试样消化液定量总体积，mL；

m——试样质量或体积，g 或 mL；

1 000——换算系数。

结果以重复性条件下获得的 2 次独立测定结果的算术平均值表示，结果保留 3 位有效数字。在重复性条件下获得的 2 次独立测定结果的绝对差值不得超过算术平均值的 20%。

六、注意事项

1. 汞是易挥发的元素，在样品消化过程中，必须保持氧化状态，即要有过量的硝酸存在，以避免其损失。
2. 标准溶液要配制准确，最好现用现配。
3. 汞极易被玻璃器皿吸附，样品处理好之后不要放置的太久，最好当天测定。
4. 汞标准储备液可由国家标准物质研究中心购得。

第三节　铅

铅，其化学符号是 Pb(拉丁文 Plumbum；英文 lead)，原子序数为 82，是相对原子质量最大的非放射性元素。铅是柔软和延展性强的弱金属，有毒，也是重金属。铅原本的颜色为青白色，在空气中表面很快被一层暗灰色的氧化物覆盖。铅的工业污染来自矿山开采、冶炼、橡胶生产、染料、印刷、陶瓷、铅玻璃、焊锡、电缆及铅管等生产废水和废弃物。另外，汽车排气中的四乙基铅是剧毒物质。铅及其化合物对人体有毒，摄取后主要贮存在骨骼内，部分取代磷酸钙中的钙，不易排出。中毒较深时引起神经系统损害，严重时会引起铅毒性脑病，多见于四乙基铅的中毒。植物可通过根部吸收土壤和水中的铅，通过叶片吸收大气中的铅。含铅农药(如砷酸铅等)的使用，可使农作物遭受铅的污染。动物性食品含铅相对植物少，但如果饲养环节用含铅高的饲料，也会造成动物制品含铅量的增加。因此，对食品中铅的含量进行检测是保障食品安全的重要环节，本实验将参照最新发布的国家标准 GB 5009. 12—2017《食品安全国家标准　食品中铅的测定》设计石墨炉原子吸收光谱法测定食品中铅的含量。

一、实验目的

1. 掌握原子吸收光谱法测定铅含量的原理方法。
2. 了解测定铅含量的意义。
3. 掌握原子吸收分光光度计石墨炉法的原理和使用方法。

二、实验原理

试样消解处理后，经石墨炉原子化，在 283. 3nm 处测定吸光度。在一定浓度范围内，其吸光度值与铅含量成正比，与标准系列比较定量。

三、实验材料

1. 仪器与设备

所有玻璃器皿及聚四氟乙烯消解内罐均需硝酸溶液(1+5)浸泡过夜，用自来水反复冲洗，最后用去离子水冲洗干净。

①原子吸收光谱仪，配石墨炉原子化器，附铅空心阴极灯。

②微波消解系统，配聚四氟乙烯消解内罐。

③分析天平　感量 0.1mg 和 1mg。

④恒温干燥箱。

⑤压力消解器、压力消解罐或压力溶弹、配聚四氟乙烯消解内罐。

⑥可调式电热板、可调式电炉。

2. 试剂

除非另有规定，本方法所使用试剂均为分析纯，分析过程中所有用水均使用去离子水。

硝酸(优级纯)、过硫酸铵、过氧化氢(30%)、高氯酸(优级纯)。

硝酸(1+1)：取 50mL 硝酸慢慢加入 50mL 水中。

硝酸(0.5mol/L)：取 3.2mL 硝酸加入 50mL 水中，稀释至 100mL。

硝酸(1.0mol/L)：取 6.4mL 硝酸加入 50mL 水中，稀释至 100mL。

硝酸溶液(1+9)：量取 50mL 硝酸，缓慢加入到 450mL 水中，混匀。

磷酸二氢铵溶液(20g/L)：称取 2.0g 磷酸二氢铵，以水溶解稀释至 100mL。

磷酸二氢铵-硝酸钯溶液：称取 0.02g 硝酸钯，加少量硝酸溶液(1+9)溶解后，再加入 2g 磷酸二氢铵，溶解后用硝酸溶液(5+95)定容至 100mL，混匀。

混合酸　硝酸+高氯酸(9+1)：取 9 份硝酸与 1 份高氯酸混合。

铅标准储备液(1 000mg/L)：准确称取 1.598 5g(精确至 0.000 1g)硝酸铅，用少量硝酸溶液(1+9)溶解，移入 1 000mL 容量瓶，加水至刻度，混匀。

铅标准中间液(1.00mg/L)：准确吸取铅标准储备液(1 000mg/L)1.00mL 于1 000mL容量瓶中，加硝酸溶液(5+95)至刻度，混匀。

铅标准系列溶液：分别吸取铅标准中间液(1.00mg/L)0mL、0.500mL、1.00mL、2.00mL、3.00mL 和 4.00mL 于 100mL 容量瓶中，加硝酸溶液(5+95)至刻度，混匀。此铅标准系列溶液的质量浓度分别为 0μg/L、5.00μg/L、10.0μg/L、20.0μg/L、30.0μg/L 和 40.0μg/L。

注：可根据仪器的灵敏度及样品中铅的实际含量确定标准系列溶液中铅的质量浓度。

四、方法与步骤

1. 试样预处理

①在采样和制备过程中，应注意不使试样污染。

②粮食、豆类去除杂物后，磨碎，过 20 目筛，贮于塑料瓶中，保存备用。

③蔬菜、水果、鱼类、肉类及蛋类等水分含量高的鲜样，用水洗净后晾干，取可食部

分，用食品加工机或匀浆机打成匀浆，贮于塑料瓶中，保存备用。

④饮料、酒、醋、酱油、食用植物油、液态乳等液体样品，将样品摇匀备用。

2. 试样消解（根据实验室条件选用以下任何一种方法消解）

（1）湿法消解

称取固体试样 0.2~3.0g（精确至 0.001g）或准确移取液体试样 0.500~5.00mL 于带刻度消化管中，加入 10mL 硝酸和 0.5mL 高氯酸，在可调式电热炉上消解（参考条件：120℃/0.5~1h；升至 180℃/2~4h；升至 200~220℃）。若消化液呈棕褐色，再加少量硝酸，消解至冒白烟，消化液呈无色透明或略带黄色，取出消化管，冷却后用水定容至 10mL，混匀备用。同时做试剂空白实验。也可采用锥形瓶，于可调式电热板上，按上述操作方法进行湿法消解。

（2）微波消解法

称取固体试样 0.2~0.8g（精确至 0.001g）或准确移取液体试样 0.500~3.00mL 于微波消解罐中，加入 5mL 硝酸，按照微波消解的操作步骤消解试样，冷却后取出消解罐，在电热板上于 140~160℃ 赶酸至 1mL 左右。消解罐放冷后，将消化液转移至 10mL 容量瓶中，用少量水洗涤消解罐 2~3 次，合并洗涤液于容量瓶中并用水定容至刻度，混匀备用。同时做试剂空白实验。

（3）压力罐消解法

称取固体试样 0.2~1.0g（精确至 0.001g）或准确移取液体试样 0.500~5.00mL 于消解内罐中，加入 5mL 硝酸。盖好内盖，旋紧不锈钢外套，放入恒温干燥箱，于 140~160℃ 下保持 4~5h。冷却后缓慢旋松外罐，取出消解内罐，放在可调式电热板上于 140~160℃ 赶酸至 1mL 左右。冷却后将消化液转移至 10mL 容量瓶中，用少量水洗涤内罐和内盖 2~3 次，合并洗涤液于容量瓶中并用水定容至刻度，混匀备用。同时做试剂空白实验。

3. 测定

（1）仪器参数条件

根据各自仪器性能调至最佳状态。参考条件：

波长：283.3nm。

狭缝：0.5nm。

灯电流：8~12mA。

干燥温度：85~120℃/40~50s。

灰化温度：750℃/20~30s。

原子化温度：2 300℃/4~5s。

背景校正：氘灯或塞曼效应。

（2）标准曲线绘制

吸取上面配制的铅标准使用液 0μg/L、5.00μg/L、10.0μg/L、20.0μg/L、30.0μg/L 和 40.0μg/L 各 10μL，同时注入石墨炉，测得其吸光值并求得吸光值与浓度关系的一元线性回归方程。

（3）试样测定

分别吸取样液和试剂空白液各 10μL，注入石墨炉，测得其吸光值，代入标准曲线。

(4)基体改进剂的使用

对有干扰试样，则注入适量的基体改进剂磷酸二氢铵(20g/L)(一般为5μL或与试样同量)消除干扰。

五、实验结果

试样中铅含量按式(8.3)进行计算。

$$X=\frac{(c_1-c_0)\times V\times 1\ 000}{m\times 1\ 000\times 1\ 000} \tag{8.3}$$

式中 X——试样中铅含量，mg/kg或mg/L；

c_1——测定样液中铅含量，ng/mL；

c_0——空白液中铅含量，ng/mL；

V——试样消化液定量总体积，mL；

m——试样质量或体积，g或mL。

结果以重复性条件下获得的2次独立测定结果的算术平均值表示，结果保留2位有效数字。在重复性条件下获得的2次独立测定结果的绝对差值不得超过算术平均值的20%。

六、注意事项

1. 样品消解所用器皿的清洁度对测定结果影响很大，本实验所用玻璃及坩埚器皿应使用10%~20%硝酸浸泡过夜，用自来水反复冲洗，最后用去离子水冲洗干净。

2. 在使用基体改进剂时，绘制标准曲线时也要在标准使用液中加入与试样测定时等量的基体改进剂。

3. 进样体积可根据不同仪器要求而定。

4. 铅标准储备液可由国家标准物质研究中心购得。

第四节 镉

镉(cadmium)，是人体非必需元素，在自然界中常以化合物状态存在，一般含量很低。当环境受到镉污染后，镉可在生物体内富集，通过食物链进入人体引起慢性中毒。镉对土壤的污染，主要通过两种形式：一种是工业废气中的镉随风向四周扩散，经自然沉降蓄积于工厂周围土壤中；另一种方式是含镉工业废水灌溉农田，使土壤受到镉的污染。长期食用遭到镉污染的食品，可能导致“痛痛病”，即身体积聚过量的镉损坏肾小管功能，造成体内蛋白质从尿中流失，久而久之形成软骨症和自发性骨折。镉进入人体的途径主要是从食品中摄入并蓄积在肾、肝、心等组织器官中。镉化合物的种类、膳食中的蛋白质、维生素D和钙、锌的含量等因素均影响食品中镉的吸收。镉中毒的病理变化主要发生在肾脏、骨骼和消化道器官3个部分，引起急性或慢性中毒。我国国家标准《食品中污染物限量》规定了大米、大豆中镉的限量≤0.2mg/kg，花生≤0.5mg/kg，面粉、杂粮等≤0.1mg/kg，畜禽肉类≤0.1mg/kg，肝脏≤0.5mg/kg，肾脏≤1.0mg/kg。

一、实验目的

1. 了解重金属镉的物理化学性质，对食品安全的危害以及测定镉含量的意义。
2. 掌握石墨炉原子吸收光谱法测定镉含量的原理和方法。
3. 学会实验数据的处理和结果计算分析。

二、实验原理

试样经灰化或酸消解后，注入一定量样品消化液于原子吸收分光光度计石墨炉中，电热原子化后吸收 228.8nm 共振线，在一定浓度范围内，其吸光度值与镉含量成正比，与标准系列比较，采用标准曲线法定量。

三、实验材料

1. 仪器与设备

所用玻璃仪器均需以硝酸溶液(1+4)浸泡 24h 以上，用水反复冲洗，最后用去离子水冲洗干净。

①原子吸收分光光度计，附石墨炉。

②镉空心阴极灯。

③马弗炉。

④电子天平　感量为 0.1mg 和 1mg。

⑤恒温干燥箱。

⑥压力消解器、压力消解罐。

⑦可调式电热板、可调式电炉。

⑧微波消解系统　配聚四氟乙烯或其他合适的压力罐。

2. 试剂

除非另有规定，本方法所使用试剂均为分析纯，分析过程中全部用水均使用去离子水。

硝酸(优级纯)、盐酸(优级纯)、过氧化氢(30%)、高氯酸(优级纯)、磷酸二氢铵。

硝酸(1%)：取 10.0mL 硝酸慢慢加入 100mL 水中，稀释至 1 000mL。

盐酸溶液(1+1)：取 50mL 盐酸慢慢加入 50mL 水中。

磷酸二氢铵溶液(10g/L)：称取 10.0g 磷酸二氢铵，用 100mL 硝酸溶液(1%)溶解后定量移入 1 000mL 容量瓶，用硝酸溶液(1%)定容至刻度。

硝酸-高氯酸混合溶液(9+1)：取 9 份硝酸与 1 份高氯酸混合。

镉标准储备液(1 000mg/L)：准确称取 1g 金属镉标准品(精确至 0.000 1g)于小烧杯中，分次加 20mL 盐酸溶液(1+1)溶解，加 2 滴硝酸，移入 1 000mL 容量瓶中，用水定容至刻度，混匀备用。

镉标准使用液(100ng/mL)：吸取镉标准储备液 10.0mL 于 100mL 容量瓶中，加硝酸溶液(1%)定容至刻度，如此经多次稀释成每毫升含 100.0ng 镉的标准使用液。

镉标准曲线工作液：准确吸取镉标准使用液 0mL、0.50mL、1.0mL、1.5mL、2.0mL、

3.0mL 于 100mL 容量瓶中，用硝酸溶液(1%)定容至刻度，即得到含镉量分别为 0ng/mL、0.50ng/mL、1.0ng/mL、1.5ng/mL、2.0ng/mL、3.0ng/mL 的标准系列溶液。

四、方法与步骤

1. 试样预处理

①在采样和制备过程中，应注意不使试样污染。

②粮食、豆类去除杂质，坚果类去杂质、去壳后，磨碎成均匀的样品，过 20 目筛，颗粒度不大于 0.425mm，贮于洁净的塑料瓶中，并做好标记，于室温下或按样品保存条件下保存备用。

③鲜(湿)试样　蔬菜、水果、鱼类、肉类及蛋类等水分含量高的鲜样，用食品加工机打成匀浆或碾磨成匀浆，贮于洁净的塑料瓶中，并标明标记，于-18~-16℃冰箱中保存备用。

④液态试样　按样品保存条件保存备用。含气样品使用前应除气。

2. 试样消解(根据实验室条件选用以下任何一种方法消解)

(1)压力消解罐消解法

称取干试样 0.3~0.5g(精确到 0.000 1g)、鲜(湿)试样 1~2g(精确到 0.001g)于聚四氟乙烯内罐，加硝酸 5mL 浸泡过夜。再加过氧化氢溶液(30%)2~3mL(总量不能超过罐容积的 1/3)。盖好内盖，旋紧不锈钢外套，放入恒温干燥箱，120~160℃保持 4~6h，在箱内自然冷却至室温，打开后加热赶酸至近干，用滴管将消化液洗入或过滤入(视消化液有无沉淀而定)10mL 或 25mL 容量瓶中，用少量硝酸溶液(1%)洗涤内罐和内盖 3 次，洗液合并于容量瓶中并用硝酸溶液(1%)定容至刻度，混匀备用；同时做试剂空白实验。

(2)微波消解法

称取干试样 0.3~0.5g(精确到 0.000 1g)、鲜(湿)试样 1~2g(精确到 0.001g)置于微波消解罐中，加 5mL 硝酸和 2mL 过氧化氢。微波消化程序可以根据仪器型号调至最佳条件。消解完毕，待消解罐冷却后打开，消化液呈无色或淡黄色，加热赶酸至近干，用少量硝酸溶液(1%)冲洗消解罐 3 次，将溶液转移至 10mL 或 25mL 容量瓶中，并用硝酸溶液(1%)定容至刻度，混匀备用；同时做试剂空白实验。

(3)湿式消解法

称取干试样 0.3~0.5g(精确到 0.000 1g)、鲜(湿)试样 1~2g(精确到 0.001g)于锥形瓶中，放数粒玻璃珠，加 10mL 混合酸，加盖浸泡过夜，加一小漏斗在电热板上消解，若消解液变棕黑色，再加硝酸，直至冒白烟，消化液呈无色透明或略带黄色，放冷后用滴管将试样消化液洗入或过滤入(视消化液有无沉淀而定)10mL 或 25mL 容量瓶中，用硝酸溶液(1%)洗涤锥形瓶 3 次，洗液合并于容量瓶中并定容至刻度，混匀备用；同时做试剂空白实验。

(4)干法灰化

0.3~0.5g(精确到 0.000 1g)、鲜(湿)试样 1~2g(精确到 0.001g)、液态试样 1~2g(精确到 0.001g)于瓷坩埚中，先小火在可调式电炉上炭化至无烟，移入马弗炉 500℃灰化 6~8h，冷却。若个别试样灰化不彻底，加 1mL 混合酸在可调式电炉上小火加热，将混合酸蒸干后，再转入马弗炉中500℃继续灰化1~2h，直至试样消化完全，呈灰白色或浅灰色。放冷，用硝酸溶液(1%)将灰分溶解，将试样消化液移入10mL或25mL容量瓶中，用少量硝酸溶液(1%)洗涤瓷坩埚3次，洗液合并于容量瓶中并用硝酸溶液(1%)定容至刻度，混匀备用；同时做试剂空白实验。

3. 测定

(1)仪器参考条件

根据所用仪器型号将仪器调至最佳状态。原子吸收分光光度计(附石墨炉及镉空心阴极灯)测定参考条件如下：

波长：228.8nm。

狭缝：0.2~1.0nm。

灯电流：2~10mA。

干燥温度：150℃，持续20s。

灰化温度：400~700℃，持续20~40s。

原子化温度：1 300~2 300℃，原子化时间3~5s。

背景校正：氘灯或塞曼效应。

(2)标准曲线的制作

将标准曲线工作液按浓度由低到高的顺序各取20μL注入石墨炉，测其吸光度值，以标准曲线工作液的浓度为横坐标，相应的吸光度值为纵坐标，绘制标准曲线并求出吸光度值与浓度关系的一元线性回归方程。标准系列溶液应不少于5个点的不同浓度的镉标准溶液，相关系数不应小于0.995。如果有自动进样装置，也可用程序稀释来配制标准系列。

(3)试样溶液的测定

于测定标准曲线工作液相同的实验条件下，吸取样品消化液20μL(可根据使用仪器选择最佳进样量)，注入石墨炉，测其吸光度值。代入标准系列的一元线性回归方程中求样品消化液中镉的含量，平行测定次数不少于2次。若测定结果超出标准曲线范围，用硝酸溶液(1%)稀释后再行测定。

(4)基体改进剂的使用

对有干扰的试样，和样品消化液一起注入石墨炉5μL基体改进剂磷酸二氢铵溶液(10g/L)，绘制标准曲线时也要加入与试样测定时等量的基体改进剂。

五、实验结果

试样中镉含量按式(8.4)进行计算。

$$X=\frac{(c_1-c_0)\times V}{m\times 1\ 000} \tag{8.4}$$

式中 X——试样中镉含量，μg/kg或μg/L；

c_1——测定样液中镉含量，ng/mL；

c_0——空白液中镉含量，ng/mL；

V——试样消化液定量总体积，mL；

m——试样质量或体积，g 或 mL；

1 000——换算系数。

结果以重复性条件下获得的 2 次独立测定结果的算术平均值表示，结果保留 2 位有效数字。在重复性条件下获得的 2 次独立测定结果的绝对差值不得超过算术平均值的 20%。

六、注意事项

1. 镉是非常容易污染的元素，样品消解所用器皿的清洁度对测定结果影响很大，因此，实验所用玻璃及坩埚器皿应当使用 10%~20%硝酸浸泡过夜并冲洗干净。

2. 在使用基体改进剂时，绘制标准曲线时也要在标准使用液中加入与试样测定时等量的基体改进剂。

3. 镉是灵敏度很高的元素，线性范围很窄，测定过程中注意及时稀释样品。

4. 进样体积可根据不同仪器要求而定。

5. 实验要在通风良好的通风橱内进行。对含油脂的样品，尽量避免用湿式消解法消化，最好采用干法消化，如果必须采用湿式消解法消化，样品的取样量最大不能超过 1g。

思考题

1. 在湿式消解过程中，为什么要避免样品碳化？对测定结果有何影响？

2. 在碳化过程中加入硝酸镁的作用是什么？为什么要在样品上面覆盖一层氧化镁？

3. 在测定汞的前处理方法的选用上，是否可以采用电热板湿法消解？电热板湿法消解与高压消解和微波消解有何不同？

4. 在消解过程中加入混合酸的作用是什么，与只加硝酸相比，对测定结果有什么影响？

5. 由于镉在食品中含量非常低，所以在测试过程中，试剂空白值的高低对测定结果的影响很大，怎样保证所用试剂满足实验要求？

第九章　食品中其他有害物质的测定

第一节　多环芳烃

一、实验目的

本实验的目的就是对烘烤食品中的多环芳烃类物质含量进行检测。

用环己烷萃取试样中的多环芳烃，然后用 C18 反相萃取柱固定相柱净化，通过高效液相色谱分离，测定标准样品的标准图谱，计算回归方程，根据检测数据计算样品中各种多环芳烃的含量。

二、实验原理

多环芳烃化合物(polycyclic aromatic hydrocarbons，PAHs)是指两个以上苯环以稠环形式相连的化合物，是有机化合物不完全燃烧和地球化学过程中产生的一类致癌物质。可分为芳香稠环型及芳香非稠环型。芳香稠环型是指分子中相邻的苯环至少有两个共用的碳原子的碳氢化合物，如萘、蒽、菲、芘等；芳香非稠环型是指分子中相邻的苯环之间只有一个碳原子相连化合物，如联苯、三联苯等。结构如图 9.1。五环以上的大都是些无色或淡黄色的结晶，个别具有深色，熔点及沸点较高，所以蒸气压低。多环芳烃大多不溶于水，而辛醇-水分配系数比较高。多环芳烃大多具有大的共轭体系，因此其溶液具有一定荧光。其化学性质稳定，不易水解。多环芳烃最突出的特性是具有致癌、致畸及致突变性。当 PAH 与—NO_2、—OH、—NH_2 等发生作用时，会生成致癌性更强的 PAHs 衍生物。另外，PAH 很容易吸收太阳光中可见(400~760nm)和紫外(290~400nm)区的光，对紫外辐射引起的光化学反应尤为敏感。

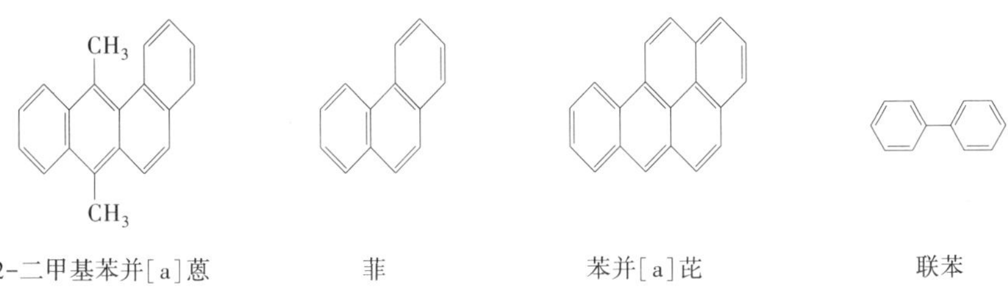

图 9.1　多环芳烃化合物结构

迄今已发现的 PAH 有 200 多种，PAH 是重要的环境和食品污染物，其大多来自化学工业、交通运输、日常生活等方面。食品中 PAH 的主要来源有：食品在烘烤或熏制时直接受到污染；食品成分在高温烹调加工时发生热解或热聚反应所形成，这是食品中PAH的主要来源；植物性食品可吸收土壤、水和大气中污染的PAH；食品加工中受机油和食品包装材料等的污染，在柏油路上晒粮食使粮食受到污染；污染的水可使水产品受到污染；植物和微生物可合成微量的PAH。其中最主要的来源是食品高温烹饪过程中生成的，尤其是在人们经常食用又喜爱的煎炸食品的制作过程，包括食品的烟熏、烘干和烹饪过程，若烹饪时温度超过200℃，食品中就会分解放出含有大量PAH的致癌物。PAH由于其致癌性强的特点对人类健康造成很大的危害，所以必须控制食品中PAH的含量。

三、实验材料

1. 仪器

涡旋混合器，离心机，电子分析天平，超声波水浴，旋转蒸发仪，氮吹仪，C18固相萃取柱，针头式微孔滤膜过滤器，微孔聚丙烯滤膜(0.45μm)，高效液相色谱仪，检测器(Waters 2847型紫外检测器)，色谱柱(Nucleodur C18，5μm，250mm×4.6mm)。

2. 试剂

甲醇(色谱纯)；正己烷、丙酮、环己烷、二氯甲烷(分析纯)；中性氧化铝(200~300目)、氢氧化钾、浓硫酸；层析硅胶(100~200目)；PAHs：萘、二氢苊、芴、菲、蒽、荧蒽、芘、苯并(a)蒽、苯并(b)荧蒽、苯并(k)荧蒽、苯并(a)芘、二苯并(a，h)蒽、苯并(g，h，i)苝。

3. 受试样品

未烧烤的猪肉，烧烤时间不等的猪肉。

四、方法与步骤

1. 样品前处理

①将市售烤猪肉搅碎，混合均匀。称取60g绞碎的烤猪肉至250mL锥形瓶中，加入正己烷-丙酮(1∶1，体积分数)溶液100mL，超声提取30min。

②移出提取液，另取100mL正己烷-丙酮(1∶1，体积分数)溶液超声提取30min，合并两次提取液，转入500mL烧瓶中。

③加入150mL含有2mol/L KOH的甲醇-水(9∶1，体积分数)溶液，水浴80℃，皂化6h。

④6h后冷却至室温，移入1L分液漏斗中，200mL环己烷分2次洗涤回流瓶后移入分液漏斗中，振摇1min，静置分层。

⑤将下层的水溶液用100mL环己烷进行二次分配，合并环己烷层。

⑥用300mL(分3次)甲醇-水(1∶1，体积分数)和400mL水(分2次)洗涤环己烷层，弃去甲醇-水溶液。

⑦环己烷层旋转蒸发至40mL左右，移入250mL分液漏斗中，用60%硫酸100mL分2次洗涤，弃去硫酸液，水洗环己烷层至中性，旋转蒸发浓缩至2mL。

⑧用氮气吹干浓缩液，用 1mL 甲醇溶解残渣。

⑨固相萃取柱净化　固相萃取柱 C18 预先经过 2mL 二氯甲烷、5mL 甲醇、5mL 水处理。上样后，5mL 去离子水清洗，氮气吹干，6mL 二氯甲烷洗脱，收集洗脱液，氮气浓缩至 0. 5mL。

2. 标准溶液配制

将各 PAHs 标准品溶于二氯甲烷中，配制成含萘、二氢苊、芴、菲、蒽、荧蒽、芘、苯并(a)蒽、苯并(b)荧蒽、苯并(k)荧蒽、苯并(a)芘、二苯并(a，h)蒽、苯并(g，h，i)芘浓度分别为 1 000μg/mL、2 000μg/mL、200μg/mL、100μg/mL、100μg/mL、200μg/mL、100μg/mL、100μg/mL、200μg/mL、100μg/mL、100μg/mL、200μg/mL、200μg/mL 的混合标准溶液。

3. 液相色谱条件

(1)色谱条件

色谱柱：Nucleodur C18，5μm，250mm×4. 6mm。紫外检测器波长为 254nm，荧光检测器发射波长为 280nm，激发波长为 389nm。柱温：25℃；进样量：20μL；流动相为甲醇：水(93. 2：6. 8，体积分数)；流速：0. 5mL/min。

(2)检测标准品，建立回归方程

取混合标准溶液 1mL，用二氯甲烷稀释至 100mL，进行高效液相分析。混合标准溶液分别稀释 10、100、200、1 000、10 000 倍，作为标准工作液，依次进样，每次进样 20μL。

测量 PAHs 的峰面积，并以峰面积对应的 PAHs 的浓度(μg/L)进行回归，建立回归方程。

各 PAH 工作曲线的相关系数均要达到 0. 99 以上。信噪比(S/N)= 3 时计算各 PAH 的检出限。

4. 检测样品

未烧烤的猪肉、烧烤 0min、2min、3min、4min 的猪肉。

五、实验结果

PAHs 混合标准品色谱图，如图 9. 2 所示。

计算 PAHs 的回归方程和检出限，如表 9. 1 所示。

表 9. 1　PAHs 的回归方程和检出限

PAHs	回归方程(X)/(μg/L)	R^2	检出限/(μg/L)	线性范围/(μg/mL)
萘	$y=5.4\times10^4x-3.8\times10^4$	0. 999	6. 8	0. 10~100
二氢苊	$y=4.3\times10^4x-2.6\times10^3$	0. 998	8. 9	0. 20~200
芴	$y=2.1\times10^5x+3.2\times10^3$	0. 997	0. 2	0. 020~20
菲	$y=2.0\times10^6x-6.0\times10^4$	0. 996	0. 3	0. 010~10

（续）

PAHs	回归方程(X)/(μg/L)	R^2	检出限/(μg/L)	线性范围/(μg/mL)
蒽	$y=2.0\times10^6x-1.3\times10^4$	0.998	0.6	0.010~10
荧蒽	$y=1.8\times10^5x-9.6\times10^3$	0.998	0.8	0.020~20
芘	$y=1.4\times10^5x-1.0\times10^4$	0.998	1.4	0.010~10
苯并(a)蒽	$y=1.0\times10^6x-1.6\times10^4$	0.997	0.2	0.010~10
苯并(b)荧蒽	$y=3.2\times10^5x-2.1\times10^4$	0.997	1.3	0.20~20
苯并(k)荧蒽	$y=5.1\times10^5x-9.1\times10^4$	0.998	0.7	0.010~10
苯并(a)芘	$y=3.6\times10^5x-6.3\times10^3$	0.998	0.1	0.010~10
二苯并(a，h)蒽	$y=7.0\times10^4x-9.0\times10^3$	0.998	0.6	0.020~20
苯并(g，h，i)芘	$y=2.7\times10^5x-2.0\times10^4$	0.997	0.3	0.020~20

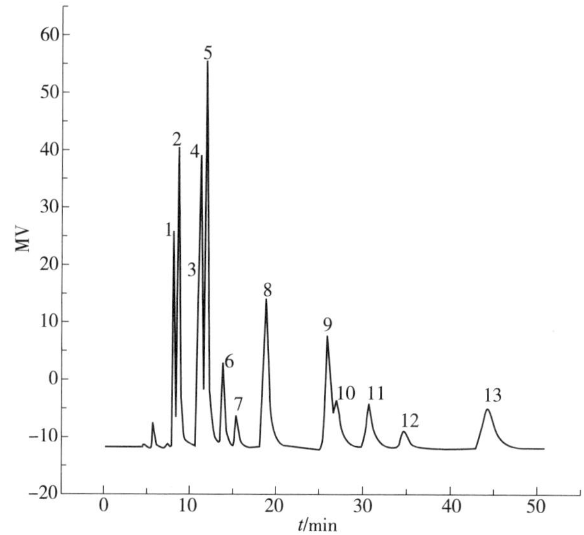

图 9.2 PAHs 混合标样的液相色谱图

各峰分别为：1-萘；2-二氢苊；3-芴；4-菲；5-蒽；6-荧蒽；7-芘；8-苯并(a)蒽；9-苯并(b)荧蒽；10-苯并(k)荧蒽；11-苯并(a)芘；12-二苯并(a，h)蒽；13-苯并(g，h，i)芘

根据标准物质的回归方程，计算样品中各类 PAHs 的含量。

六、注意事项

猪肉作为一种脂肪含量较高的基质，在 PAH 的分析过程中脂肪的去除显得尤为重要。脂肪去除不充分会导致样品检测的干扰。由于脂肪的极性与 PAH 相似，很难通过传统的物理分离方法(如液液萃取、固相萃取、柱层析等)去除。本实验中通过皂化反应将脂肪转化为水溶性的甘油和脂肪酸盐去除。

第二节 甲 醇

一、比色法

(一)实验目的

掌握酒中甲醇的紫外分光光度测定方法；了解甲醇含量超标的危害。

(二)实验原理

甲醇为白酒中的有害成分，其来源为原料和辅料中果胶质内甲基酯分解而成或是工业酒精中常混有有害成分甲醇，一些不法之徒用工业酒精兑制假酒。在使用薯芋、谷糠、野生植物等为原辅料时，酒中甲醇含量就高。甲醇在人体内氧化为甲醛、甲酸，产物毒性更胜于甲醇，甲醇在体内有积累作用。因此，即使是少量甲醇也能引起慢性中毒，头痛恶心，视力模糊，严重时会造成失明。我国现行国家标准规定酒中甲醇含量应低于 0.04g/100mL(以 60%白酒计)。

甲醇经氧化成甲醛，再与亚硫酸钠-品红作用生成蓝紫色化合物，与标准系列比较定量。品红溶液再加入二氧化硫得到的无色物质，又名希夫(Schiff)试剂，遇含醛基的物质反应显示红色，再遇到含酮基的物质不变色，可以以此来区别醛基物质和酮基物质。

亚硫酸钠-品红发生反应的机理：

氧化：

$$5CH_3OH+2KMnO_4+4H_3PO_4=5HCHO+2KH_2PO_4+2MnHPO_4+8H_2O$$

除色：

$$6H_2C_2O_4+2KMnO_4+3H_2SO_4=2MnSO_4+K_2SO_4+10CO_2\uparrow+8H_2O$$

显色：

$$H_2C_2O_4+MnO_2+H_2SO_4=MnSO_4+2CO_2\uparrow+2H_2O$$

亚硫酸钠-品红溶液与甲醛作用后起初生成无色化合物，但接着失去与碳原子结合的磺酸基分子，而形成醌型化合物，显蓝紫色。

(三)实验材料

1. 仪器

分光光度计。

2. 试剂

高锰酸钾-磷酸溶液：称取 3g 高锰酸钾，加入 15mL 85%磷酸溶液及 70mL 水的混合液中，待高锰酸钾溶解后用水定容至 100mL。贮于棕色瓶中备用。

草酸-硫酸溶液：称取 5g 无水草酸($H_2C_2O_4$)或 7g 含 2 个结晶水的草酸($H_2C_2O_2 \cdot 2H_2O$)，溶于 1∶1 冷硫酸中，并用 1∶1 冷硫酸定容至 100mL。混匀后，贮于棕色瓶中备用。

亚硫酸钠-品红溶液：称取 0.1g 研细的碱性品红，分次加水(80℃)共 60mL，边加水边研磨使其溶解，待其充分溶解后滤于 100mL 容量瓶中，冷却后加 10mL(10%)亚硫酸钠溶液，1mL 盐酸，再加水至刻度，充分混匀，放置过夜。如溶液有颜色，可加少量活性炭搅拌后过滤，贮于棕色瓶中，置暗处保存。溶液呈红色时应弃去重新配制。

甲醇标准溶液：准确称取 1.000g 甲醇(相当于 1.27mL)置于预先装有少量蒸馏水的 100mL 容量瓶中，加水稀释至刻度，混匀。此溶液每毫升相当于 10mg 甲醇，置低温保存。

甲醇标准应用液：吸取 10.0mL 甲醇标准溶液置于 100mL 容量瓶中，加水稀释至刻度，混匀。此溶液每毫升相当于 1mg 甲醇。

无甲醇无甲醛的乙醇制备：取 300mL 无水乙醇，加高锰酸钾少许，振摇后放置 24h，蒸馏，最初和最后的 1/10 蒸馏液弃去，收集中间的蒸馏部分即可。

10%亚硫酸钠溶液。

(四)方法与步骤

①根据待测白酒中含乙醇多少适当取样(含乙醇 30%取 1.0mL；40%取 0.8mL；50%取 0.6mL；60%取 0.5mL)于 25mL 具塞比色管中。

②精确吸取 0mL、0.20mL、0.40mL、0.60mL、0.80mL、1.00mL 甲醇标准应用液(相当于 0mg、0.2mg、0.4mg、0.6mg、0.8mg、1.0mg 甲醇)分别置于 25mL 具塞比色管中，各加入 0.3mL 无甲醇无甲醛的乙醇。

③于样品管及标准管中各加水至 5mL，混匀，各管加入 2mL 高锰酸钾-磷酸溶液，混匀，放置 10min。

④各管加 2mL 草酸-硫酸溶液，混匀后静置，使溶液褪色。

⑤各管再加入 5mL 品红亚硫酸溶液，混匀，于 20℃以上静置 0.5h。

⑥以 0 管调零点，于 590nm 波长处测吸光度，与标准曲线比较定量。

(五)实验结果

$$X = \frac{m}{V \times 1\,000} \times 100 \tag{9.1}$$

式中 X——样品中甲醇的含量，g/100mL；

m——测定样品中所含的甲醇相当于标准的毫克数，mg；

V——样品取样体积，mL。

计算结果保留 2 位有效数字。

(六)注意事项

白酒中甲醇的测定多采用光化学分析法(分光光度计)。其原理是甲醇在磷酸溶液中，被高锰酸钾氧化为甲醛，再与无色的亚硫酸品红作用生成蓝紫色化合物，与标准系列比较定量。但在实际操作过程中，为了尽可能减少或避免差错，实践分析，认为甲醇的测试步骤中需要注意以下事项：①亚硫酸品红溶液呈红色时应重新配制，新配制的亚硫酸品红溶液放冰箱中 24~48h 后再用为好。②白酒中其他醛类以及经高锰酸钾氧化后由醇类变成的醛类(如乙醛、丙醛等)，与品红亚硫酸作用也显色，但在一定浓度的硫酸酸性溶液中，除甲醛可形成经久不褪的紫色外，其他醛类则历时不久即行消退或不显色，故无干扰。因此操作中时间条件必须严格控制。

(1)温度的影响

当实验加入草酸硫酸溶液褪色放出热量，温度升高，此时需适当冷却，才能加入亚硫酸品红溶液。亚硫酸品红显色时，温度最好控制在20℃以上，温度越低，所需显色时间越长；温度越高，所需显色时间越短，但显色的稳定段也短。另外，标准管和试样显色温度之差不应超过1℃，因为温度对吸光度有影响。

(2)酸度的影响

实验显色时酸度过低，甲醛和亚硫酸显色就不完全，酸度过高反而会降低显色的灵敏度。

(3)草酸-硫酸溶液的浓度影响

在配制草酸-硫酸溶液时，所称取的草酸量一定要准确，如果过量溶液浓度过高，过剩的草酸将亚硫酸品红还原而成红色；反之，就不能使溶液褪色。

(4)试剂称取量的影响

试剂碱性品红的称取量不可过量，否则褪色困难。曾对白杨特曲、白杨大曲酒做实验，在白杨特曲系列管中，各加了5mL称取稍过量的碱性品红，结果表明：过量的碱性品红的量不同，相应的反应褪色时间也不同，加过量的碱性品红试样管褪色较困难。另外，所需的亚硫酸品红溶液最好是新配制的，在常温下，最多放置1~2d而且要避光存放。

(5)甲醇与乙醇的关系

甲醇显色灵敏度与乙醇浓度有密切的关系，试样显色灵敏度随乙醇的浓度改变而改变，乙醇浓度越高，甲醇显色灵敏度越低。当乙醇浓度在50%~60%，甲醇显色较灵敏。故在操作中试样管与标准管显色时乙醇浓度应严格控制一致。

(6)严格遵守显色半小时后比色

酒中的醛类以及经高锰酸钾氧化其他醇生成的醛(乙醛、丙醛等)，与亚硫酸品红作用也显色。但是在一定浓度的硫酸酸性下，除甲醛可以形成经久不变的紫色外，其他醛所形成的色泽会慢慢消褪。因此，必须严格遵守显色半小时后，测定吸光度的规程。

二、GDX-102填充柱气相色谱法

(一)实验目的

了解气相色谱仪(火焰离子化检测器FID)的使用方法；掌握外标法定量的原理；了解气相色谱法在产品质量控制中的应用；了解GDX-102填充柱的特性和使用范围。

(二)实验原理

利用醇类在氢火焰中的化学电离进行检测；根据峰高与标准比较定量。

(三)实验材料

1. 仪器

①载体　GDX-102(60~80目)，气相色谱用。

②微量注射器　1μL、50μL。

③气相色谱仪　具有氢火焰离子化检测器。色谱条件如下：

色谱柱：长2m，内径4mm，U形不锈钢或玻璃柱。

固定相：GDX-102，60~80 目。

气化室温度：190℃。

检测器温度：190℃。

柱温：170℃。

载气(N_2)流速：40mL/min。

氢气(H_2)流速：40mL/min。

空气流速：450mL/min。

进样量：0.5μL。

2. 试剂

甲醇：色谱纯。

正丙醇：色谱纯。

仲丁醇：色谱纯。

异丁醇：色谱纯。

正丁醇：色谱纯。

异戊醇：色谱纯。

乙酸乙酯：色谱纯。

无甲醇、无杂醇油乙醇：按(比色法)操作，并测其酒精度，取 0.5μL 进样无杂峰出现即可。

标准溶液：分别准确称取甲醇、正丙醇、仲丁醇、异丁醇、正丁醇、异戊醇各 600mg 及 800mg 乙酸乙酯，以少量水洗入 100mL 容量瓶中，并加水稀释至刻度，置冰箱保存。

标准使用液：吸取 10.0mL 标准溶液于 100mL 容量瓶中，加入一定量处理后的乙醇，控制其含量在 60%，并加水稀释至刻度。此溶液贮于冰箱备用(或根据仪器灵敏度配制)。

(四)方法与步骤

1. 定性

以各组分保留时间定性，进标准使用液和样液各 0.5μL，分别测得保留时间，样品与标准出峰时间对照而定性。

2. 定量

进 0.5μL 标准使用液，制得色谱图，分别量取各组分峰高。进 0.5μL 样品，制得色谱图，分别量取峰高，与标准峰高比较计算。

(五)实验结果

$$X_2 = \frac{m_2}{V_2 \times V_3 / 10 \times 100} \times 100 \qquad (9.2)$$

式中 X_2——样品中杂醇油的含量，g/100mL；

m_2——测定样品稀释液中杂醇油的含量，mg；

V_2——样品体积，mL；

V_3——测定用样品体积，mL。

结果的表述：报告算术平均值的2位有效数字。

允许差：相对相差≤10%。

(六)注意事项

1. 注射器在进样过程中沉淀在壁上的物质在高温气化下瞬间发生转移，从而造成定量分析结果的某些偏差。在分析不同类型酒时，应定期取出注射器用溶剂进行清洗。

2. 样品是否具有代表性：现在市售白酒多为中低度酒，由于受酒中组分物化特性的影响，致使酒中许多微量成分将分布在不同层次或界面，因此，分析取样过程必须充分考虑样品的代表性、均匀性，如不注意取样的方式方法，定量结果时可能带来较大误差。

三、毛细管法

(一)实验目的

掌握毛细管法的原理；了解毛细管法在产品质量控制中的应用。

(二)实验原理

利用不同醇类在氢火焰中的化学电离进行检测，根据保留时间定性，峰高或峰面积与标准系列比较定量。本方法最低检测限量分别为甲醇0.05ng；正丙醇、正丁醇0.05ng；异戊醇、正戊醇0.05ng；异丁醇0.1ng。

(三)实验材料

1. 仪器

Agilent 6890N气相色谱仪(美国安捷伦公司)；N2000色谱工作站；具有氢火焰离子化检测器(美国安捷伦公司)；微量进样注射器2μL。

2. 试剂

甲醇，正丙醇，仲丁醇，异丁醇，正丁醇，异戊醇，乙酸乙酯，均为色谱纯；本分析方法中，除另有说明，所用水均为蒸馏水或相当纯度的水。

(1)无甲醇的乙醇溶液配制

取300mL乙醇(95%)，加高锰酸钾少许，蒸馏，收集馏出液。在馏出液中加入硝酸银溶液(取1g硝酸银溶于少量水中)和氢氧化钠溶液(取1.5g氢氧化钠溶于少量水中)，摇匀，取上清液蒸馏，弃去最初50mL馏出液，收集中间馏出液约200mL，用酒精比重计测其浓度，然后加水配成无甲醇的乙醇溶液，并测其酒精度，取1μL进样无杂峰出现即可。

(2)单组分标准溶液

分别准确称取甲醇600mg，正丙醇、仲丁醇、正丁醇、异戊醇、异丁醇600mg及乙酸乙酯800mg，以少量水洗入100mL容量瓶中，并加水稀释至刻度，置冰箱保存。

(3)标准溶液

分别准确称取甲醇200mg，正丙醇、仲丁醇、正丁醇500mg和异戊醇800mg、异丁醇200mg及乙酸乙酯400mg，以少量水洗入100mL容量瓶中，并加水稀释至刻度，溶液每毫升含甲醇2mg、10mg杂醇油。置冰箱保存。

(4)标准系列使用液

分别吸取5.0mL、10.0mL、15.0mL、20.0mL标准溶液，稀释液于100mL容量瓶中，加入一定量按要求处理后的乙醇，定容后，控制乙醇含量在60%。加水稀释至刻度，置冰箱保存。

(四)方法与步骤

1. 气相色谱参考条件

HP-INNowax色谱柱(30m×0.32mm，0.25μm)。

分流比：10∶1。

气化室温度：230℃。

检测器温度：250℃。

载气(N_2)流速：40mL/min。

氢气(H_2)流速：40mL/min。

空气流速：450mL/min。

进样量：1μL。

柱温：采用程序升温方式，起始温度50℃，保持5.0min，然后以8.0℃/min的升温速率升至120℃，然后再以20.0℃/min的升温速率升至200℃，保持5min。

2. 定量测定

进1μL标准系列使用液，进1μL样品，用面积外标法定量；用标准系列使用液的峰面积与含量绘制甲醇、异丁醇、异戊醇的标准曲线，通过样品的峰面积在标准曲线上求出其含量(杂醇油以异丁醇、异戊醇总量计算)，如要测定其他醇类和乙酸乙酯的含量，只要同时用标准系列使用液的峰面积与含量求出其标准曲线，通过样品的峰面积在标准曲线上求出其含量即可。

(五)实验结果

用气相色谱法测定白酒中的甲醇、杂醇油，根据平行测定结果，测定结果的绝对值小于分光光度法，用气相色谱法还同时可测定白酒中的正丙醇、仲丁醇、正丁醇、异戊醇、异丁醇及乙酸乙酯的含量(图9.3)，因此，毛细管气相色谱法应是测定白酒中的甲醇、杂醇油及各种高级醇类的首选方法，本方法已应用于实际检测中。

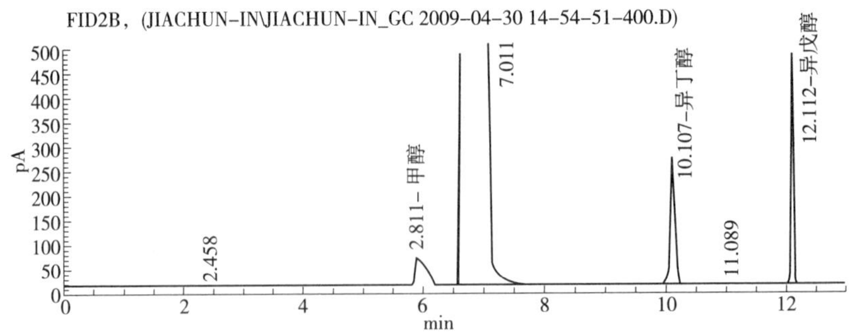

图9.3 白酒中甲醇和杂醇油标准溶液分离谱图

(六) 注意事项

1. 柱温直接影响待测组分的分离度、保留时间及灵敏度，若柱温低，则分离时间长，甲醇峰扁平；柱温高，甲醇与乙醇分离度差，采取程序升温，升温速度慢，后出的峰扁平，升温速度快，分离效果差。

2. 柱流量的选择，流量太大，分离效果差，流量小，分析时间长，峰形扁平。

3. 分流比的选择：一般分流比的大小会影响分流歧视，一般分流比越大，越有可能造成分流歧视。

四、顶空固相微萃取法

(一) 实验目的

了解固相微萃取设备的结构和功能；掌握顶空固相微萃取法(SPME)测定甲醇和杂醇油的原理和步骤。

(二) 实验原理

顶空气相色谱分析通常是将试样置于密闭的恒温系统中，当气-液(气-固)两相达到热力学平衡后，取样，用气相色谱分析测定气相组成。测定可通过两种方式进行：

(1) 静态法

在恒温密闭系统中达到气液两相平衡后，取样测定气相组成。该方式适用于试样量较大的场合。

(2) 动态法

也称吹扫-捕集法，利用吸附剂吸附挥发性成分，再将吸附管连接到色谱仪的六通阀上(取代定量管)，加热解吸，组分被载气携带进入色谱柱。该方法适用于试样量少或特殊的场合。

顶空气相色谱分析法的理论依据是当顶空瓶中样品上面的蒸气压相当低时，峰面积 A_i 的大小与样品上面的气相中挥发性组分 i 的蒸气压 P_i 成正比：

$$A_i = f_i P_i \tag{9.3}$$

式中 f_i——校正因子。

在真实体系中，蒸气分压通常用下式表示：

$$P_i = P_{0i} \gamma_i \chi_i \tag{9.4}$$

式中 P_{0i}——气相中组分 i 的摩尔分数；

χ_i——样品中组分 i 的摩尔分数；

γ_i——组分 i 的活度系数。

$$A_i = f_i P_i = f_i P_{0i} \gamma_i \chi_i \tag{9.5}$$

当系统平衡时：

$$A_i = f_i P_i = k_i \chi_i \tag{9.6}$$

通过顶空分析，可确定试样中的含量。

(三)实验材料

1. 仪器

气相色谱仪(带有火焰离子化检测器)，涂有 6.6% PEG-20M 的石墨炭黑不锈钢填充柱(2m×4mm，i.d)，石英光导纤维，微量注射器，100mL 具塞顶空瓶，电热恒温水浴箱，电热磁力搅拌器，电子分析天平。

2. 试剂

甲醇，异丙醇，正丁醇，异丁醇，异戊醇，正戊醇等。

所用试剂除注明外均为分析纯，实验用水为重蒸水。

(四)方法与步骤

1. 混合标准溶液的配制

称取甲醇 0.023 9g、异丙醇 0.033 6g、正丁醇 0.041 9g、异丁醇 0.041 9g、异戊醇 0.041 7g、正戊醇 0.028 6g，用 60%(体积分数)无甲醇乙醇水溶液溶解并定容至 10mL，混匀，密封后置于冰箱中保存；临用时用 60%无甲醇乙醇水溶液稀释 10 倍。

2. 萃取头的制备

取直径为 0.05mm 的石英光纤，表面经处理后用 50g/L 的环氧树脂溶液进行涂渍，使之在光纤表面形成一层均匀的环氧树脂层，涂后在显微镜下测量涂层的实际厚度。本实验所用的 SPME 萃取头涂层在显微镜下测量厚度为 60~80μm，伸出注射器针头的长度为 1.5cm，将制得的光纤萃取头组装成固相微萃取装置，放入气相色谱汽化室内在氮气保护下于 200℃老化 2h 备用。

3. 色谱条件

涂有 60% PEG-20M 的石墨炭黑不锈钢填充柱(2m×4mm，i.d)。

气化室温度：170℃。

检测器温度：170℃。

柱温：70℃。

载气流量：30mL/min。

4. 标准曲线的绘制

分别取 0.1mL、0.2mL、0.5mL、0.8mL 和 1.0mL 混合标准溶液于 100mL 顶空瓶中，加入 30g NaCl，加重蒸水至 100mL，加入磁力搅拌子，在 65℃±1℃恒温水浴中加热 60min，在电磁搅拌下将 SPME 萃取头插入顶空瓶萃取 10min，取出后立即插入气相色谱仪的进样口进行热解吸。分别测定标准溶液的色谱峰峰面积，以峰面积对相应的质量浓度得到标准曲线，并求出回归方程。

5. 样品测定

量取适量酒样于 100mL 顶空瓶中，加入 30g NaCl，然后加重蒸水至 100mL，加入磁力搅拌子，密闭，按“4. 标准曲线的绘制”的分析步骤进行分析。

(五)实验结果

与标准溶液的色谱图比较，根据保留时间定性，峰面积外标法定量。

(六) 注意事项

1. 针对测试样品特性选择适宜的萃取头，注意萃取头纤维与样品溶剂之间的溶解关系，避免溶剂溶解萃取头上纤维，致使萃取头脱落。

2. 萃取温度不宜过高。

第三节 杂醇油

一、比色法

(一) 实验目的

掌握比色法测定杂醇油的原理和方法。

(二) 实验原理

杂醇油系指甲醇、乙醇外的高级醇类，它包括正丙醇、异丙醇、正丁醇、异丁醇、正戊醇、仲戊醇、己醇、庚醇等。其来源主要为蛋白质氨基酸与糖类经酵母细胞“氮代谢”中分解而成。杂醇油为白酒中不可缺少的香气成分之一，它与有机酸结合成酯，使白酒具有独特的香味。若其含量过高，与酸、酯等成分比例失调，则为白酒异杂味的主要原因。杂醇油沸点比乙醇高，故在酒尾中杂醇油的含量较高。杂醇油对人体的毒性作用与麻醉作用比乙醇强，其毒性随分子量增加而增大。杂醇油在人体内氧化较乙醇慢，停留时间长，能引起头痛等症状。我国现行国家标准规定酒中杂醇油含量(以异丁醇与异戊醇计)应低于0. 20g/100mL(以60%白酒计)。

测定酒中甲醇和杂醇油常用的方法主要有比色法和气相色谱法(GB/T 5009. 48—2003)。蒸馏酒及配制酒中甲醇测定方法为：碱性品红亚硫酸比色法和气相色谱法(GDX-102柱)。国家轻工局颁发了严格的白酒质量标准。

酒中杂醇油成分复杂，以异戊醇为主，其次还有丁醇、戊醇、丙醇等。本法标准以异戊醇和异丁醇表示，异戊醇和异丁醇在浓硫酸作用下脱水生成异戊烯和异丁烯，再与对二甲氨基苯甲醛作用显橙红色，与标准比较定量。

(三) 实验材料

1. 仪器

分光光度计。

2. 试剂

0. 5%对二甲氨基苯甲醛-硫酸溶液：称取0. 5g对二甲氨基苯甲醛，加浓硫酸溶解至100mL，贮于棕色瓶中，如有色应重新配制。

无杂醇油的乙醇：取0. 1mL分析纯无水乙醇，按以下“操作方法”检查，不得显色，如显色取分析纯无水乙醇200mL加0. 25g盐酸间苯二胺，加热回流2h，蒸馏，收集中间馏出液100mL。再取0. 1mL馏出液按本操作方法测定不显色即可使用。

杂醇油(异戊醇、异丁醇)标准溶液：准确称取0. 080g异戊醇和0. 020g异丁醇加入预先装有 50mL 无杂醇油的乙醇的 100mL 容量瓶中，再加水至刻度；此溶液每毫升相当于 1mg 杂醇油，置低温保存。

杂醇油(异戊醇、异丁醇)标准应用液：吸取杂醇油标准溶液 5.0mL 于 50mL 容量瓶中，加水稀释至刻度。此应用液即为每毫升相当于杂醇油 0.10mg 的标准溶液。

(四)方法与步骤

①将蒸馏酒稀释 10 倍后，再准确吸取 0.30mL 置于 10mL 比色管中。

②准确吸取 0mL、0.10mL、0.20mL、0.30mL、0.40mL、0.50mL 杂醇油标准应用液(相当于 0mg、0.01mg、0.02mg、0.03mg、0.04mg、0.05mg 杂醇油)于 10mL 比色管中。

③于样品管和标准管中准确加水至 1mL，摇匀。

④各管放入冰浴中，沿管壁各加入 2mL 0.5%对二甲氨基苯甲醛-硫酸溶液，使其流至管底，再将各管同时摇匀。

⑤各管同时放入沸水浴中加热 15min，取出，立即放入冰水中冷却，并立即各加入 2mL 水，混匀，放置 10min。

⑥以零管调零点，于 520nm 波长下测各管吸光度，与标准曲线比较进行定量。

(五)实验结果

样品中杂醇油的含量按下式计算：

$$X=\frac{m}{V/10\times 100}\times 100 \tag{9.7}$$

式中 X——样品中杂醇油的含量，g/100mL；

m——测定样品管相当于标准管的毫克数，mg；

V——样品稀释后的取样体积，mL。

(六)注意事项

1. 对二甲氨基苯甲醛显色剂用浓硫酸配制，应临用前新配，放置最好不超过 2d。0.5%对二甲氨基苯甲醛-硫酸溶液要求沿管壁缓慢加入，否则温度升得太快会影响显色。

2. 如样品有色，则精密称取样品 50mL，加蒸馏水 10mL，进行蒸馏，收集馏出液 50mL，再按操作方法进行。

3. 用对二甲氨基苯甲醛显色比色法测定酒中杂醇油含量时，不同种类对显色剂的显色程度很不一致。对相同量醇类，其显色灵敏度为异丁醇>异戊醇>正戊醇，而正丙醇、异丙醇、正丁醇等呈色灵敏度极差。同时，酒中杂醇油成分极为复杂，其比例更为不一，因此用某一醇类作为标准来计算杂醇油含量时误差较大。为减小测定误差，标准杂醇油应尽量与酒中杂醇油成分相似。据醇类的显色灵敏度和酒中杂醇油成分分析，采用异丁醇与异戊醇作为标准杂醇油混合液，其结果较为接近。

4. 对二甲氨基苯甲醛与杂醇油所呈颜色是随时间延长而变浅，但变化缓慢，故采用显色后立即进行比色。当加入显色剂后应摇匀。若不经摇匀就置入沸水浴中显色，其结果偏差很大。

5. 乙醛含量在 0.1%以下基本上无影响，过高时可用盐酸间苯二胺除去。

6. 酒样管制备时，若采用 1mL 酒样，加 9mL 水，测定结果会偏高，因这样稀释时总体积往往不足 10mL。

二、毛细管色谱柱法

(一) 实验目的

掌握毛细管色谱柱法测定杂醇油的原理与技术；掌握气相色谱仪工作原理与操作技术。

(二) 实验原理

根据杂醇油(以异丁醇与异戊醇之和表示)中被测定组分在气液两相中具有不同的分配系数，于毛细管色谱柱中经气液两相作用先后从色谱柱中流出，在氢火焰中电离检测，用内标法定量。

(三) 实验材料

1. 仪器

气相色谱仪，采用氢火焰离子化检测器，配有毛细管色谱柱联结装置；微量注样器，10μL。

2. 试剂

基准乙醇：经毛细管气相色谱测定，其中甲醇、杂醇油、酯、醛等组分含量低于 1mg/L 的高纯乙醇为基准乙醇。

乙醇溶液(40%，体积分数)：以基准酒精，用蒸馏水配成 40%(体积分数)乙醇溶液。

异丁醇标准溶液(0. 1g/100mL)：准确称取 0. 100g 色谱纯试剂异丁醇，移入 100mL 容量瓶中，用 40%(体积分数)乙醇稀释至刻度，混匀。此溶液含异丁醇为 0. 1g/100mL。

异戊醇标准溶液(0. 1g/100mL)：准确称取 0. 100g 色谱纯试剂异戊醇，移入 100mL 容量瓶中，用 40%(体积分数)乙醇稀释至刻度，混匀。此溶液含异戊醇为 0. 1g/100mL。

乙酸正戊酯内标溶液(17. 58g/L)：以分析纯试剂乙酸正戊酯，用 40%(体积分数)乙醇配成体积比为 2%的乙酸正戊酯内标溶液，浓度为 17. 58g/L。

(四) 方法与步骤

1. 色谱柱的选择

选择固定液为聚乙二醇 20M 系列的石英交联或键合毛细管柱，柱内径 0. 25~0. 32mm，膜厚 0. 25~0. 33μm，柱长 25~50m。

2. 色谱条件

按仪器使用手册调整空气、氢气的流速等色谱条件，载气为高纯氮(纯度应优于 99. 999 5%)，流速为 0. 5~1. 0mL/min，分流比为 20∶1~100∶1，尾吹气约为 30mL/min。柱温随所选色谱柱的不同略有变化，一般初始柱温为 40℃，保持 2min，然后以 4℃/min 程序升温至 210℃，以使杂醇油中各组分峰及内标峰与酒中其他组分的色谱峰获得完全分离为准。检测器温度和进样口温度的设定随仪器而异，建议设定为 250℃左右。

3. 相对校正因子 *f* 值的测定

准确吸取 1.00mL 异丁醇标准溶液（0.1g/100mL）、3.00mL 异戊醇标准溶（0.1g/100mL），移入 10mL 容量瓶中，用 40%（体积分数）乙醇稀释至刻度，加入 0.10mL 乙酸正戊酯内标溶液（17.58g/L），混匀，待色谱仪基线稳定后，用微量注样器进样 1.0μL，记录异丁醇、异戊醇和内标色谱峰的保留时间及其峰面积，计算出异丁醇、异戊醇的相对质量校正因子 *f* 值。

4. 样品的测定

于 10mL 容量瓶中倒入待测试样至刻度，准确加入 0.10mL 乙酸正戊酯内标溶液（17.58g/L），混匀。在与 *f* 值测定相同的条件下进样，根据保留时间确定异丁醇、异戊醇、内标峰的位置，并记录异丁醇、异戊醇峰与内标峰的峰面积，计算出样品中异丁醇、异戊醇的含量。

（五）实验结果

按下式计算试样中杂醇油的含量，以异丁醇和异戊醇之和表示：

$$f = A_{内1} \times G_1 / A_1 \times 0.0176 \tag{9.8}$$

$$X = A_2 \times f \times 0.0176 / A_{内2} \tag{9.9}$$

$$X_1 = X \times 100 / E \tag{9.10}$$

式中 X——样品中异丁醇或异戊醇含量，g/100mL；

f——异丁醇或异戊醇的相对质量校正因子；

$A_{内1}$——f 值测定时内标的峰面积；

A_1——f 值测定时异丁醇或异戊醇的峰面积；

$A_{内2}$——样品测定时内标的峰面积；

A_2——样品测定时异丁醇或异戊醇的峰面积；

G_1——f 值测定时，标样中异丁醇或异戊醇的含量，g/100mL；

0.0176——内标物的含量，g/100mL；

X_1——样品中异丁醇或异戊醇含量，g/L[100%（体积分数）乙醇]；

E——酒样的实测酒精度。

（六）注意事项

1. 样品是否具有代表性

现在大多数产品是中低度酒，由于酒中组分物化特性的影响，致使酒中许多微量成分将分布于不同层次或界面，因此应从取样到色谱室分析的全过程考虑取具有代表性、混匀后的酒样，如果不注意取样的方式方法，将会给定量工作造成误差。

2. 注射器针外壁的清洁

对毛细管柱头进样来说，在进样的过程中沉积在壁上的物质在高温汽化下瞬间发生转移，从而造成定量分析结果的某些偏差，所以在分析不同种类型酒时应严格注意注射器针外壁的清洁。将注射器针浸入溶剂方可达到有效的清洁，也要定期进行清洗。

3. 进样技术的影响

定量分析的精密度与准确度依赖于进样的重复性和操作技术。针对不同规格毛细管柱及特殊的进样方式(柱上样、分流/不分流进样)，对插针的快慢、位置、深度和操作人员的熟练程度以及刻度读数的准确度都有一定的要求，对于大口径毛细管柱，进入柱子的样品量有很好的重现性。对于中口径、细口径分流/不分流进样毛细管柱，当分析的样品组分浓度范围较宽、沸点范围较宽时也易产生分流失真，浓度低和沸点高的组分样品回收率低，精密度也差。总之，任何一种进样方法都不能适应所有类型的样品分析，这需要色谱工作者在实际工作中加以选择优化。另外，进样口密封垫的使用频率一般以进样次数作比较，应注意及时更换。否则易造成漏气使基线呈台阶、峰型出现异常等，影响分析结果的可靠性。

4. 进样量的大小

进样量的大小对现行使用的毛细管柱色谱影响很大。首先，进样量的大小直接影响着分离与定性；其次，进样量的大小直接影响着出峰保留值的变化，造成部分峰保留时间的错位现象，从而影响定量结果，尤其对工作量大、样品较多更不适宜。

5. 标样的定期校正

为确保检测数据的可靠性，应定期进行仪器间的相互校正及标样的校验等，从而进一步了解整个色谱系统的运行情况。

第四节 黄曲霉毒素

黄曲霉毒素(aflatoxin，AFT)是20世纪60年代初发现的一种真菌有毒代谢产物，它是由曲霉属中的黄曲霉(*Aspergillus flavus*)和寄生曲霉(*Aspergillus parasiticus*)产生的，在湿热地区食品和饲料中出现黄曲霉毒素的概率最高，当粮食未能及时晒干及贮藏不当时，往往容易被黄曲霉或寄生曲霉污染而产生此类毒素。黄曲霉毒素均为二氢呋喃香豆素的衍生物，其基本结构由一个二呋喃环和一个氧杂萘邻酮组成，主要成分包括6种，即B_1、B_2、G_1、G_2、M_1、M_2。根据在紫外光下发生荧光的颜色及薄层层析*Rf*值不同而命名，在365nm波长发蓝色荧光的被命名为B_1、B_2，发黄绿色荧光的被命名为G_1、G_2。M_1、M_2是AFT在动物制品的主要存在形式。黄曲霉毒素B_1的化学结构式如图9.4所示。黄曲霉毒素的相对分子质量为312~346；难溶于水，易溶于油、甲醇、丙酮和氯仿等有机溶剂，但不溶于石油醚、己烷和乙醚；一般在中性及酸性溶液中较稳定，但在强酸性溶液中稍有分解，在pH 9~10的强碱溶液中分解迅速；其纯品为无色结晶，耐高温，黄曲霉毒素B_1的分解温度为268℃，紫外线对低浓度黄曲霉毒素有一定的破坏性。

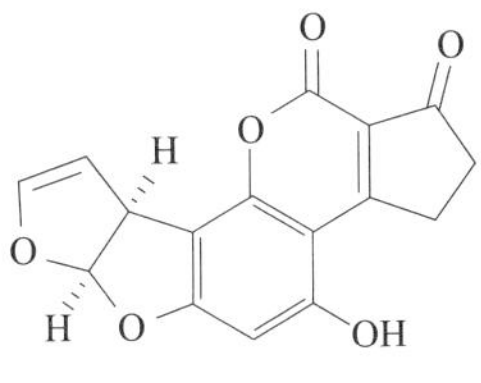

O O H O O H O OH

图9.4 黄曲霉毒素B_1化学结构式

黄曲霉毒素存在于土壤、动植物、各种坚果中，是霉菌毒素中毒性最大、对人类健康危害极为突出的一类霉菌毒素。黄曲霉毒素极易污染花生、食用植物油、饼粕及饲料等农畜产品，对动物有剧烈的急性毒性和明显的慢性毒性，具有很强的致突变、致畸、致癌作用。黄曲霉毒素的基本结构为二呋喃环和香豆素，其毒性是氰化钾的 10 倍，砒霜的 68 倍，被 WHO 划定为一类致癌物，在食品和饲料中含 1mg/kg 以上就有剧毒。因此，对食品中黄曲霉毒素进行检测并制定限量标准是保障食品安全和国民健康的重要举措。

一、实验目的

1. 了解黄曲霉毒素的物理、化学性质，对食品安全的危害以及测定食品中黄曲霉毒素含量的重要意义。

2. 掌握高效液相色谱法测定黄曲霉毒素含量的原理和方法。

3. 学会实验数据的处理和结果计算分析。

二、实验原理

黄曲霉毒素的基本结构由一个二呋喃环和一个氧杂萘邻酮组成，主要成分包括 6 种，即 B_1、B_2、G_1、G_2、M_1、M_2，在紫外光下发生荧光的颜色不同，对应在薄层层析的 *Rf* 值也不同。试样经过乙腈-水提取，提取液经过滤稀释后，过柱子纯化衍生。黄曲霉毒素按照 G_1、B_1、G_2、B_2 的顺序出峰，以标准系列的峰面积对浓度分别绘制每种黄曲霉毒素的标准曲线。试样通过与标准色谱图保留时间的比较确定每一种黄曲霉毒素的峰，根据每种黄曲霉毒素的标准曲线及试样中的峰面积计算试样中各种黄曲霉的含量。

三、实验材料

1. 仪器与设备

高效液相色谱(HPLC)附荧光检测器，反相 C18 色谱柱(要求 4 种毒素的峰能够达到基线分离)，含有反相离子交换吸附剂的多功能净化柱(MycoSep™226 MFC 柱或 MycoSep™228 MFC 柱)，电动振荡器，漩涡混合器，烘干箱，离心机，真空吹干机，水浴锅，天平(感量为 0.1mg)。

2. 试剂

①黄曲霉毒素 B_1、B_2、G_1、G_2 标准品，纯度>99%。

②乙腈，色谱纯、分析纯。

③三氟乙酸、正己烷，分析纯。

④水，电导率(25℃)≤0.01mS/m。

⑤乙腈-水(84+16)提取液、水-乙腈(85+15)溶液。

⑥标准储备液　分别准确称取黄曲霉毒素 B_1、B_2、G_1、G_2 为 0.200 0g、0.050 0g、0.200 0g、0.050 0g(精确至 0.001g)，置 10mL 容量瓶内，加乙腈(分析纯)溶解，并稀释至刻度，密封后避光-20℃保存。

⑦标准工作液　准确移取标准储备液 1.00μL 至 10mL 容量瓶中，加乙腈(分析纯)稀释至刻度，密封后避光 4℃保存。

⑧标准系列溶液　准确移取标准工作液适量至 10mL 容量瓶中，加乙腈(分析纯)至刻度(含黄曲霉毒素 B_1、G_1 的浓度为 0.00μg/L、0.500μg/L、1.000μg/L、2.000μg/L、

5.000μg/L、10.00μg/L、25.00μg/L、50.00μg/L、100.0μg/L；黄曲霉毒素 B_2、G_2 的浓度为 0.00μg/L、0.125 0μg/L、0.250 0μg/L、0.500 0μg/L、1.250μg/L、2.500μg/L、6.250μg/L、12.50μg/L、25.00μg/L 的系列标准溶液)，注意避光。

3. 受试样品

大米，玉米，花生等。

四、方法与步骤

1. 试样提取

将试样进行充分粉碎，称取 20g 放入 250mL 三角瓶中，加入 80mL 乙腈-水(84+16)提取液，在电动振荡器上振荡 30min，定型滤纸过滤，收集滤液。

2. 试样净化

移取约 8mL 提取液至多功能净化柱的玻璃管中，将多功能净化柱的填料管插入玻璃管中，缓慢推动填料管，净化液就被收集到多功能净化柱的收集池中。

3. 试样衍生化

从多功能净化柱的收集池内转移 2mL 净化液到棕色具塞小瓶中，在真空吹干机下吹干，以水-乙腈溶解，混匀 30s，1 000r/min 离心 15min，取上清液至液相色谱仪的样品瓶中，供测定用。

4. 标准系列溶液的制备

吸取标准系列溶液各 200μL，在真空吹干机下 60℃吹干，衍生化方法同 3。

5. 测定

(1)色谱条件

色谱柱：C18 柱(12.5cm×2.1mm，5μm)。

柱温：30℃。

流动相：乙腈(色谱纯)，水，梯度洗脱的变化可参考表 9.2。调整洗脱梯度，使 4 种黄曲霉毒素的保留时间在 4~25min。

流速：0.5mL/min。

进样量：25μL。

荧光检测量：激发波长，360nm；发射波长，440nm。

表 9.2 流动相的梯度变化

时间/min	乙腈/%	水/%	时间/min	乙腈/%	水/%
0.00	15.0	85.0	8.00	25.0	75.0
6.00	17.0	83.0	14.00	15.0	85.0

(2)测定

黄曲霉毒素按照 G_1、B_1、G_2、B_2 的顺序出峰，以标准系列的峰面积对浓度分别绘制每种黄曲霉毒素的标准曲线。试样通过与标准色谱图保留时间的比较确定每一种黄曲霉毒素的峰，根据每种黄曲霉毒素的标准曲线及试样中的峰面积计算试样中各种黄曲霉的含量。

五、实验结果

当黄曲霉毒素 B_1、B_2、G_1、G_2 含量分别为 25.0μg/L、6.25μg/L、25.0μg/L、6.25μg/L 时，产生的色谱见图 9.5，出峰顺序为 G_1、B_1、G_2、B_2。

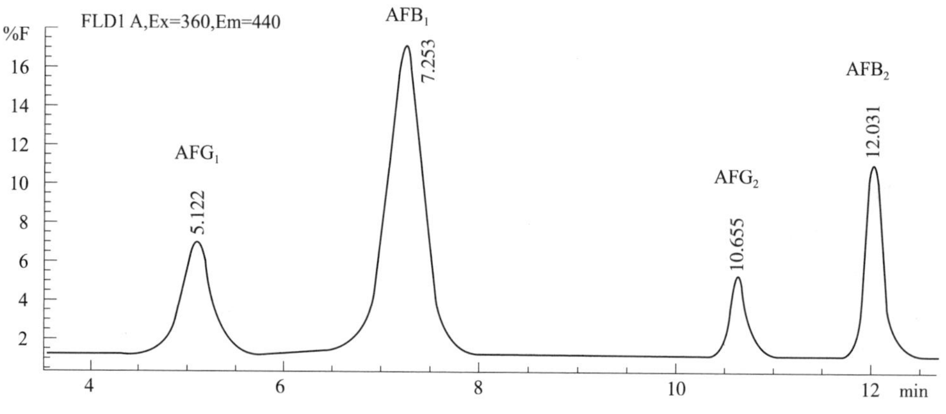

图 9.5 黄曲霉毒素的色谱图

按下式计算样品中每种黄曲霉毒素的浓度：

$$c = \frac{A \times V}{m \times f} \tag{9.11}$$

式中 c——试样中每种黄曲霉毒素的浓度，μg/kg；

A——试样按外标法在标准曲线中对应的浓度，μg/L；

V——试样提取过程中提取液的体积，mL；

m——试样的取样量，g；

f——试样溶液衍生后较衍生前的浓缩倍数。

六、注意事项

精密度：在重复性条件下获得的 2 次独立测定结果的相对偏差不得超过算数平均值的 15%。

第五节 亚硝酸盐

近年来，我国人口中患消化系统癌症的人数明显增多，根据学者的研究发现，造成这种现象的原因与我国人口摄入过多的硝酸盐和亚硝酸盐是分不开的。硝酸盐和亚硝酸盐广泛存在于各种食品中。工业、农业的发展和生活燃烧导致了地区和全球氮循环的混乱，亚硝酸盐的渗透还引起地下水污染，威胁着人类的健康。尤其是化学氮肥的广泛使用，使得蔬菜中的硝酸盐残留量过高。蔬菜富含硝酸盐，许多蔬菜能从土壤中富集更多的硝酸盐。现代研究表明，蔬菜中的亚硝酸盐是比农药危害更大的一种成分。由于过度施用氮肥，蔬菜中的硝酸盐含量经常偏高，当其转化成亚硝酸盐之后，可能和蛋白质分解产物合成亚硝胺，成为诱发胃癌等疾病的隐患。

硝酸盐和亚硝酸盐检测方法的研究已经受到很多研究者和政府机构的关注。目前，为了防范亚硝酸盐的危害，向消费者提供安全食品的最后屏障，测定蔬菜中的亚硝酸盐含量显得尤为重要。因此，这就要求检测方法要准确、快速。应用于蔬菜样品硝酸盐的测定方法主要有光谱法、色谱法、电化学法，具体包括紫外可见分光光度法、荧光法、高效液相色谱法、毛细管电泳法及离子选择电极法等。其中，采用比色分析的盐酸萘乙二胺分光光度法是我国食品中亚硝酸盐的标准分析方法。国内外不少研究者在研究蔬菜中硝酸盐和亚硝酸盐的测定分析方法，从测定原理、定量分析和影响因素等几方面比较各分析方法的特点和适用范围，为蔬菜的生产、贮藏、加工与流通过程中硝酸盐和亚硝酸盐的检测与监控提供科学的指导。

一、盐酸萘乙二胺分光光度法

(一) 实验目的

1. 熟悉亚硝酸盐的化学性质和分离方法；掌握其定性、定量分析方法。
2. 掌握蔬菜中亚硝酸盐含量的测定原理及方法。
3. 能对蔬菜中的亚硝酸盐含量进行测定。

(二) 实验原理

亚硝酸盐采用盐酸萘乙二胺法测定，硝酸盐采用镉柱还原法测定。

试样经沉淀蛋白质、除去脂肪后，在弱酸条件下亚硝酸盐与对氨基苯磺酸重氮化后，再与盐酸萘乙二胺偶合形成紫红色染料，外标法测得亚硝酸盐含量。采用镉柱将硝酸盐还原成亚硝酸盐，测得亚硝酸盐总量，由此总量减去亚硝酸盐含量，即得试样中硝酸盐含量。反应式原理如图 9.6 所示。

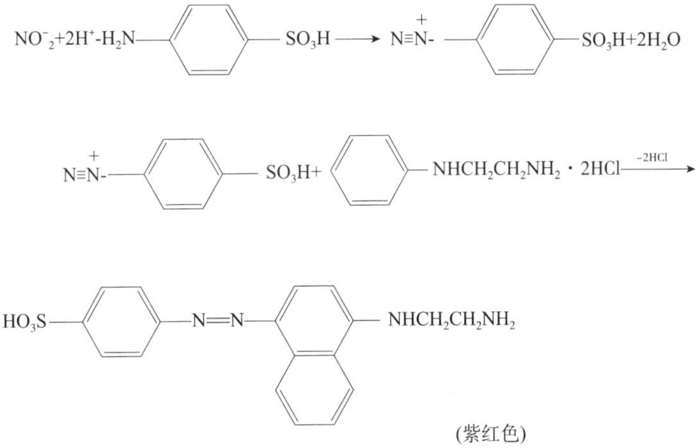

$NO_2^- + 2H^+ - H_2N-C_6H_4-SO_3H \longrightarrow \overset{+}{N}\equiv N-C_6H_4-SO_3H + 2H_2O$

$\overset{+}{N}\equiv N-C_6H_4-SO_3H + C_{10}H_7-NHCH_2CH_2NH_2 \cdot 2HCl \xrightarrow{-2HCl}$

$HO_3S-C_6H_4-N=N-C_{10}H_6-NHCH_2CH_2NH_2$

(紫红色)

图 9.6 盐酸萘乙二胺法测定亚硝酸盐反应式原理

(三) 实验材料

1. 仪器

(1) 常规仪器

天平(感量为 0.1mg 和 1mg)，组织捣碎机，超声波清洗器，恒温干燥箱，分光光度计。

(2)镉柱

海绵状镉的制备：投入足够的锌皮或锌棒于500mL硫酸镉溶液(200g/L)中，经过3~4h，当其中的镉全部被锌置换后，用玻璃棒轻轻刮下，取出残余锌棒，使镉沉底，倾去上层清液，以水用倾泻法多次洗涤，然后移入组织捣碎机中，加500mL水，捣碎约2s，用水将金属细粒洗至标准筛上，取20~40目之间的部分。

镉柱的装填：如图9.7。用水装满镉柱玻璃管，并装入2cm高的玻璃棉做垫，将玻璃棉压向柱底时，应将其中所包含的空气全部排出，在轻轻敲击下加入海绵状镉至8~10cm高，上面用1cm高的玻璃棉覆盖，上置一贮液漏斗，末端要穿过橡皮塞与镉柱玻璃管紧密连接。如无上述镉柱玻璃管时，可以25mL酸式滴定管代用，但过柱时要注意始终保持液面在镉层之上。当镉柱填装好后，先用25mL盐酸(0.1mol/L)洗涤，再以水洗2次，每次25mL，镉柱不用时用水封盖，随时都要保持水平面在镉层之上，不得使镉层夹有气泡。

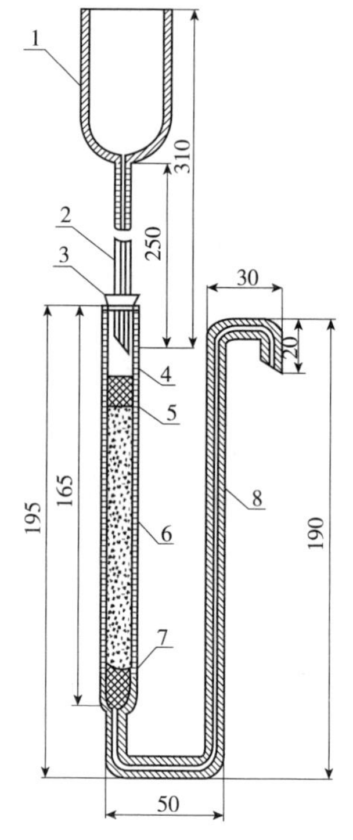

图9.7 镉柱示意

1-贮液漏斗(内径35mm，外径37mm)；
2-进液毛细管(内径0.4mm，外径6mm)；
3-橡皮塞；
4-镉柱玻璃管(内径12mm，外径16mm)；
5、7-玻璃棉；6-海绵状镉；
8-出液毛细管(内径2mm，外径8mm)

镉柱每次使用完毕后，应先以25mL盐酸(0.1mol/L)洗涤，再以水洗2次，每次25mL，最后用水覆盖镉柱。

镉柱还原效率的测定：吸取20mL硝酸钠标准使用液，加入5mL氨缓冲液的稀释液，混匀后注入贮液漏斗，使其流经镉柱还原，以原烧杯收集流出液，当贮液漏斗中的样液流完后，再加5mL水置换柱内留存的样液。取10.0mL还原后的溶液(相当10μg亚硝酸钠)于50mL比色管中，以下按“(四)方法与步骤中的5. 标准曲线的绘制”操作，根据标准曲线计算测得结果，与加入量一致，还原效率应大于98%为符合要求。

还原效率计算：

$$X=\frac{A}{10}\times 100\% \tag{9.12}$$

式中 X——还原效率,%；

A——测得亚硝酸钠的含量，μg；

10——测定用溶液相当亚硝酸钠的含量，μg。

2. 试剂

试剂均为分析纯，水均为去离子水。

①亚铁氰化钾[$K_4Fe(CN)_6 \cdot 3H_2O$]；乙酸锌[$Zn(CH_3COO)_2 \cdot 2H_2O$]；冰醋酸($CH_3COOH$)；硼酸钠($Na_2B_4O_7 \cdot 10H_2O$)；盐酸($\rho$=1.19g/mL)；氨水(25%)；对氨基苯

磺酸($C_6H_7NO_3S$)；盐酸萘乙二胺($C_{12}H_{14}N_2 \cdot 2HCl$)；亚硝酸钠($NaNO_2$)；锌皮或锌棒；硫酸镉。

②亚铁氰化钾溶液(106g/L) 称取106.0g亚铁氰化钾，用水溶解，并稀释至1 000mL。

③乙酸锌溶液(220g/L) 称取220.0g乙酸锌，先加30mL冰醋酸(2.1.3)溶解，用水稀释至1 000mL。

④饱和硼砂溶液(50g/L) 称取5.0g硼酸钠，溶于100mL热水中，冷却后备用。

⑤氨缓冲溶液(pH 9.6~9.7) 量取30mL盐酸，加100mL水，混匀后加65mL氨水，再加水稀释至1 000mL，混匀。调节pH值至9.6~9.7。

⑥氨缓冲液的稀释液 量取50mL氨缓冲溶液，加水稀释至500mL，混匀。

⑦盐酸(0.1mol/L) 量取5mL盐酸，用水稀释至600mL。

⑧对氨基苯磺酸溶液(4g/L) 称取0.4g对氨基苯磺酸，溶于100mL 20%(体积分数)盐酸中，置棕色瓶中混匀，避光保存。

⑨盐酸萘乙二胺溶液(2g/L) 称取0.2g盐酸萘乙二胺，溶于100mL水中，混匀后，置棕色瓶中避光保存。

⑩亚硝酸钠标准溶液(200μg/mL) 准确称取0.100 0g于110~120℃干燥恒重的亚硝酸钠，加水溶解移入500mL容量瓶中，加水稀释至刻度，混匀。

⑪亚硝酸钠标准使用液(5.0μg/mL) 临用前，吸取亚硝酸钠标准溶液5.00mL，置于200mL容量瓶中，加水稀释至刻度。

⑫硝酸钠标准使用液(5μg/mL) 临用时吸取硝酸钠标准溶液2.50mL，置于100mL容量瓶中，加水稀释至刻度。

(四)方法与步骤

1. 试样处理

将蔬菜用去离子水洗净，晾干后，取可食部切碎混匀。将切碎的样品用四分法取适量，用研钵制成匀浆备用。

2. 提取

称4g(精确至0.01g)制成匀浆的试样，置于50mL的烧杯中，加10mL饱和硼砂溶液，搅拌均匀，以70℃左右的水约50mL，将试样洗入100mL容量瓶，于70℃中加热30min，取出至冷水浴中冷却，并放置至室温。

3. 提取液净化

在振荡上述提取液时，加入5mL亚铁氰化钾溶液，摇匀，再加入5mL乙酸锌溶液，以沉淀蛋白质，再加入1g活性炭以除去抗坏血酸。加水定容至刻度，摇匀，放置30min，除去上层脂肪，上层清液用滤纸过滤，并弃去30mL初滤液，滤液备用。

4. 亚硝酸盐的测定

吸取40mL上述滤液于50mL带塞比色管中，试样管中分别加入2mL对氨基苯磺酸溶液，混匀，放置3~5min，加入1mL盐酸萘乙二胺溶液，加水至刻度，混匀，静置15min，用2cm比色皿，以零管调节零点，于波长538nm处测定吸光度。

5. 标准曲线的绘制

取0.00mL、0.10mL、0.20mL、0.30mL、0.40mL、0.50mL、0.60mL、0.70mL、0.80mL、

1.2mL、1.6mL、2.0mL 亚硝酸钠标准使用液(10μg/mL)，分别置于 50mL 带塞比色管中。于标准管中分别加入 2mL 对氨基苯磺酸溶液，混匀，放置 3~5min，加入 1mL 盐酸萘乙二胺溶液，加水至刻度，混匀，静置 15min，用 2cm 比色皿，以零管调节零点，于波长 538nm 处测定吸光度，绘制标准曲线。

(五) 实验结果

$$X=\frac{A\times 1\ 000}{m\times V_2/V_1\times 1\ 000} \tag{9.13}$$

式中 X——样品中亚硝酸盐的含量，mg/kg；

m——样品质量，g；

A——测定用样液中亚硝酸盐的质量，μg；

V_1——样品处理液总体积，mL；

V_2——测定用样液体积，mL。

结果的表述：报告算术均值的 2 位有效数字。

此方法亚硝酸盐检出限为 1mg/kg。

二、紫外分光光度法

(一) 实验目的

同盐酸萘乙二胺分光光度法。

(二) 实验原理

基于酸性条件下，亚硝酸盐能与邻苯二酚及锆氧离子反应生成有色螯合物这一特性，建立了一种简易、快速，可用于测定微量亚硝酸盐含量的方法。

(三) 实验材料

1. 仪器

紫外-可见光分光光度计；石英玻璃比色皿。

2. 试剂

①亚硝酸钠标准溶液配制　精确称取 0.149 9g 分析纯亚硝酸钠，用水溶解，加入 1mL 氯仿和少量 NaOH 固体，稀释至 2L，摇匀得 50μg/mL 的亚硝酸根离子的标准溶液。

②4.0mol/L HCl 溶液。

③体积浓度 0.5%邻苯二胺溶液配制　称取 2.5g 邻苯二胺溶于 5mL 浓盐酸，用水稀释至 250mL 并摇匀制成。

④亚铁氰化钾溶液配制　称取 106g 亚铁氰化钾，溶于水，并稀释至 1 000mL。

⑤乙酸锌溶液配制　称取 220.0g 乙酸锌加入 30mL 冰乙酸，并稀释至 1 000mL。

⑥饱和硼砂溶液配制　称取 5.0g 硼酸钠溶于 100mL 热水中，然后冷却备用。

上述试剂均为分析纯试剂。

(四) 方法与步骤

1. 样品处理

称取捣碎且搅拌均匀的蔬菜 6.00g 置于 50mL 烧杯中，加入 12.5mL 硼酸饱和溶液，以 300mL 70℃的水将样品洗入 500mL 容量瓶中，沸水加热 15min 后取出冷却至室温，然后加入 5.0mL 亚铁氰化钾溶液，摇匀，再加入 5.0mL 乙酸锌溶液，以沉淀蛋白质。加水至刻度，摇匀，放置 0.5h，除去上层脂肪，清液用滤纸过滤，滤液备用。

2. 分析方法

准确吸取适量亚硝酸根标准液或样品处理液于 50mL 容量瓶中，准确加入 1.0mL 0.5%邻苯二胺和 1.5mL 4.0mol/L HCl 用水定容并摇匀，5min 后以相应试剂做参比，在波长 280nm 处测定其吸光度 *A*。

3. 绘制标准曲线

分别准确吸取亚硝酸根标准溶液 1.00mL、2.00mL、3.00mL、4.00mL、5.00mL 于 1 组 50mL 干燥的容量瓶中，再分别加入 1.0mL 邻苯二胺和 1.5mL 浓盐酸溶液，加水稀释至刻度，摇匀，紫外吸光光谱在 280nm 处测定吸光度 *A*。以吸光度 *A* 为横坐标，亚硝酸根含量为纵坐标，并绘制工作曲线。

(五) 实验结果

按照标准曲线计算其中的亚硝酸盐化合物的含量。

三、离子色谱法

(一) 实验目的

同盐酸萘乙二胺分光光度法。

(二) 实验原理

试样经沉淀蛋白质、除去脂肪后，采用相应的方法提取和净化，以氢氧化钾溶液为淋洗液，阴离子交换柱分离，电导检测器检测。以保留时间定性，外标法定量。

(三) 实验材料

1. 仪器

①离子色谱仪　包括电导检测器，配有抑制器，高容量阴离子交换柱，50μL 定量环。
②食物粉碎机。
③超声波清洗器。
④天平　感量为 0.1mg 和 1mg。
⑤离心机　转速≥10 000r/min，配 5mL 或 10mL 离心管。
⑥0.22μm 水性滤膜针头滤器。
⑦净化柱　包括 C18 柱、Ag 柱和 Na 柱或等效柱。
⑧注射器　1.0mL 和 2.5mL。

2. 试剂

①超纯水　电阻率>18.2MΩ · cm。
②乙酸(CH_3COOH)　分析纯。
③氢氧化钾(KOH)　分析纯。
④乙酸溶液(3%)　量取乙酸 3mL 于 100mL 容量瓶中，以水稀释至刻度，混匀。

⑤亚硝酸根离子(NO^{2-})标准溶液(100mg/L，水基体)。

⑥亚硝酸盐(以NO^{2-}计，下同)混合标准使用液 准确移取亚硝酸根离子(NO^{2-})的标准溶液1.0mL于100mL容量瓶中，用水稀释至刻度，此溶液每1L含亚硝酸根离子1.0mg。

(四)方法与步骤

1. 试样预处理

新鲜蔬菜、水果：将试样用去离子水洗净，晾干后，取可食部切碎混匀。将切碎的样品用四分法取适量，用食物粉碎机制成匀浆备用。如需加水应记录加水量。

2. 提取

(1)水果、蔬菜制品

称取试样匀浆5g(精确至0.01g，可适当调整试样的取样量，以下相同)，以80mL水洗入100mL容量瓶中，超声提取30min，每隔5min振摇1次，保持固相完全分散。于75℃水浴中放置5min，取出放置至室温，加水稀释至刻度。溶液经滤纸过滤后，取部分溶液于10 000r/min离心15min，上清液备用。

(2)腌鱼类、腌肉类及其他腌制品

称取试样匀浆2g(精确至0.01g)，以80mL水洗入100mL容量瓶中，超声提取30min，每5min振摇1次，保持固相完全分散。于75℃水浴中放置5min，取出放置至室温，加水稀释至刻度。溶液经滤纸过滤后，取部分溶液于10 000r/min离心15min，上清液备用。

(3)乳

称取试样10g(精确至0.01g)，置于100mL容量瓶中，加水80mL，摇匀，超声30min，加入3%乙酸溶液2mL，于4℃放置20min，取出放置至室温，加水稀释至刻度。溶液经滤纸过滤，取上清液备用。

(4)乳粉

称取试样2.5g(精确至0.01g)，置于100mL容量瓶中，加水80mL，摇匀，超声30min，加入3%乙酸溶液2mL，于4℃放置20min，取出放置至室温，加水稀释至刻度。溶液经滤纸过滤，上清液备用。

(5)洗脱

取上述备用的上清液约15mL，通过0.22μm水性滤膜针头滤器、C18柱，弃去前面3mL(如果氯离子大于100mg/L，则需要依次通过针头滤器、C18柱、Ag柱和Na柱，弃去前面7mL)，收集后面洗脱液待测。

(6)固相萃取柱使用前需进行活化

如使用OnGuard II RP柱(1.0mL)、OnGuard II Ag柱(1.0mL)和OnGuard II Na柱(1.0mL)，其活化过程为：OnGuard II RP柱(1.0mL)使用前依次用10mL甲醇、15mL水通过，静置活化30min。OnGuard II Ag柱(1.0mL)和OnGuard II Na柱(1.0mL)用10mL水通过，静置活化30min。

3. 参考色谱条件

(1)色谱柱

根据氢氧化物的选择性，可选择兼容梯度洗脱的高容量阴离子交换柱，如Dionex

IonPac AS11-HC4mm×250mm(带 IonPac AG11-HC 型保护柱 4mm×50mm)，或性能相当的离子色谱柱。

(2)淋洗液

氢氧化钾溶液，浓度为 6~70mmol/L；洗脱梯度为 6mmol/L 30min，70mmol/L 5min，6mmol/L 5min；流速 1.0mL/min。

(3)抑制器

连续自动再生膜阴离子抑制器或等效抑制装置。

(4)检测器

电导检测器，检测池温度为 35℃。

(5)进样体积

50μL(可根据试样中被测离子含量进行调整)。

4. 测定

(1)标准曲线

移取亚硝酸盐标准使用液，加水稀释，制成系列标准溶液，含亚硝酸根离子浓度为 0.00mg/L、0.02mg/L、0.04mg/L、0.06mg/L、0.08mg/L、0.10mg/L、0.15mg/L、0.20mg/L 标准溶液，从低到高浓度依次进样。得到上述各浓度标准溶液的色谱图(图 9.8)。以亚硝酸根离子的浓度(mg/L)为横坐标，以峰高(μS)或峰面积为纵坐标，绘制标准曲线或计算线性回归方程。

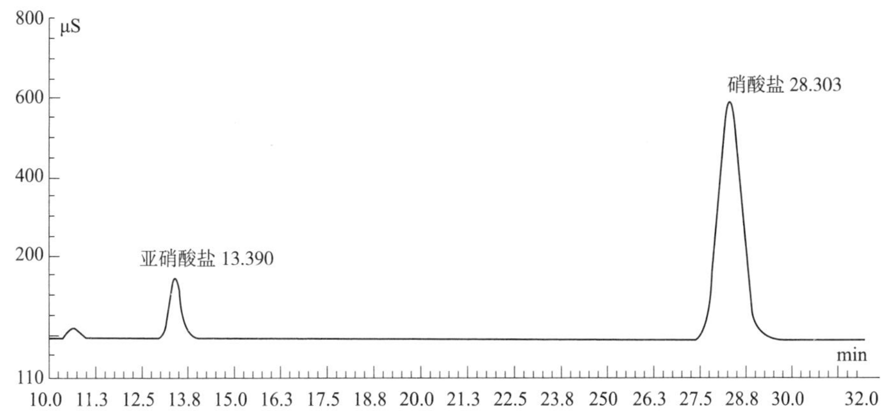

图 9.8 亚硝酸盐和硝酸盐混合标准溶液的色谱图

(2)样品测定

分别吸取空白和试样溶液 50μL，在相同工作条件下，依次注入离子色谱仪中，记录色谱图。根据保留时间定性，分别测量空白和样品的峰高(μS)或峰面积。

(五)实验结果

试样中亚硝酸盐(以 NO^{2-} 计)，含量按式(9.14)计算：

$$X=\frac{(c-c_0)\times V\times f\times 1\ 000}{m\times 1\ 000} \tag{9.14}$$

式中 X——试样中亚硝酸根离子或硝酸根离子的含量，mg/kg；

c——测定用试样溶液中的亚硝酸根离子或硝酸根离子浓度，mg/L；

c_0——试剂空白液中亚硝酸根离子或硝酸根离子的浓度，mg/L；

V——试样溶液体积，mL；

f——试样溶液稀释倍数；

m——试样取样量，g。

说明：试样中测得的亚硝酸根离子含量乘以换算系数1.5，即得亚硝酸盐(按亚硝酸钠计)含量；试样中测得的硝酸根离子含量乘以换算系数1.37，即得硝酸盐(按硝酸钠计)含量。

以重复性条件下获得的2次独立测定结果的算术平均值表示，结果保留2位有效数字。

(六)注意事项

1. 所有玻璃器皿使用前均须依次用2mol/L氢氧化钾和水分别浸泡4h，然后用水冲洗3~5次，晾干备用。

2. 在重复性条件下获得的2次独立测定结果的绝对值差不得超过算术平均值的10%。

3. 此方法亚硝酸盐检出限为0.2mg/kg。

四、气相色谱-顶空进样法

(一)实验目的

同盐酸萘乙二胺分光光度法。

(二)实验原理

在硫酸介质中亚硝酸与环已基氨基磺酸钠反应生成环已醇亚硝酸酯，环已醇亚硝酸酯在常温下成气态，在50℃恒温中平衡30min，利用顶空进样系统自动进样，气相色谱仪FID进行定量检测。

(三)实验材料

1. 仪器

岛津GC-14C气相色谱(附FID检测器)，恒温水浴箱，顶空瓶。

2. 试剂

浓硫酸 $\rho(NaNO^{2-})$ = 200μg/mL标准液，10%环已基氨基磺酸钠，106g/L亚铁氰化钾，219g/L乙酸锌，20g/L氢氧化钠。

(四)方法与步骤

1. 实验条件

气相色谱仪：进样器温度为150℃，检测器温度为180℃，空气流速350mL/min；氢气流速30mL/min；氮气流速25mL/min；载气流速：2.0mL/min；柱温箱程序升温：50℃平衡8min；以20℃/min速率升至200℃。色谱柱：HP INNOWAX(30m×0.32×320)。顶空系统：Sample Loop Temp：50℃；Platen Temp：50℃；Line Temp：50℃。

2. 实验方法

(1) 亚硝酸钠标准溶液配置

准确称取 50.0mg 于硅胶干燥器中干燥 24h 的亚硝酸钠，加水溶解移入 500mL 容量瓶中，加 100mL 氯化铵缓冲液，加水稀释至刻度，混匀，在 4℃避光保存。此溶液每毫升相当于 100μg 的亚硝酸钠。

(2) 标准曲线

取 7 个顶空瓶，分别加入 $\rho(NO^{2-}) = 200\mu g/mL$ 标准液 0.5mL、1.0mL、2.0mL、4.0mL、6.0mL，加超纯水至 100.0mL，各加浓硫酸 1.0mL，混匀，加 10%环己基氨基磺酸钠溶液 1.0mL，迅速盖紧瓶塞(瓶塞用玻璃纸做衬垫)，混匀。此标准系列亚硝酸钠含量为：100μg、200μg、400μg、800μg、1 200μg。

(3) 样品测定

新鲜蔬菜、水果：将试样用去离子水洗净，晾干后，取可食部切碎混匀。将切碎的样品用四分法取适量，用食物粉碎机制成匀浆备用。取蔬菜匀浆样品 5g 放入三角瓶中，加纯水 50mL，充分振摇混匀，放置 10min，加 20g/L 氢氧化钠调样品 pH 值至 8，再依次加入 106g/L 亚铁氰化钾和 219g/L 乙酸锌各 2mL，混匀后静置 20min，过滤，滤液放入顶空瓶中，定容至 100mL，以后步骤同标准曲线。置于 40℃水浴中，平衡 30min，取 50μL 顶空气进样。

(五) 实验结果

通过标准曲线计算测定样品中亚硝酸盐含量。

计算公式：

$$X = \frac{m_2}{m_1 \times 1\ 000} \tag{9.15}$$

式中 X——样品中亚硝酸钠含量，μg/kg；

m_1——样品质量，g；

m_2——测定液中亚硝酸钠质量，μg。

(六) 注意事项

1. 顶空瓶的容积要视样品量而定，瓶的容积要相对一致，否则会对结果产生影响。瓶塞要衬垫玻璃纸，以防橡胶塞对瓶内气体产生的吸附。

2. 气/液体积比太大，待测物浓缩倍数小，分析灵敏度低；气/液体积比太小，虽然待测物浓缩倍数较大，灵敏度较高，但是瓶内压力也会升高，取样时会破坏瓶内平衡，从而影响分析的准确度。

3. 由于亚硝酸盐经衍生化以后是采用静态顶空法，因此在水浴中的平衡温度很重要，它直接影响着方法的灵敏度和检测限。

五、高效液相色谱法

(一) 实验目的

同盐酸萘乙二胺分光光度法。

(二)实验原理

高效液相色谱是色谱法的一个重要分支，以液体为流动相，采用高压输液系统，将具有不同极性的单一溶剂或不同比例的混合溶剂、缓冲液等流动相泵入装有固定相的色谱柱，在柱内各成分被分离后，进入检测器进行检测，从而实现对试样的分析。

(三)实验材料

1. 仪器

①Agilent1100 液相色谱仪(美国安捷伦公司)，包括 Agilent Chem Station 工作站、四元梯度泵、真空脱气箱、恒温柱温箱、紫外检测器。

②MilliporeMilli-Q 纯水系统；pH 计；可调高速匀浆机；超声波清洗器；水浴箱；离心机(4 000r/min)；电子天平(精度 0. 01g)。

2. 试剂

①0. 01mol/L 磷酸二氢钾(HPLC 级，10%磷酸调 pH 至 3. 2)。

②10%磷酸。

③220g/L 乙酸锌。

④106g/L 亚铁氰化钾。

⑤超纯水(电阻率为 18. 2MΩ · cm)。

⑥标准储备液　称取优级纯亚硝酸钠 0. 246 3g、硝酸钠 0. 296 3g 溶于水并定容至500mL，浓度为 0. 1mg/mL(以氮计)。

(四)方法与步骤

1. 色谱条件

检测波长：205nm。

色谱柱：Phenomnex SAX 80A(250mm×4. 6mm，5μm)。

流动相：0. 01mol/L 磷酸二氢钾溶液(pH 3. 2)。

流速：1. 5mL/min。

柱温：30℃。

进样量：10μL。

2. 试样测定

取新鲜蔬菜中食用部分，用自来水洗去泥土，然后用去离子水漂净、晾干、切碎，水果(去核)及其制品剁碎后，称取 50g 左右样品与水按 1 : 1 比例用高速匀浆机匀浆后称取10g，加约 80mL 水，70%水浴提取 20min，冷却后各加 1mL 220g/L 乙酸锌和 106g/L 亚铁氰化钾溶液，水定容至 100mL，加适量活性炭脱色，混匀后过滤或离心沉淀。滤液或上清液经 0. 45μm 滤膜过滤至自动进样器样品瓶中，进样 10μL 测定。液体样品按固形物含量不等 1 : 1~1 : 5 直接用水稀释，从冷却后按固体样品方法处理。

3. 标准曲线绘制

各准确吸取 0. 1mg/mL 标准溶液 10. 0mL 于 50mL 容量瓶，用水稀释至刻度，配成20μg/mL 亚硝酸盐氮、硝酸盐氮溶液，再逐级稀释 10 倍稀释成 2. 00μg/mL、0. 20μg/mL、

0.02μg/mL 标准系列溶液，分别进样 10μL。

(五) 实验结果

以亚硝酸盐氮、硝酸盐氮含量为横坐标，峰面积为纵坐标，绘制标准曲线。

(六) 注意事项

1. 检测亚硝酸盐的色谱柱是否有特殊的要求。
2. 蔬菜中的亚硝酸盐是否能够稳定。
3. 在进行亚硝酸盐结果判定的时候需要注意的问题。

思考题

1. 简述多环芳烃实验中样品前处理中皂化的必要性。
2. 简述多环芳烃实验中皂化时间对样品在后续测定 PAHs 中的影响。
3. 多环芳烃测定实验对我们培养良好日常饮食习惯起到哪些作用?
4. 顶空固相微萃取法有哪些优点?
5. 如何优化杂醇油测定实验的实验条件?
6. 影响杂醇油测定实验的因素有哪些?
7. 外标法定量的主要误差来源是什么?
8. 温度和乙醇浓度对杂醇油测定实验结果是否有影响?
9. 黄曲霉毒素检测中样品前处理中净化的目的是什么?
10. 黄曲霉毒素检测中配制标准系列溶液的目的是什么?
11. C18 固相萃取柱有哪些优缺点?
12. 了解哪些食品中亚硝酸盐含量较高? 亚硝酸盐有什么危害? 如何产生的?
13. 了解亚硝酸盐检测方法? 分光光度法如何检测? 样品如何制备和处理?
14. 如何查找亚硝酸盐检测标准? 食品中亚硝酸盐限量标准?
15. 检测亚硝酸盐时应注意什么? 如何提高亚硝酸盐检测准确度?

第十章 其他常见的食品安全实验

第一节 食品中有害物质的急性毒性评价

一、实验目的

1. 了解食品中有害物质急性毒性的强度及评价方法。

2. 初步了解动物致死原因，为研究毒作用的机制提供线索。

3. 观察亚硝酸钠一次性给予动物后产生的急性毒性反应和死亡情况，根据霍恩氏法查表求得亚硝酸钠的 LD_{50}。

二、实验原理

急性毒性是指人或动物 1 次或 24h 内多次接触外源化学物后，在短期内所发生的毒性效应，包括致死效应。急性毒性实验，是通过 24h 内单次或多次大剂量给予受试动物某药物观察分析所出现的有害作用，包括致死的和非致死的指标参数，致死剂量通常用半数致死剂量 LD_{50}来表示。本实验通过霍恩法对啮齿类动物小鼠进行急性毒性实验，以亚硝酸钠为外源化学物，了解其对机体是否产生毒效应及毒性强度，确定致死剂量及其他急性毒性参数，通过观察动物中毒表现、毒作用强度和死亡情况，初步评定外源化学物亚硝酸钠的毒效应特征、靶器官、剂量-反应关系和对人体产生损害的危险性。

三、实验材料

1. 实验动物

选用 18~22g 的健康 ICR 小鼠(体重相差不超过 4g)。预实验采用 6 只动物，雌雄各半(此步可选)。正式实验采用 50 只动物，雌雄各半。

2. 试剂

市售纯亚硝酸钠。

四、方法与步骤

1. 适应环境

将动物在实验动物房饲养观察 3~5d，使其适应环境，证明其确系健康动物。

2. 预实验

以 10、100、1 000mg/kg · bw(体重)的剂量，分别灌胃 2 只动物，雌雄各 1 只。根据 24h 内死亡情况，估计 LD_{50}的可能范围(此步可选)。

3. 剂量选择

根据已知资料和预实验结果，采用霍恩氏法常用剂量 46.4、100、215、464mg/kg·bw 4 个梯度剂量作为受试剂量，用无菌蒸馏水作为溶剂对照。

4. 受试物配制

将亚硝酸钠溶于无菌蒸馏水，依次配成 23.2、10.75、5、2.32mg/mL 的溶液。

5. 动物分组

将动物按照体重随机分组，每组 10 只，雌雄各 5 只。同组动物同一性别同笼喂养。

6. 隔夜禁食

实验开始前，对动物隔夜禁食 16h 左右，不限制饮水。

7. 给予受试物

称量动物体重，按照 0.5mL/25g·bw 的剂量分别给予各组动物不同剂量的受试物溶液以及无菌水对照。

8. 观察死亡情况

给予受试物后观察 7d，若给予后的第 4 天继续有死亡时，需观察 14d，必要时延长到 28d。

9. 记录

记录动物毒性反应情况和死亡动物分布，死亡动物应及时进行尸检，记录病变情况。若有肉眼可见变化，则需进行病理检查。

五、实验结果

根据各组死亡数，查表 10.1，求得 LD_{50}。

根据亚硝酸钠的 LD_{50}，依据表 10.1，进行急性毒性分级(表 10.2)。

表 10.1 各组动物死亡数

组1 组2 组3 组4 或 组1 组3 组2 组4				剂量1=0.464 剂量2=1.00 剂量3=2.15 剂量4=4.64 $\times 10^4$		剂量1=1.00 剂量2=2.15 剂量3=4.64 剂量4=10.0 $\times 10^4$		剂量1=2.15 剂量2=4.64 剂量3=10.0 剂量4=21.5 $\times 10^4$	
				LD_{50}	可信限	LD_{50}	可信限	LD_{50}	可信限
0	0	3	5	2.00	1.37~2.91	4.30	2.95~6.26	9.26	6.36~13.5
0	0	4	5	1.71	1.26~2.33	3.69	2.71~5.01	7.94	5.84~10.8
0	0	5	5	1.47	—	3.16	—	6.81	—
0	1	2	5	2.00	1.23~3.24	4.30	2.65~6.98	9.26	5.70~15.0
0	1	3	5	1.71	1.05~2.78	3.69	2.27~5.99	7.94	4.89~12.9
0	1	4	5	1.47	0.951~2.27	3.16	2.05~4.88	6.81	4.41~10.5
0	1	5	5	1.26	0.926~1.71	2.71	2.00~3.69	5.84	4.30~7.94

（续）

组1 组2 组3 组4 或 组1 组3 组2 组4				剂量1=0.464 剂量2=1.00 剂量3=2.15 剂量4=4.64 ×10^4		剂量1=1.00 剂量2=2.15 剂量3=4.64 剂量4=10.0 ×10^4		剂量1=2.15 剂量2=4.64 剂量3=10.0 剂量4=21.5 ×10^4	
				LD_{50}	可信限	LD_{50}	可信限	LD_{50}	可信限
0	2	2	5	1.71	1.01~2.91	3.69	2.17~6.28	7.94	4.67~13.5
0	2	3	5	1.47	0.862~2.50	3.16	1.86~5.38	6.81	4.00~13.5
0	2	4	5	1.26	0.775~2.05	2.71	1.69~4.41	5.84	3.60~9.50
0	2	5	5	1.08	0.741~1.57	2.33	1.60~3.99	5.01	3.44~7.30
0	3	3	5	1.26	0.740~2.14	2.71	1.59~4.62	5.84	3.43~9.95
0	3	4	5	1.03	0.665~1.75	2.33	1.43~3.78	5.01	3.08~8.14
1	0	3	5	1.96	1.22~3.14	4.22	2.63~6.76	9.09	5.66~14.6
1	0	4	5	1.62	1.07~2.43	3.48	2.31~5.24	7.50	4.98~11.3
1	0	5	5	1.33	1.05~1.70	2.87	2.26~3.65	6.19	4.87~7.87
1	1	2	5	1.96	1.06~3.60	4.22	2.29~7.75	9.09	4.94~16.7
1	1	3	5	1.62	0.866~3.01	3.48	1.87~6.49	7.50	4.02~16.7
1	1	4	5	1.33	0.737~2.41	2.87	1.59~5.20	6.19	3.42~11.2
1	1	5	5	1.10	0.661~1.83	2.37	1.42~3.95	5.11	3.07~8.51
1	2	2	5	1.62	0.818~3.19	3.48	1.76~6.37	7.50	3.80~14.8
1	2	3	5	1.33	0.658~2.70	2.87	1.42~5.82	6.19	3.05~12.5
1	2	4	5	1.10	0.550~2.20	2.37	1.29~4.74	5.11	2.55~10.2
1	3	3	5	1.10	0.523~2.32	2.37	1.13~4.99	5.11	2.43~10.8
2	0	3	5	1.90	1.00~3.58	4.08	2.16~7.71	8.80	4.66~16.6
2	0	4	5	1.47	0.806~2.67	3.16	1.74~5.76	6.81	3.74~12.4
2	0	5	5	1.14	0.674~1.92	2.45	1.45~4.13	5.28	3.13~8.89
2	1	2	5	1.90	0.839~4.29	4.08	1.81~9.23	8.80	3.89~19.9
2	1	3	5	1.47	0.616~3.50	3.16	1.33~7.53	6.81	2.86~16.2
2	1	4	5	1.14	0.466~2.77	2.45	1.00~5.98	5.28	2.16~12.9
2	2	2	5	1.47	0.573~3.76	3.16	1.24~8.10	6.81	2.66~17.4
2	2	3	5	1.14	0.406~3.18	2.45	0.875~6.85	6.28	1.89~14.8
0	0	4	4	1.96	1.18~3.26	4.22	2.53~7.02	9.09	5.46~15.1
0	0	5	4	1.62	1.27~2.05	3.48	2.74~4.42	7.50	5.90~9.53
0	1	3	4	1.96	0.978~3.92	4.22	2.11~8.44	9.09	4.54~18.2
0	1	4	4	1.62	0.893~2.92	3.48	1.92~6.30	7.50	4.14~13.6

（续）

组1 组2 组3 组4 或 组1 组3 组2 组4				剂量1=0.464 剂量2=1.00 剂量3=2.15 剂量4=4.64 ×10^4		剂量1=1.00 剂量2=2.15 剂量3=4.64 剂量4=10.0 ×10^4		剂量1=2.15 剂量2=4.64 剂量3=10.0 剂量4=21.5 ×10^4	
				LD_{50}	可信限	LD_{50}	可信限	LD_{50}	可信限
0	1	5	4	1.33	0.885~2.01	2.87	1.91~4.33	6.19	4.11~9.33
0	2	2	4	1.96	0.930~4.12	4.22	2.00~8.88	9.09	4.31~19.1
0	2	3	4	1.62	0.797~3.28	3.48	1.72~7.06	7.50	3.70~15.2
0	2	4	4	1.33	0.715~2.49	2.87	1.53~5.36	6.19	3.32~11.5
0	2	5	4	1.10	0.586~1.77	2.37	1.48~3.80	5.11	3.19~8.19
0	3	3	4	1.33	0.676~2.63	2.87	1.46~5.67	6.19	3.14~12.2
0	3	4	4	1.10	0.599~2.02	2.37	1.29~4.36	5.11	2.78~9.39
1	0	4	4	1.90	0.969~3.71	4.08	2.09~7.99	8.80	4.50~17.2
1	0	5	4	1.47	1.02~2.11	3.16	2.20~4.54	6.81	4.74~9.78
1	1	3	4	1.90	0.757~4.75	4.08	1.63~10.2	8.80	3.51~22.0
1	1	4	4	1.47	0.654~3.30	3.16	1.41~7.10	6.81	3.03~15.3
1	1	5	4	1.14	0.581~2.22	2.45	1.25~4.79	5.28	2.70~10.3
1	2	2	4	1.90	0.705~5.09	4.08	1.52~11.0	8.80	3.28~23.6
1	2	3	4	1.47	0.564~3.82	3.16	1.21~8.24	6.81	2.62~17.7
1	2	4	4	1.14	0.454~2.85	2.45	0.977~6.13	5.28	2.11~13.2
1	3	3	4	1.14	0.423~3.05	2.45	0.912~6.57	5.28	1.97~14.21
2	0	4	4	1.78	0.662~4.78	3.83	1.43~10.3	8.25	3.07~22.2
2	0	5	4	1.21	0.583~2.52	2.61	1.26~5.42	5.62	2.71~11.7
2	1	3	4	1.78	0.455~6.95	3.83	0.980~15.0	8.25	2.11~32.3
2	1	4	4	1.21	0.327~4.48	2.61	0.705~9.66	5.62	1.52~20.8
2	2	2	4	1.78	0.410~7.72	3.83	0.883~16.6	8.25	1.90~35.8
2	2	3	4	1.21	0.266~5.52	2.61	0.573~11.9	5.62	1.23~25.6
0	0	5	3	1.90	1.12~3.20	4.08	2.42~6.89	8.80	5.22~14.8
0	1	4	3	1.90	0.777~4.63	4.08	1.67~9.97	8.80	3.60~21.5
0	1	5	3	1.47	0.806~2.67	3.16	1.74~5.76	6.81	3.74~12.4
0	2	3	3	1.90	0.678~5.30	4.08	1.46~11.4	8.80	3.15~24.6
0	2	4	3	1.47	0.616~3.50	3.16	1.33~7.53	6.81	2.86~16.2
0	2	5	3	1.14	0.602~2.15	2.45	1.30~4.62	5.28	2.79~9.96
0	3	3	3	1.47	0.573~3.76	3.16	1.24~8.10	6.81	2.66~17.4

（续）

组 1 组 2 组 3 组 4 或 组 1 组 3 组 2 组 4				剂量 1＝0. 464 剂量 2＝1. 00 剂量 3＝2. 15 剂量 4＝4. 64 $\times 10^4$		剂量 1＝1. 00 剂量 2＝2. 15 剂量 3＝4. 64 剂量 4＝10. 0 $\times 10^4$		剂量 1＝2. 15 剂量 2＝4. 64 剂量 3＝10. 0 剂量 4＝21. 5 $\times 10^4$	
				LD_{50}	可信限	LD_{50}	可信限	LD_{50}	可信限
0	3	4	3	1. 14	0. 503～2. 57	2. 45	1. 08～5. 54	5. 28	2. 33～11. 9
1	0	5	3	1. 78	0. 856～3. 69	3. 83	1. 85～7. 96	8. 25	3. 98～17. 1
1	1	4	3	1. 78	0. 481～6. 58	3. 83	1. 04～14. 2	8. 25	2. 23～30. 5
1	1	5	3	1. 21	0. 451～3. 25	2. 61	0. 972～7. 01	5. 62	2. 09～15. 1
1	2	3	3	1. 78	0. 390～8. 11	3. 83	0. 840～17. 5	8. 25	1. 81～37. 6
1	2	4	3	1. 21	0. 310～4. 74	2. 61	0. 668～10. 2	5. 62	1. 44～22. 0
1	3	3	3	1. 21	0. 279～5. 26	2. 61	0. 602～11. 3	5. 62	1. 30～24. 4

表 10. 2 急性毒性（LD_{50}）剂量分级表

级 别	大鼠口服 LD_{30}/（mg/kg）	相当于人的致死量	
		mg/kg	g/人
极毒	<1	稍尝	0. 05
剧毒	1～50	500～4 000	0. 5
中等毒	51～500	4 000～30 000	5
低毒	501～5 000	30 000～250 000	50
实际无毒	5 001～15 000	250 000～500 000	500
无毒	>15 000	>500 000	2 500

六、注意事项

1. 实验物品和人员按照正确流程进出动物房。
2. 实验人员每天至少观察一次动物，确保及时发现和记录动物异常情况。

第二节 转基因食品外源核酸的检测

转基因食品（genetically modified food，GMF）是利用现代分子生物学技术，将某些生物的基因片段转移到其他物种中去，使其在性状、营养品质、消费品质等方面向人们所需要的目标转变的一类食品。随着转基因技术的日趋成熟，越来越多的转基因产品进入市场，人们对转基因食品的辨识度和安全性的争论也越来越激烈，因此转基因食品的检测也变得十分重要。目前，转基因食品的检测方法主要包括两大类：一是基于蛋白质水平的检测技术，主要包括酶联免疫吸附法(enzyme-linked immunosorbent assay)、Western 杂交等；二是基于核酸水平的检测技术，主要包括聚合酶链式反应(polymerase chain reaction，PCR)、Southern 杂交、Northern 杂交、PCR-ELISA 等。其中，PCR 技术因其操作简单、特异性强、检测结果易于观察而广泛应用于外源核酸的检测。本实验将介绍利用 PCR 技术检测转基因食品的外源核酸的原理和方法。

一、实验目的

本实验的目的是利用 PCR 技术对转基因食品的外源基因进行检测。利用 CTAB 法提取玉米的基因组作为模板，在设计好的引物、dNTP 和聚合酶的存在下扩增玉米的内标基因和外源基因(35S 启动子)，产物经琼脂糖凝胶电泳，通过电泳条带位置判断基因分子大小，以检测样品是否为转基因玉米。

二、实验原理

聚合酶链式反应(polymerase chain reaction，PCR)是一项体外扩增特异性 DNA 片段的技术，其基本原理如图 10.1 所示。待扩增的 DNA 片断两侧和与其两侧互补的两个寡核苷酸引物，经变性、退火和延伸若干个循环后，DNA 扩增 $2n$ 倍。一般 PCR 反应分为 3 步：第一步是变性，即在 95℃的高温下使模板和引物变性形成单链；第二步是退火，即在 55~60℃范围内使引物和模板互补配对；第三步是延伸，即在 DNA 聚合酶的最适温度 72℃下，4 种脱氧核糖核苷酸按照碱基互补的原则进行链的延伸。以上三步作为一个循环，在经过 25~30 个循环后，扩增的片段可达 2×10^6。

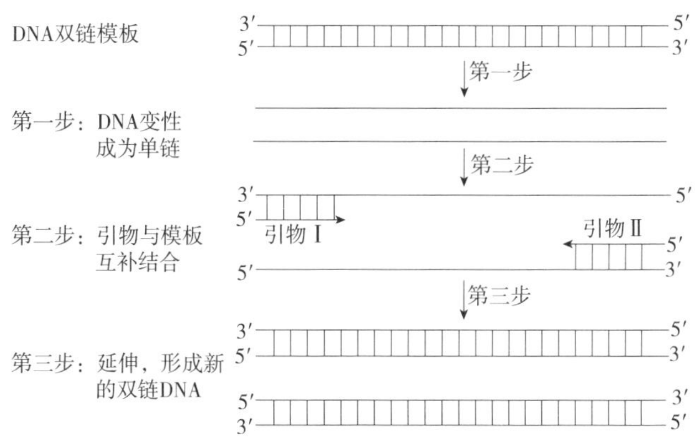

图 10.1 PCR 反应原理

转基因食品中外源基因的核酸片段被转入并插入到受体生物的基因组中，可以通过 PCR 的方法特异性地对目标基因进行扩增检测，并进行比对分析。

三、实验材料

1. 材料及耗材

不含转基因成分的玉米粉，含有转基因成分的玉米粉，移液器枪头，200μL PCR 小管，Eppendof 管(1.5mL、2mL)。

2. 仪器

离心机，漩涡振荡器，水浴锅，超净工作台，PCR 仪，不同量程移液器（1mL、200μL、10μL、2.5μL），电泳槽，微波炉，凝胶成像仪。

3. 试剂

CTAB 缓冲液，Tris 饱和酚，氯仿，异戊醇，异丙醇，以上均为分析纯。

4 种 dNTP 混合物，rTaqDNA 聚合酶，10×缓冲液，双蒸水，琼脂糖，DNA 相对分子质量标识物，溴化乙啶（EB），TAE 缓冲液。

内标基因引物：

上游引物 zSSⅡb-F：5′-CTCCCAATCCTTTGACATCTGC-3′；

下游引物 zSSⅡb-R：5′-TCGATTTCTCTCTTGGTGACAGG-3′

CaMV35S 引物：

上游引物 35S-F：5′-GATAGTGGGATTGTGCGTCA-3′；

下游引物 35S-R：5′-GCTCCTACAAATGCCATCA-3′

四、方法与步骤

1. 样品基因组提取

样品基因组提取采用 CTAB 法，具体步骤如下：

①取 80mg 玉米粉加入到 1.5mL Eppendof 管中。

②加入 1.2mL CTAB（65℃预热）缓冲液，混匀后于 65℃水浴中保持 60min，期间颠倒混匀 5 次。室温条件下 12 000g 离心 10min，取上清液转至另一离心管中。

③加入等体积的 Tris 饱和酚/氯仿/异戊醇（25∶24∶1）抽提 2 次，用氯仿/异戊醇（24∶1）抽提 1 次，12 000g 分别离心 10min，每次吸取上清液转至另一离心管中。

④加入 2/3 体积的异丙醇，小心混匀，-20℃下醇沉 1h，12 000g 离心 10min，弃上清液，尽量洗净液体。

⑤加入 700μL 70%乙醇洗涤沉淀，12 000g 离心 5min，弃掉上清液，并晾干沉淀。

⑥加入 50μL 双蒸水溶解沉淀。

2. 反应体系配置

在 200μL PCR 小管中按表 10.3 的添加量配置 25μL PCR 反应体系。此体系内标基因的检测和特异基因的检测均适用，只需更换所使用引物即可。

表 10.3 检测反应体系

	反应组/μL	空白对照组/μL		反应组/μL	空白对照组/μL
模板	1	0	下游引物	1	1
10×缓冲液	2.5	2.5	Taq 扩增酶	0.2	0.2
dNTP 混合物	2	2	无菌水	17.3	18.3
上游引物	1	1	总体积	25	25

3. PCR 反应

将混合后的体系置于离心机中离心 10s，放入 PCR 仪中，按表 10.4 程序进行反应。

表 10.4　PCR 反应程序

反应步骤	反应时间	反应步骤	反应时间
(1)95℃变性	5min	(4)72℃延伸	30s
(2)95℃变性	30s	(5)重复(2)~(4)	30 次
(3)56℃退火	30s	(6)72℃延伸	7min

注：可根据需要调整退火温度。

4. 反应产物检测

取 2g 琼脂糖溶于 100mL TAE 缓冲液中，加热使其完全溶解，冷却至室温后，加入 2.0 μL EB，然后将胶倒入事先安装好的槽中冷却制胶。待凝胶完全凝固后拔出梳子，将反应产物加入点样孔，上样量 5 μL，置于电泳槽中，设置电压为 120V，电泳时间 30min。电泳结束后，将凝胶置于凝胶成像仪中观察条带。

五、实验结果

实验结果如图 10.2 所示，所有的玉米粉中均可以产生 zSS Ⅱ b 的扩增条带(大小为 151bp)，空白对照组无扩增条带(如图 10.2 中 A)；含有转基因成分的玉米粉可以扩增出大小为 195bp 的 DNA 条带，空白对照组和非转基因玉米粉中无扩增条带(如图 10.2 中 B)。

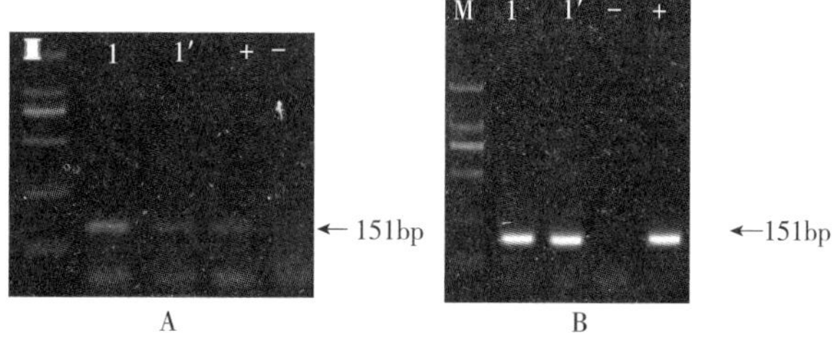

图 10.2　电泳图

六、注意事项

1. 在进行 PCR 加样操作前超净工作台要彻底灭菌，灭菌时间至少为 20min。
2. 混合体系之前，所有相关耗材要保持无菌无污染状态，移液器需使用酒精擦拭。
3. PCR 小管在加入反应体系后不能有气泡，否则会影响 PCR 反应。
4. EB 具有致癌性，故使用时要佩戴手套，冷却凝胶时要防止 EB 挥发。

第三节　食品中过敏原的检测(ELISA)

一、实验目的

1. 学习掌握 ELISA 的原理和操作方法。

2. 了解探索 ELISA 反应最佳条件的方法。

二、实验原理

酶联免疫吸附实验(enzyme linked immunosorbent assay, ELISA)是以免疫学反应为基础，将酶(如辣根过氧化物酶，HRP)标记到抗体或抗原分子上，利用微孔塑料反应板能吸附蛋白质的特性，将可溶性抗原或抗体吸附于反应孔表面，然后用酶标记的抗体或抗原与其特异性结合，洗去游离抗原或抗体，最后加入酶作用底物。由于酶分解底物而显色，根据底物颜色深浅来判断标本中特异性抗原或抗体的量。ELISA 测定方法中有 3 个必要的试剂：①固相的抗生素原或抗体，即“免疫吸附剂”；②酶标记的抗原或抗体，称为“结合物”；③酶反应的底物。根据试剂的来源和标本的情况以及检测的具体条件，可设计出各种不同类型的检测方法。

三、实验材料

1. 仪器

酶标仪(ELISA Reader)，微量可调加样器 1 套(10μL、20μL、100μL、200μL、1 000μL)，恒温培养箱，pH 计，冲洗器(或洗扳机)，洗涤瓶，康氏管，50mL 烧杯，吸管，96 孔酶标板或 64 孔酶标板。

2. 试剂

①待测抗原、抗体(HBsAg)和酶标记抗体(HRP-抗 HBsAg)。

②正常人血清和阳性对照血清。

③包被缓冲液(0. 05mol/L pH9. 6 碳酸盐缓冲液)　Na_2CO_3 1. 59g，$NaHCO_3$ 2. 93g，加蒸馏水至 1 000mL。

④封闭液　5%脱脂奶粉或 0. 3%BSA。

⑤洗涤缓冲液　0. 15mol/L pH7. 4 PBS 加 0. 05% Tween-20。

⑥底物缓冲液　0. 1mol/L 柠檬酸(2. 1g/100mL)6. 1mL，0. 2mol/L $Na_2HPO_4 \cdot 12H_2O$ (7. 163g/100mL)6. 4mL，加入 12. 5mL 蒸馏水，将 10mg OPD 溶于其中，待溶解后，临用前加 30% H_2O。

⑦终止液　2mol/L H_2SO_4。

四、方法与步骤

1. 制样

固体样本磨碎成粉末，以 1∶10 的比例加入样品提取液，混匀后静置 5min，吸取上清液备用；液体样品可直接用于实验。

2. 试剂的准备

准备实验中需用的试剂，包括用于洗涤的蒸馏水。自配的缓冲液用于 pH 计测量校正。从冰箱中取出的实验用试剂应待温度与室温平衡后使用。

3. 加样

一般有 3 次加样步骤，即加标本、加酶结合物、加底物。加样时应将所加物加在

ELISA 板孔的底部，避免加在孔壁上部，并注意不可溅出，不可产生气泡。加标本一般用微量加样器，按规定的量加入板孔中。每次加标本应更换吸嘴，以免发生交叉污染，也可用一次性的定量塑料管加样。需用稀释的可在试管中按规定的稀释度稀释后再加样。也可在板孔中加入稀释液，再在其中加入样本，然后在微型振荡器上振荡 1min 以保证混合。加酶结合物应用液和底物应用液时可用定量多道加液器，使加液过程迅速完成。

4. 保温

温育常采用的温度有 43℃、37℃、室温和 4℃(冰箱温度)等。37℃是大多数抗原抗体结合的合适温度，两次抗原抗体反应一般在 37℃经 1~2h，产物的生成可达顶峰。为加速反应，可提高反应的温度，有些实验在 43℃进行，但不宜采用更高的温度。抗原抗体反应 4℃更为彻底，在放射免疫测定中多使反应在冰箱中过夜，以形成最多的沉淀。

5. 洗涤

洗涤方式有浸泡式和流水冲洗式两种，过程如下：

(1)浸泡式

①吸干或甩干孔内反应液。

②用洗涤液过洗一遍(将洗涤液注满板孔后，即甩去)。

③浸泡，即将洗涤液注满板孔，放置 1~2min，间歇摇动，浸泡时间不可随意缩短。

④吸干孔内液体。吸干应彻底，可用水泵或真空泵抽吸，也可甩去液体后在清洁毛巾或吸水纸上拍干。

⑤重复操作③和④，洗涤 3~4 次(或按说明规定)。洗涤液中的非离子型洗涤剂一般是吐温 20，其浓度可在 0.05%~0.2%之间，若高于 0.2%时，可使包被在固相上的抗原或抗体解吸附而减低实验的灵敏度。

(2)流水冲洗式

流水冲洗法最初用于小珠载体的洗涤，洗涤液仅为蒸馏水甚至可用自来水。洗涤时附接一特殊装置，使小珠在流水冲击下不断地滚动淋洗，持续冲洗 2min 后，吸干液体，再用蒸馏水浸泡 2min，吸干即可。浸泡式犹如盆浴，流水冲洗式则好比淋浴，其洗涤效果更为彻底，且也简便、快速。已有实验表明，流水冲洗式同样也适用于微量滴定板的洗涤。洗涤时设法加大水流量或加大水压，让水流冲击板孔表面，洗涤效果更佳。

6. 显色和比色

(1)显色

OPD 底物显色一般在室外温或 37℃反应 20~30min 后即不再加深，再延长反应时间，可使本底值增高。显色反应应避光进行，显色反应结束时加入终止液终止反应。OPD 产物用硫酸终止后，显色由橙黄色转向棕黄色。

TMB 可在室温下置于操作台上，边反应边观察结果。为保证实验结果的稳定性，宜在规定的适当时间阅读结果。TMB 经 HRP 作用后，约 40min 显色达顶峰，随即逐渐减弱，至 2h 后即可完全消退至无色。TMB 的终止液有多种，叠氮钠和十二烷基硫酸钠(SDS)等酶抑制剂均可使反应终止。这类终止剂尚能使蓝色维持较长时间(12~24h)不褪，是目视判断的良好终止剂。此外，各类酸性终止液则会使蓝色转变成黄色，此时可用特定的波长

(450nm)测读吸光值。

(2)比色

比色前应先用洁净的吸水纸拭干板底附着的液体，然后将板正确放入酶标比色仪的比色架中。以软板为载体的实验，需先将板置于标准96孔的座架中，才可进行比色。最好在加底物液显色前，先将软板边缘剪净，这样，此板就可完全平妥坐入座架中。

比色时应先以蒸馏水校零点，测读底物孔(未经任何反应仅加底物液的孔)和空白孔(以生理盐水或稀释液代替标本作全过程的孔)，以记录本次实验的试剂状况。其后可用空白孔以蒸馏水校零点，以上各孔的吸光度需减去空白孔的吸光度，然后进行计算。

比色结果的表达以往通用光密度(optical density，*OD*)，现按规定用吸光度(absorbence，*A*)，两者含义相同。通常的表示方法是，将吸收波长写于*A*字母的右下角，如OPD的吸收波长为492nm，表示方法为"A_{492nm}"或"OD_{492nm}"。

(3)酶标比色仪

酶标比色仪简称酶标仪，通常指专用于测读ELISA结果吸光度的光度计。针对固相载体形式的不同，各有特制的适用于板、珠和小试管的设计。

酶标仪不应安置在阳光或强光照射下，操作时室温宜在15~30℃，使用前先预热仪器15~30min，测读结果更稳定。

测读*A*值时，要选用产物的敏感吸收峰，如OPD用492nm波长。有的酶标仪可用双波长式测读，即每孔先后测读两次，第一次在最适波长(W1)，第二次在不敏感波长(W2)，两次测定间不移动ELISA板的位置。例如，OPD用492nm为W1，630nm为W2，最终测得的*A*值为两者之差(W1-W2)。双波长式测读可减少由容器上的划痕或指印等造成的光干扰。

五、实验结果

(一)定性测定

定性测定的结果是判断受检样本中有无待测抗原或抗体，分别用"阳性"和"阴性"表示。"阳性"表示该标本在该测定系统中有反应；"阴性"则为无反应。

在间接法和夹心法ELISA中，阳性孔呈色深于阴性孔。在竞争法ELISA中则相反，阴性孔呈色深于阳性孔。两类反应的结果判断方法不同，分述于下。

1. 间接法和夹心法

这类反应的定性结果可以用肉眼判断。目视样本无色或近于无色者判为阴性，显色清晰者为阳性。在条件许可下，应该用比色计测定吸光值，这样可以得到客观的数据。先读出标本(sample，S)、阳性对照(P)和阴性对照(N)的吸光值，然后进行计算。计算方法有多种，大致可分为阳性判定值法和标本/阴性对照比值法两类。

(1)阳性判定值(cut-off value)

一般为阴性对照*A*值加上一个特定的常数，此作为判断结果阳性或阴性的标准。

(2)标本/阴性对照比值

在实验条件(包括试剂)较难保证恒定的情况下，这种判断法较为合适。在得出样本(S)和阴性对照(N)的*A*值后，计算*S/N*值。

2. 竞争法

在竞争法 ELISA 中，阴性孔呈色深于阳性孔。阴性呈色的强度取决于反应中酶结合物的浓度和加入竞争抑制物的量，一般调节阴性对照的吸光度在 1.0~1.5 之间，一般均用比色计测定，读出 S、P 和 N 的吸光值。计算方法主要也有两种，即阳性判定值法和抑制率法。

(1)阳性判定值法

与间接法和夹心法中的阳性判定值法基本相同，但在计算公式中引入阳性对照 *A* 值，阳性判定值按下式计算：

$$\text{阴性判定值} = 0.4 \times \text{NCX} + 0.6 \times \text{PCX} \tag{10.1}$$

式中　NCX——阴性对照 *A* 值的平均值；

PCX——阳性对照 *A* 值的平均数。

样本 *A* 值≤阳性判定值的反应为阳性，*A*>阳性判定值的反应为阴性。

(2)抑制率法

抑制率表示样本在竞争结合中标本对阴性反应显色的抑制程度，按下式计算：

抑制率(%)=(阴性对照 *A* 值-标本 *A* 值)×100%/阴性对照 *A* 值，一般规定抑制率≥50%为阳性，<50%为阴性。

(二)定量测定

在定量测定中，每批测试均须用一系列不同浓度的参考标准品在相同的条件下制作标准曲线。测定大分子量物质的夹心法 ELISA，标准曲线的范围一般较宽，曲线最高点的吸光度可接近 2.0，绘制时常用半对数纸，以检测物的浓度为横坐标，以吸光度为纵坐标，将各浓度的值逐点连接，所得曲线一般呈 S 形，其头、尾部曲线趋于平坦，中央较呈直线的部分是最理想的检测区域。测定小分子量物质常用竞争法，其标准曲线中吸光度与受检物质的浓度呈负相关。标准曲线的形状因试剂盒所用模式的差别而略有不同。

六、注意事项

1. 实验时，应分别以阳性对照与阴性对照控制实验条件，待检样品应做一式二份，以保证实验结果的准确性。有时本底较高，说明有非特异性反应，可采用羊血清、兔血清或 BSA 等封闭。

2. 洗涤时确保洗涤干净，避免假阳性。

3. 包被抗体(或抗原)的选择：将抗体(或抗原)吸附在固相载体表面时，要求纯度好，pH 值适当，吸附时间和蛋白量也有一定的影响。最好通过滴定确定蛋白包被的最佳浓度。

4. 酶的底物和共氢体的选择：共氢体要求廉价、安全，有明显的显色反应，而本身无色。如 OPD 有潜在的致癌性，应注意防护。TMB 和 ASTS 是目前较满意的共氢体。底物作用一段时间后，应加入强酸或强碱以终止反应。通常底物作用时间为 10~30min 为宜。底物使用液应该新鲜配制。

第四节 食品中寄生虫的测定

一、实验目的

本实验的目的是应用消化法、烛光法、挤压烛光法、机械分离沉降法和浓缩集卵法检测食品中的寄生虫。

二、实验原理

由于不同寄生虫寄生的食品种类不同，应根据不同的食品采用不同的处理方法。

消化法适用于检验寄生于牛肉和猪肉中的囊尾蚴，猪肉中的旋毛虫，牛肉、猪肉和羊肉中的住肉孢子虫，鱼肉和贝类肉中的吸虫囊蚴，鱼肉的有棘颚口线虫的包囊、广州管圆线虫的幼虫、阔节裂头绦虫裂头蚴。该法通过消化样品，可使其中的囊尾蚴、旋毛虫等寄生虫释放出来，或使之更容易被观察。

烛光法适用于检验寄生于鱼肉中的吸虫囊蚴、有棘颚口线虫的包囊、广州管圆线虫的幼虫和阔节裂头绦虫裂头蚴。烛光法分为白光烛光法和紫外光烛光法，白光烛光法适用于检测新鲜或冷冻的白色鱼肉(如鱼片、鱼块和碎鱼肉)中的寄生虫；紫外光烛光法适用于检测深色鱼肉中的寄生虫。挤压烛光法适用于检验半透明贝类肉中的吸虫囊蚴。烛光法和挤压烛光法利用囊蚴、包囊、裂头蚴等幼虫在鱼和贝类体内寄生时，状态与鱼肉和贝肉不同，可以较容易地检测出来。

机械分离沉降法用于检验寄生于鱼肉中的吸虫囊蚴、有棘颚口线虫的包囊、广州管圆线虫的幼虫和阔节裂头绦虫裂头蚴。该法利用囊蚴、包囊等幼虫的比重大，可沉积于水底，通过观察沉淀物来确定是否有寄生虫感染。

浓缩集卵法适用于检验污染新鲜蔬菜的毛首鞭形线虫卵和蛔虫卵。该法利用虫卵的比重大，可沉积于水底，有助于提高检出率。

三、实验材料

1. 仪器

天平，磁力搅拌器，恒温培养箱(37℃±0.5℃)，分液漏斗(1 000mL)，生物解剖显微镜，生物倒置显微镜或普通光学显微镜，18 目过滤网(网孔孔径 1mm)，塑料盘子(长×宽×高：320mm×260mm×75mm)，量筒(1 000mL)，pH 计或 pH 试纸，移液管或吸管，吸球，匙子，食品捣碎机，铝箔纸，镊子，解剖针，刀，透光台(有机玻璃板：长×宽：60cm×30cm，厚度：5~7mm)，白光光源(20W 日光灯作为光源，光照强度为 1 500~1 800lx，光源距离上面的有机玻璃板 30cm；UV 光源：波长大约为 365nm)，紫外线防护眼罩，有机玻璃夹板(大小 305mm×305mm，用螺钉固定玻璃板边缘)，标本瓶，培养皿，玻璃盘(长×宽×高：350mm×60mm×25mm)，烧杯(1 000mL)，超声波清洗器，离心机，离心管(50mL)。

2. 试剂

所使用的试剂均为分析纯，水为蒸馏水。

0.85%氯化钠生理盐水、胃蛋白酶、盐酸、10%福尔马林水溶液、10%甘油水溶液、70%乙醇。

(1)1号清洗液

称取SDS 1g，移取甲醛25mL和Tween-80 1mL，加水定容至1 000mL。

(2)2号清洗液

称取SDS 10g，移取Tween-80 10mL加水定容至1 000mL。

(3)3号清洗液

移取Tween-80 10mL，加水定容至1 000mL。

(4)乙醇、冰乙酸和福尔马林混合液

移取福尔马林5mL和冰乙酸10mL加入到85mL乙醇中。

(5)胃蛋白酶消化液

称取15g胃蛋白酶，溶于750mL 0.85%氯化钠生理盐水中。

(6)碘液

取10g碘化钾溶于20~30mL蒸馏水中，加入5g碘(I_2)，缓慢加热至完全溶解，加水定容至100mL，于棕色瓶中保存备用。

(7)Sheather's液

称取蔗糖500g，苯酚6.5g，加水定容至320mL。

四、方法与步骤

1. 消化法

(1)样品的制备

①牛肉、猪和(或)羊肉　随机抽取100g样品，剪成小肉块，样品结缔组织较少时，直接消化。较多时按③操作。

②鱼肉　随机抽取250g样品，直接消化。

③含有较多结缔组织的样品　随机抽取100g样品，加入500mL生理盐水，用食品捣碎机间歇捣碎10次以上，倒入1 500mL烧杯中，用250mL生理盐水冲洗捣碎机上粘附的样品，并入烧杯中。

(2)消化、沉降和检查

①消化　将经过处理的样品放入1 500mL烧杯中，加入750mL胃蛋白酶消化液；对于含有较多结缔组织的样品，向样品的烧杯中加入15g胃蛋白酶，混匀。用盐酸调整上述消化液pH值为2。烧杯中放入搅拌转子，用铝箔纸盖紧烧杯口，放入37℃±0.5℃培养箱，打开磁力搅拌器，以100r/min搅拌，平衡15min后，再次校准pH值为2。继续消化直至样品完全消化为止，消化时间不超过24h。

②沉降和检查　用18目滤网过滤样品消化液，滤液移入塑料盘子中，取250mL生理盐水冲洗滤网上的残留物，洗液并入塑料盘子滤液中。较大的寄生虫留在滤网上，肉眼检查过滤网上的寄生虫，记录检查结果。把塑料盘子中的滤液倒入分液漏斗内，自然沉降1h后，释放大约50mL沉降物到100mL烧杯中。如果沉降物为半透明，直接进行观察；如果

样品太黏稠，用适量生理盐水稀释至半透明后进行观察。用吸管将沉降物转移至平皿，加盖，先用肉眼，接着用生物解剖显微镜，最后用生物倒置显微镜或普通光学显微镜检查寄生虫。检查烧杯中的全部50mL样品液，计数、初步鉴定、记录观察结果。选择有代表性的寄生虫进行固定(参见附录二A第A.1章和第A.2章)，作进一步鉴定(参见附录二B)。

③按式(10.2)计算1kg样品中寄生虫数量

$$S=1\ 000X/W \tag{10.2}$$

式中 S——1kg样品中寄生虫数量，个/kg；

X——检测样品中寄生虫数量，个；

W——检测样品的质量，g。

2. 烛光法

(1)样品制备

①鱼片、鱼块　单个大于200g时，随机抽取15个样品，每个切取200g左右制成1个小样，共15个小样；单个小于200g时，从全部样品中随机选择，制成15个小样，每个约200g。称量并记录每个小样的实际质量。厚度小于10mm时直接用于观察，大于10mm，用刀切成薄片，使薄片厚度小于10mm后检查。

②碎鱼肉　如果是冷冻结成块状，取2个冰冻的块状物，解冻，沥干，制成15个样，每个样200g左右；如果是非冰冻的，随机抽取15份200g碎鱼肉进行检测。称量并记录样品的实际质量。

(2)检查

①白光烛光法　把鱼肉放在透光台上观察，靠近鱼肉表面的寄生虫一般是红色、棕褐色、乳白色或白色；而深层肉的寄生虫显现阴影，选择有代表性的寄生虫进行固定(参见附录二第A.1章、第A.2章和第A.3章)，并进一步鉴定(参见附录二B)，计算每千克鱼肉中寄生虫数量，计算见式(10.2)。

②紫外光烛光法　用紫外光在暗房中观察鱼块的各个部位(紫外光观察时应带上紫外线防护眼罩，并避免裸露皮肤的照射)，寄生虫发出蓝或绿色荧光，鱼骨和结缔组织也会发出蓝色荧光，但通过其部位和形态加以区分，用针刺时，鱼骨头是硬的。

3. 挤压烛光法

(1)样品制备

从半透明贝类肉待检样品中随机抽取15个小样，每个100g左右，称量并记录每个小样的实际质量。根据样品的大小和厚度进行检查，质量超过100g的单个样品不能直接挤压，先分细后再挤压。柱形的样品(如扇贝类)沿纵向切成两半后易于压扁和观察。

(2)样品检查

把样品夹于有机玻璃夹板内，压紧并固定板的边缘。在白光透光台上检查有机玻璃夹板内样品中的寄生虫，在肉中的寄生虫显示出阴影。记录寄生虫的数量，用蜡笔在有机玻璃板上标记发现的位置，打开有机玻璃板，解剖样品，进一步检查，固定有代表性的寄生虫(参见附录二A第A.2章)，并做进一步鉴定(参见附录二B)。计算1kg样品中寄生虫数量，计算见式(10.2)。

4. 机械分离沉降法

(1)样品制备

随机抽取250g鱼肉样品用于检测，把鱼肉切成薄片，分成两份(每份125g)，分别放入食品捣碎机，每份加入250mL 35℃温水，间歇捣碎鱼肉1~2min，倒进大口烧杯，加入大约600mL水并搅拌，静置15min，缓慢倒去上清液，保留沉淀物及大约100mL上清液，再次加入大约600mL水并搅拌，静置15min，缓慢弃去上清液，保留沉淀物及大约100mL上清液备用。

(2)样品检查

每次取大约25mL沉淀物于玻璃盘中，加水稀释至半透明(大约375mL水)。首先肉眼检查，然后在366nm紫外光下观察(紫外光观察时应带上紫外线防护眼罩，并避免裸露皮肤的照射)，寄生虫发出蓝色或黄绿色荧光。重复上述操作，直至检查完全部样品为止，固定有代表性的寄生虫(参见附录二A第A.1章、第A.2章和第A.3章)，并做进一步鉴定(参见附录二B)。计算1kg鱼片中寄生虫含量。计算见式(10.2)。

5. 浓缩集卵法

(1)样品制备

随机抽取5kg蔬菜样品。制样方法：球状(如卷心菜)，取其外三层叶子；非球状(如生菜叶)，取其叶片；根类(如胡萝卜)，直接取样；花类(如花椰菜)，把其细分为50g左右，便于清洗。

(2)样品的处理

①取1 000mL的1号清洗液加入烧杯中，放入约250g散开的蔬菜，超声波清洗10min，弃去蔬菜，再次加入约250g蔬菜，重复上述操作，直至洗完1kg左右样品为止；收集样液倒入一个6 000mL大烧杯中。重新取1 000mL 1号清洗液，重复上述操作，直至洗完全部5kg样品为止。

②将样液静置30min，让虫卵自然沉降。小心弃去上清液，保留沉淀及大约500mL下层液体，分装至若干个50mL离心管(A管)中，1 200g离心10min。小心除去上清液，把全部沉淀物转移至一个50mL离心管(B管)中，每个A管分别用1.5mL 2号清洗液冲洗2次，冲洗液并入B管中，1 200g离心10min，小心弃去上清液，再用适量的2号清洗液清洗沉淀物2次，保留沉淀物。

③取10mL 3号清洗液稀释B管中的沉淀物，超声波处理10min，让虫卵充分悬浮；另取一个50mL离心管，加入25mL Sheather's液，接着缓慢加入经超声波处理的样液，1 200g离心30min。吸取上下层交界处液体约7mL于一个新的50mL离心管中，加入20mL 3号清洗液混匀，1 200g离心10min，小心弃去上清液，用3号清洗液清洗沉淀物2次，保留沉淀物待检。

(3)蠕虫卵的检查

在样品沉淀物中加入1mL碘液染色，然后加入3号清洗液进行适当稀释，将样液滴于载玻片上，用生物倒置显微镜或普通光学显微镜观察，根据寄生虫卵的形态、结构进行鉴定(参见附录二B)。如果不能及时检查，应先固定虫卵(参见附录二第A.4章)。检查全部沉淀物，记录结果，计算每千克蔬菜食品中污染寄生虫卵的数量，计算见式(10.2)。

五、实验结果

1. 结果判断

应用本标准检验方法检测对应的食品，没有检出寄生虫或寄生虫卵，判为未检出寄生虫或寄生虫卵；检出寄生虫或寄生虫卵，按检验方法的计算公式计算，计算每千克食品中寄生虫或寄生虫卵的数量。

2. 结果表述

(1)1kg 待测样品中未检出寄生虫或寄生虫卵。

(2)1kg 待测样品中检出寄生虫或寄生虫卵，以每千克食品中含有寄生虫或寄生虫卵多少来表示。

思考题

1. 急性毒性实验的 LD_{50} 对于食品添加剂的日常应用有何指导性意义？
2. 对于未知毒性的食品添加剂，如何预测 LD_{50} 的范围？
3. 转基因食品外源核酸检测中 CTAB 溶液预热至 65℃的目的是什么？
4. 试述转基因食品外源核酸检测实验中 25μL 体系中各组分添加量的设定原因。
5. 转基因食品外源核酸检测实验中循环次数是否越多越好？为什么？
6. 有哪些方法可以增强 PCR 反应的特异性？
7. 试述酶联免疫吸附实验的优缺点及应用范围。
8. 酶联免疫吸附实验定量测试的必要条件是什么？
9. 试述酶联免疫吸附实验假阳性的原因。
10. 食品中寄生虫的测定主要有哪几种方法？
11. 如何判定猪肉中是否含有寄生虫？
12. 如果想判定新鲜的蔬菜中是否含有寄生虫，应该如何操作？

参考文献

安凤春，莫汉宏，王天华，等 . 2001. 对硫磷在苹果上的残留动态[J]. 农药环境保护，20(2)：117-119.

陈发河，吴光斌 . 2007. 毛细管气相色谱法测定白酒中的甲醇、乙酸乙酯和杂醇油[J]. 食品科学，28(1)：232-234.

陈福生 . 2010. 食品安全实验-检测技术与方法[M]. 北京：化学工业出版社 .

杜红霞，贺稚非，李红军 . 2006. 食品中亚硝酸盐检测技术研究进展[J]. 肉类研究，1(18)：42-45.

冯颖，纪淑娟，王建国 . 2003. 叶菜硝酸盐快速检测方法的研究[J]. 理化检验化学分册，1：15-17.

冯云，彭增起，崔国梅 . 2009. 烘烤对肉制品中多环芳烃和杂环胺含量的影响[J]. 肉类工业，8：27-30.

国家认证认可监督管理委员会 . SN/T 1896—2007. 食品中大肠菌群和大肠杆菌快速计数法-Petrifilm™测试片法 .

扈庆华，郑薇薇，石晓路，等 . 2004. 改良分子信标-实时 PCR 快速检测副溶血弧菌[J]. 现代预防医学，31(3)：441-443.

黄昆仑，许文涛 . 2009. 转基因食品安全评价与检测技术[M]. 北京：科学出版社 .

嵇超，冯峰，陈正行，等 . 2010. 高效液相色谱-串联质谱法测定葡萄酒中的 5 种人工合成甜味剂[J]. 色谱，28(8)：749-753.

靳敏，夏玉宇 . 2003. 食品检验技术[M]. 北京：化学工业出版社 .

李蓉 . 2009. 食品安全学[M]. 北京：中国林业出版社 .

刘红艳，宋秀环，朱慧 . 2004. 紫外分光光度法测定肉制品中亚硝酸盐[J]. 光谱实验室，21(6)，1119-1121.

鲁冬梅，严春荣，普伟民 . 2009. 毛细管气相色谱法测定白酒中的甲醇、杂醇油[J]. 云南化工，36(4)：48-51.

莫国荣 . 2012. 程序升温毛细管气相色谱法测定白酒中甲醇和杂醇油[J]. 中国卫生检验杂志，22(2)：229-230.

彭海兰，刘伟 . 2006. 世界农业[M]. 北京：中国农业出版社 .

任乃林，李红 . 2004. 流动注射法测定蔬菜中的硝酸盐和亚硝酸盐含量[J]. 食品科学，30(16)：272-274.

佘永新，柳江英，吕晓玲，等 . 2009. 三聚氰胺的毒性及其危害[J]. 食品与药品，11(3)：71-74.

王春林，于炎湖，齐德生 . 2000. 饲料及食品中亚硝酸盐的危害和预防[J]. 饲料研究，10：

22-25.
王大宁，董益阳，邹明强 . 2006. 农药残留检测与监控技术[M]. 北京：化学工业出版社 .
王燕儿，许洁玲，郑洁虹，等 . 2007. 离子选择电极法测定凉果中糖精钠的应用探讨[J]. 现代食品科技，23(6)：84-85.
吴富忠，王恒 . 2010. 蔬菜、水果及其制品中亚硝酸盐与硝酸盐的 HPLC 法测定[J]. 中国卫生检验杂志，20(11)：2741-2743.
谢晓红，陈悦，韩华忠 . 2003. 用 PCR 技术快速检测副溶血性弧菌的方法[J]. 中国卫生检验杂质，13(2)：183-185.
徐芊，孙晓红，赵勇，等 . 2007. 副溶血弧菌 LAMP 检测方法的建立[J]. 中国生物工程杂质，27(12)：66-72.
寻思颖 . 2001. 关于白酒中甲醇和杂醇油的测定[J]. 标准化报道，22(4)：33-34.
伊雄海，邓晓军，杨惠琴，等 . 2011. 液相色谱-串联质谱法检测食品中的多种易滥用着色剂[J]. 色谱，29(11)：1062-1069.
岳敏，谷学新，邹洪，等 . 2003. 多环芳烃的危害与防治[J]. 首都师范大学学报(自然科学版)，24(3)：40-44.
张树宏，黄笑烨，顾鸣 . 2003. 3M Petrifilm 大肠菌群检验方法与经典方法的比较研究[J]. 中国食品工业，18(2)：51-52.
张燕，李燕，王开宇，等 . 2009. 气相色谱-顶空进样法测定葡萄酒中的亚硝酸盐[J]. 酿酒科技，07(181)：117-118.
章竹君，李保新，田穗康，等 . 2005. 化学发光有机磷农药残留分析仪及其检测方法[P]. 中国专利：CN 1664567.
赵飞，连宾，刘晶，等 . 2006. 黄曲霉毒素检测方法的研究进展[J]. 贵州农业科学，34(5)：123-126.
中华人民共和国卫生部 . GB 14888. 1—2010 食品安全国家标准　食品添加剂　新红[S]. 北京：中国标准出版社 .
中华人民共和国国家质量监督检验检疫总局 . GB 15193. 3—2014 食品安全国家标准　急性经口毒性试验[S]. 北京：中国标准出版社 .
中华人民共和国国家质量监督检验检疫总局 . GB 17511. 1—2008 食品添加剂　诱惑红[S]. 北京：中国标准出版社 .
中华人民共和国国家质量监督检验检疫总局 . GB 1886. 217—2016 食品安全国家标准　食品添加剂　亮蓝[S]. 北京：中国质检出版社 .
中华人民共和国卫生部 . GB 19301—2010 食品安全国家标准　生乳[S]. 北京：中国标准出版社 .
中华人民共和国国家卫生和计划生育委员会 . GB 2760—2014 食品安全国家标准　食品添加剂使用标准[S]. 北京：中国标准出版社 .
中华人民共和国国家质量监督检验检疫总局 . GB 394. 2—2008 酒精通用分析方法[S]. 北京：中国标准出版社 .
中华人民共和国卫生部 . GB 4479. 1—2010 食品安全国家标准　食品添加剂　苋菜红[S].

北京：中国标准出版社 .
中华人民共和国卫生部 . GB 4481. 1—2010 食品安全国家标准　食品添加剂　柠檬黄[S]. 北京：中国标准出版社 .
中华人民共和国国家质量监督检验检疫总局 . GB 4789. 2—2016 食品安全国家标准　食品微生物学检验、菌落总数测定[S]. 北京：中国质检出版社 .
中华人民共和国国家卫生和计划生育委员会 . GB 5009. 22—2016 食品安全国家标准　食品中黄曲霉毒素 B 族和 G 族的测定[S]. 北京：中国质检出版社 .
中华人民共和国国家卫生和计划生育委员会 . GB 5009. 239—2016 食品安全国家标准　食品酸度的测定[S]. 北京：中国质检出版社 .
中华人民共和国国家卫生和计划生育委员会 . GB 5009. 28—2016 食品安全国家标准　食品中苯甲酸、山梨酸和糖精钠的测定[S]. 北京：中国质检出版社 .
中华人民共和国国家卫生和计划生育委员会 . GB 5009. 35—2016 食品中合成着色剂的测定[S]. 北京：中国质检出版社 .
中华人民共和国卫生部 . GB 5009. 46—2003 乳与乳制品卫生标准的分析方法[S]. 北京：中国标准出版社 .
中华人民共和国卫生部 . GB 5009. 48—2003 蒸馏酒及配制酒卫生标准的分析方法[S]. 北京：中国标准出版社 .
中华人民共和国国家卫生和计划生育委员会 . GB 5009. 5—2016 食品安全国家标准　食品中蛋白质的测定[S]. 北京：中国质检出版社 .
中华人民共和国卫生部 . GB 5413. 5—2010 食品安全国家标准　婴幼儿配方食品和乳品中乳糖、蔗糖的测定[S]. 北京：中国标准出版社 .
中华人民共和国卫生部 . GB 6227. 1—2010 食品安全国家标准 食品添加剂　日落黄[S]. 北京：中国标准出版社 .
中华人民共和国国家质量监督检验检疫总局 . GB/T 21916—2008 水果罐头合成色剂的测定　高效液相色谱法[S]. 北京：中国标准出版社 .
中华人民共和国国家质量监督检验检疫总局 . GB/T 22388—2008 原料乳与乳制品中三聚氰胺检测方法[S]. 北京：中国标准出版社 .
中华人民共和国国家质量监督检验检疫总局 . GB/T 24893—2010 动植物油脂　多环芳烃的测定[S]. 北京：中国标准出版社 .
中华人民共和国国家质量监督检验检疫总局 . GB/T 4789. 3—2016 食品安全国家标准　食品微生物学检验[S]//大肠杆菌计数 . 北京：中国质检出版社 .
中华人民共和国卫生部 . GB/T 5009. 145—2003 植物性食品中有机磷和氨基甲酸酯类农药多种残留的测定[S]. 北京：中国标准出版社 .
中华人民共和国卫生部 . GB/T 5009. 20—2003 食品中有机磷农药残留量的测定[S]. 北京：中国标准出版社 .
中华人民共和国卫生部 . GB/T 5009. 33—2010 食品中亚硝酸盐与硝酸盐的测定[S]. 北京：中国标准出版社 .
中华人民共和国国家质量监督检验检疫总局 . GB/T 9695. 6—2008 肉制品　胭脂红着色剂

测定[S]. 北京：中国标准出版社.

中华人民共和国卫生部. GB/T 5009. 199—2003 蔬菜中有机磷和氨基甲酸酯类农药残留量快速检测[S]. 北京：中国标准出版社.

中华人民共和国卫生部. GB 28317—2012 食品安全国家标准 食品添加剂 靛蓝[S]. 北京：中国标准出版社.

中华人民共和国农业部. NY/T 761—2008 蔬菜和水果中有机磷、有机氯、拟除虫菊酯和氨基甲酸酯类农药多残留的测定. 北京：中国农业出版社.

周艳明，韩晓鸥. 2008. 亚硝酸盐在熟肉制品中的安全性评价[J]. 食品科学，29(7)：101-105.

邹志飞. 2010. 食品添加剂检测指南[M]. 北京：中国标准出版社.

American Public Health Association. 2001. Compendium of Methods for the Microbiological Examination of Foods[M]. 4th ed. APHA, Washington, DC.

Greer F R, Shannon M. 2005. Infant Methemoglobinemia: The Role of Dietary Nitrate in Food and Water[J]. American Academy of Pediatrics, 116(3): 784-786.

Health Products And Food Branch (Canada, MFHPB). 2001. Enumeration of Coliform.

James C. Global Status of Commercialized Biotech/GM Crops: 2012(ISAAA Brief No. 44)[R].

Kelly J R and Duggan J M. 2003. Gastric Cancer Epidemiology and Risk Factors[J]. Journal of Clinical Epidemiology, 56(1): 1-9.

Korea Code of Federal Regulatory, KFDA 2004: Dry Rehydratable Film Method-Petrifilm Coliform Count Plate Method(7. 8. 5. 4), Petrifilm*E. coli*/Coliform Count Plate Method(7. 8. 6. 3).

Mitacek E J, Brunnemann K D, Suttajit M, et al. 2008. Geographic Distribution of Liver and Stomachcancers in Thailand in Relation to Estimated Dietary Intake of Nitrate, Nitrite, and Nitrosodimethylamine[J]. Nutrition and Cancer, 60(2): 196-203.

NordVal Validation Ref. No. 2005-30-5408-00045. Renewal of the NordVal certificate of 3M Petrifilm *E. coli*/Coliform Count Plate.

附　录

一、食品营养强化剂使用卫生标准

中华人民共和国国家标准 GB 14880—2012《食品安全国家标准　食品营养强化剂使用标准》

（2012-03-15 发布　　2013-01-01 实施，中华人民共和国卫生部发布）

1　范围

本标准规定了食品营养强化的主要目的、使用营养强化剂的要求、可强化食品类别的选择要求以及营养强化剂的使用规定。

本标准适用于食品中营养强化剂的使用。国家法律、法规和(或)标准另有规定的除外。

2　术语和定义

2.1　营养强化剂

为了增加食品的营养成分(价值)而加入到食品中的天然或人工合成的营养素和其他营养成分。

2.2　营养素

食物中具有特定生理作用，能维持机体生长、发育、活动、繁殖以及正常代谢所需的物质，包括蛋白质、脂肪、碳水化合物、矿物质、维生素等。

2.3　其他营养成分

除营养素以外的具有营养和(或)生理功能的其他食物成分。

2.4　特殊膳食用食品

为满足特殊的身体或生理状况和(或)满足疾病、紊乱等状态下的特殊膳食需求，专门加工或配方的食品。这类食品的营养素和(或)其他营养成分的含量与可类比的普通食品有显著不同。

3　营养强化的主要目的

3.1　弥补食品在正常加工、储存时造成的营养素损失。

3.2　在一定的地域范围内，有相当规模的人群出现某些营养素摄入水平低或缺乏，通过强化可以改善其摄入水平低或缺乏导致的健康影响。

3.3　某些人群由于饮食习惯和(或)其他原因可能出现某些营养素摄入量水平低或缺乏，通过强化可以改善其摄入水平低或缺乏导致的健康影响。

3.4　补充和调整特殊膳食用食品中营养素和(或)其他营养成分的含量。

4　使用营养强化剂的要求

4.1　营养强化剂的使用不应导致人群食用后营养素及其他营养成分摄入过量或不均

衡，不应导致任何营养素及其他营养成分的代谢异常。

4.2 营养强化剂的使用不应鼓励和引导与国家营养政策相悖的食品消费模式。

4.3 添加到食品中的营养强化剂应能在特定的储存、运输和食用条件下保持质量的稳定。

4.4 添加到食品中的营养强化剂不应导致食品一般特性如色泽、滋味、气味、烹调特性等发生明显不良改变。

4.5 不应通过使用营养强化剂夸大食品中某一营养成分的含量或作用误导和欺骗消费者。

5 可强化食品类别的选择要求

5.1 应选择目标人群普遍消费且容易获得的食品进行强化。

5.2 作为强化载体的食品消费量应相对比较稳定。

5.3 我国居民膳食指南中提倡减少食用的食品不宜作为强化的载体。

6 营养强化剂的使用规定

6.1 营养强化剂在食品中的使用范围、使用量应符合附录A的要求，允许使用的化合物来源应符合附录B的规定。

6.2 特殊膳食用食品中营养素及其他营养成分的含量按相应的食品安全国家标准执行，允许使用的营养强化剂及化合物来源应符合本标准附录C和(或)相应产品标准的要求。

7 食品类别(名称)说明

食品类别(名称)说明用于界定营养强化剂的使用范围，只适用于本标准，见附录D。如允许某一营养强化剂应用于某一食品类别(名称)时，则允许其应用于该类别下的所有类别食品，另有规定的除外。

8 营养强化剂质量标准

按照本标准使用的营养强化剂化合物来源应符合相应的质量规格要求。

附录A

食品营养强化剂使用规定

食品营养强化剂使用规定见表A.1。

表A.1 营养强化剂的允许使用品种、使用范围[a]及使用量

营养强化剂	食品分类号	食品类别(名称)	使用量
维生素类			
维生素A	01.01.03	调制乳	600μg/kg~1 000μg/kg
	01.03.02	调制乳粉(儿童用乳粉和孕产妇用乳粉除外)	3 000μg/kg~9 000μg/kg
		调制乳粉(仅限儿童用乳粉)	1 200μg/kg~7 000μg/kg
		调制乳粉(仅限孕产妇用乳粉)	2 000μg/kg~10 000μg/kg
	02.01.01.01	植物油	4 000μg/kg~8 000μg/kg
	02.02.01.02	人造黄油及其类似制品	4 000μg/kg~8 000μg/kg
	03.01	冰淇淋类、雪糕类	600μg/kg~1 200μg/kg
	04.04.01.07	豆粉、豆浆粉	3 000μg/kg~7 000μg/kg
	04.04.01.08	豆浆	600μg/kg~1 400μg/kg

（续）

营养强化剂	食品分类号	食品类别(名称)	使用量
维生素 A	06.02.01	大米	600μg/kg～1 200μg/kg
	06.03.01	小麦粉	600μg/kg～1 200μg/kg
	06.06	即食谷物，包括辗轧燕麦(片)	2 000μg/kg～6 000μg/kg
	07.02.02	西式糕点	2 330μg/kg～4 000μg/kg
	07.03	饼干	2 330μg/kg～4 000μg/kg
	14.03.01	含乳饮料	300μg/kg～1 000μg/kg
	14.06	固体饮料类	4 000μg/kg～17 000μg/kg
	16.01	果冻	600μg/kg～1 000μg/kg
	16.06	膨化食品	600μg/kg～1 500μg/kg
β-胡萝卜素	14.06	固体饮料类	3mg/kg～6mg/kg
维生素 D	01.01.03	调制乳	10μg/kg～40μg/kg
	01.03.02	调制乳粉(儿童用乳粉和孕产妇用乳粉除外)	63μg/kg～125μg/kg
		调制乳粉(仅限儿童用乳粉)	20μg/kg～112μg/kg
		调制乳粉(仅限孕产妇用乳粉)	23μg/kg～112μg/kg
	02.02.01.02	人造黄油及其类似制品	125μg/kg～156μg/kg
	03.01	冰淇淋类、雪糕类	10μg/kg～20μg/kg
	04.04.01.07	豆粉、豆浆粉	15μg/kg～60μg/kg
	04.04.01.08	豆浆	3μg/kg～15μg/kg
	06.05.02.03	藕粉	50μg/kg～100μg/kg
	06.06	即食谷物，包括辗轧燕麦(片)	12.5μg/kg～37.5μg/kg
	07.03	饼干	16.7μg/kg～33.3μg/kg
	07.05	其他焙烤食品	10μg/kg～70μg/kg
	14.02.03	果蔬汁(肉)饮料(包括发酵型产品等)	2μg/kg～10μg/kg
	14.03.01	含乳饮料	10μg/kg～40μg/kg
	14.04.02.02	风味饮料	2μg/kg～10μg/kg
	14.06	固体饮料类	10μg/kg～20μg/kg
	16.01	果冻	10μg/kg～40μg/kg
	16.06	膨化食品	10μg/kg～60μg/kg
维生素 E	01.01.03	调制乳	12mg/kg～50mg/kg
	01.03.02	调制乳粉(儿童用乳粉和孕产妇用乳粉除外)	100mg/kg～310mg/kg
		调制乳粉(仅限儿童用乳粉)	10mg/kg～60mg/kg
		调制乳粉(仅限孕产妇用乳粉)	32mg/kg～156mg/kg
	02.01.01.01	植物油	100mg/kg～180mg/kg
	02.02.01.02	人造黄油及其类似制品	100mg/kg～180mg/kg
	04.04.01.07	豆粉、豆浆粉	30mg/kg～70mg/kg

（续）

营养强化剂	食品分类号	食品类别（名称）	使用量
维生素 E	04.04.01.08	豆浆	5mg/kg～15mg/kg
	05.02.01	胶基糖果	1 050mg/kg～1 450mg/kg
	06.06	即食谷物，包括辗轧燕麦（片）	50mg/kg～125mg/kg
	14.0	饮料类（14.01，14.06 涉及品种除外）	10mg/kg～40mg/kg
	14.06	固体饮料	76mg/kg～180mg/kg
	16.01	果冻	10mg/kg～70mg/kg
维生素 K	01.03.02	调制乳粉（仅限儿童用乳粉）	420μg/kg～750μg/kg
		调制乳粉（仅限孕产妇用乳粉）	340μg/kg～680μg/kg
维生素 B_1	01.03.02	调制乳粉（仅限儿童用乳粉）	1.5mg/kg～14mg/kg
		调制乳粉（仅限孕产妇用乳粉）	3mg/kg～17mg/kg
	04.04.01.07	豆粉、豆浆粉	6mg/kg～15mg/kg
	04.04.01.08	豆浆	1mg/kg～3mg/kg
	05.02.01	胶基糖果	16mg/kg～33mg/kg
	06.02	大米及其制品	3mg/kg～5mg/kg
	06.03	小麦粉及其制品	3mg/kg～5mg/kg
	06.04	杂粮粉及其制品	3mg/kg～5mg/kg
	06.06	即食谷物，包括辗轧燕麦（片）	7.5mg/kg～17.5mg/kg
	07.01	面包	3mg/kg～5mg/kg
	07.02.02	西式糕点	3mg/kg～6mg/kg
	07.03	饼干	3mg/kg～6mg/kg
	14.03.01	含乳饮料	1mg/kg～2mg/kg
	14.04.02.02	风味饮料	2mg/kg～3mg/kg
	14.06	固体饮料类	9mg/kg～22mg/kg
	16.01	果冻	1mg/kg～7mg/kg
维生素 B_2	01.03.02	调制乳粉（仅限儿童用乳粉）	8mg/kg～14mg/kg
		调制乳粉（仅限孕产妇用乳粉）	4mg/kg～22mg/kg
	04.04.01.07	豆粉、豆浆粉	6mg/kg～15mg/kg
	04.04.01.08	豆浆	1mg/kg～3mg/kg
	05.02.01	胶基糖果	16mg/kg～33mg/kg
	06.02	大米及其制品	3mg/kg～5mg/kg
	06.03	小麦粉及其制品	3mg/kg～5mg/kg
	06.04	杂粮粉及其制品	3mg/kg～5mg/kg
	06.06	即食谷物，包括辗轧燕麦（片）	7.5mg/kg～17.5mg/kg

（续）

营养强化剂	食品分类号	食品类别(名称)	使用量
维生素 B_2	07.01	面包	3mg/kg~5mg/kg
	07.02.02	西式糕点	3.3mg/kg~7.0mg/kg
	07.03	饼干	3.3mg/kg~7.0mg/kg
	14.03.01	含乳饮料	1mg/kg~2mg/kg
	14.06	固体饮料类	9mg/kg~22mg/kg
	16.01	果冻	1mg/kg~7mg/kg
维生素 B_6	01.03.02	调制乳粉(儿童用乳粉和孕产妇用乳粉除外)	8mg/kg~16mg/kg
		调制乳粉(仅限儿童用乳粉)	1mg/kg~7mg/kg
		调制乳粉(仅限孕产妇用乳粉)	4mg/kg~22mg/kg
	06.06	即食谷物，包括辗轧燕麦(片)	10mg/kg~25mg/kg
	07.03	饼干	2mg/kg~5mg/kg
	07.05	其他焙烤食品	3mg/kg~15mg/kg
	14.0	饮料类(14.01、14.06 涉及品种除外)	0.4mg/kg~1.6mg/kg
	14.06	固体饮料类	7mg/kg~22mg/kg
	16.01	果冻	1mg/kg~7mg/kg
维生素 B_{12}	01.03.02	调制乳粉(仅限儿童用乳粉)	10μg/kg~30μg/kg
		调制乳粉(仅限孕产妇用乳粉)	10μg/kg~66μg/kg
	06.06	即食谷物，包括辗轧燕麦(片)	5μg/kg~10μg/kg
	07.05	其他焙烤食品	10μg/kg~70μg/kg
	14.0	饮料类(14.01、14.06 涉及品种除外)	0.6μg/kg~1.8μg/kg
	14.06	固体饮料类	10μg/kg~66μg/kg
	16.01	果冻	2μg/kg~6μg/kg
维生素 C	01.02.02	风味发酵乳	120mg/kg~240mg/kg
	01.03.02	调制乳粉(儿童用乳粉和孕产妇用乳粉除外)	300mg/kg~1 000mg/kg
		调制乳粉(仅限儿童用乳粉)	140mg/kg~800mg/kg
		调制乳粉(仅限孕产妇用乳粉)	1 000mg/kg~1 600mg/kg
	04.01.02.01	水果罐头	200mg/kg~400mg/kg
	04.01.02.02	果泥	50mg/kg~100mg/kg
	04.04.01.07	豆粉、豆浆粉	400mg/kg~700mg/kg
	05.02.01	胶基糖果	630mg/kg~13 000mg/kg
	05.02.02	除胶基糖果以外的其他糖果	1 000mg/kg~6 000mg/kg
	06.06	即食谷物，包括辗轧燕麦(片)	300mg/kg~750mg/kg
	14.02.03	果蔬汁(肉)饮料(包括发酵型产品等)	250mg/kg~500mg/kg

（续）

营养强化剂	食品分类号	食品类别(名称)	使用量
维生素 C	14.03.01	含乳饮料	120mg/kg～240mg/kg
	14.04	水基调味饮料类	250mg/kg～500mg/kg
	14.06	固体饮料类	1 000mg/kg～2 250mg/kg
	16.01	果冻	120mg/kg～240mg/kg
烟酸(尼克酸)	01.03.02	调制乳粉(仅限儿童用乳粉)	23mg/kg～47mg/kg
		调制乳粉(仅限孕产妇用乳粉)	42mg/kg～100mg/kg
	04.04.01.07	豆粉、豆浆粉	60mg/kg～120mg/kg
	04.04.01.08	豆浆	10mg/kg～30mg/kg
	06.02	大米及其制品	40mg/kg～50mg/kg
	06.03	小麦粉及其制品	40mg/kg～50mg/kg
	06.04	杂粮粉及其制品	40mg/kg～50mg/kg
	06.06	即食谷物，包括辗轧燕麦(片)	75mg/kg～218mg/kg
	07.01	面包	40mg/kg～50mg/kg
	07.03	饼干	30mg/kg～60mg/kg
	14.0	饮料类(14.01、14.06 涉及品种除外)	3mg/kg～18mg/kg
	14.06	固体饮料类	110mg/kg～330mg/kg
叶酸	01.01.03	调制乳(仅限孕产妇用调制乳)	400μg/kg～1 200μg/kg
	01.03.02	调制乳粉(儿童用乳粉和孕产妇用乳粉除外)	2 000μg/kg～5 000μg/kg
		调制乳粉(仅限儿童用乳粉)	420μg/kg～3 000μg/kg
		调制乳粉(仅限孕产妇用乳粉)	2 000μg/kg～8 200μg/kg
	06.02.01	大米(仅限免淘洗大米)	1 000μg/kg～3 000μg/kg
	06.03.01	小麦粉	1 000μg/kg～3 000μg/kg
	06.06	即食谷物，包括辗轧燕麦(片)	1 000μg/kg～2 500μg/kg
	07.03	饼干	390μg/kg～780μg/kg
	07.05	其他焙烤食品	2 000μg/kg～7 000μg/kg
	14.02.03	果蔬汁(肉)饮料(包括发酵型产品等)	157μg/kg～313μg/kg
	14.06	固体饮料类	600μg/kg～6 000μg/kg
	16.01	果冻	50μg/kg～100μg/kg
泛酸	01.03.02	调制乳粉(仅限儿童用乳粉)	6mg/kg～60mg/kg
		调制乳粉(仅限孕产妇用乳粉)	20mg/kg～80mg/kg
	06.06	即食谷物，包括辗轧燕麦(片)	30mg/kg～50mg/kg
	14.04.01	碳酸饮料	1.1mg/kg～2.2mg/kg
	14.04.02.02	风味饮料	1.1mg/kg～2.2mg/kg

（续）

营养强化剂	食品分类号	食品类别(名称)	使用量
泛酸	14.05.01	茶饮料类	1.1mg/kg~2.2mg/kg
	14.06	固体饮料类	22mg/kg~80mg/kg
	16.01	果冻	2mg/kg~5mg/kg
生物素	01.03.02	调制乳粉(仅限儿童用乳粉)	38μg/kg~76μg/kg
胆碱	01.03.02	调制乳粉(仅限儿童用乳粉)	800mg/kg~1 500mg/kg
		调制乳粉(仅限孕产妇用乳粉)	1 600mg/kg~3 400mg/kg
	16.01	果冻	50mg/kg~100mg/kg
肌醇	01.03.02	调制乳粉(仅限儿童用乳粉)	210mg/kg~250mg/kg
	14.02.03	果蔬汁(肉)饮料(包括发酵型产品等)	60mg/kg~120mg/kg
	14.04.02.02	风味饮料	60mg/kg~120mg/kg
矿物质类			
铁	01.01.03	调制乳	10mg/kg~20mg/kg
	01.03.02	调制乳粉(儿童用乳粉和孕产妇用乳粉除外)	60mg/kg~200mg/kg
		调制乳粉(仅限儿童用乳粉)	25mg/kg~135mg/kg
		调制乳粉(仅限孕产妇用乳粉)	50mg/kg~280mg/kg
	04.04.01.07	豆粉、豆浆粉	46mg/kg~80mg/kg
	05.02.02	除胶基糖果以外的其他糖果	600mg/kg~1 200mg/kg
	06.02	大米及其制品	14mg/kg~26mg/kg
	06.03	小麦粉及其制品	14mg/kg~26mg/kg
	06.04	杂粮粉及其制品	14mg/kg~26mg/kg
	06.06	即食谷物，包括辗轧燕麦(片)	35mg/kg~80mg/kg
	07.01	面包	14mg/kg~26mg/kg
	07.02.02	西式糕点	40mg/kg~60mg/kg
	07.03	饼干	40mg/kg~80mg/kg
	07.05	其他焙烤食品	50mg/kg~200mg/kg
	12.04	酱油	180mg/kg~260mg/kg
	14.0	饮料类(14.01 及 14.06 涉及品种除外)	10mg/kg~20mg/kg
	14.06	固体饮料类	95mg/kg~220mg/kg
	16.01	果冻	10mg/kg~20mg/kg
钙	01.01.03	调制乳	250mg/kg~1 000mg/kg
	01.03.02	调制乳粉(儿童用乳粉除外)	3 000mg/kg~7 200mg/kg
		调制乳粉(仅限儿童用乳粉)	3 000mg/kg~6 000mg/kg
	01.06	干酪和再制干酪	2 500mg/kg~10 000mg/kg

（续）

营养强化剂	食品分类号	食品类别(名称)	使用量
钙	03. 01	冰淇淋类、雪糕类	2 400mg/kg~3 000mg/kg
	04. 04. 01. 07	豆粉、豆浆粉	1 600mg/kg~8 000mg/kg
	06. 02	大米及其制品	1 600mg/kg~3 200mg/kg
	06. 03	小麦粉及其制品	1 600mg/kg~3 200mg/kg
	06. 04	杂粮粉及其制品	1 600mg/kg~3 200mg/kg
	06. 05. 02. 03	藕粉	2 400mg/kg~3 200mg/kg
	06. 06	即食谷物，包括辗轧燕麦(片)	2 000mg/kg~7 000mg/kg
	07. 01	面包	1 600mg/kg~3 200mg/kg
	07. 02. 02	西式糕点	2 670mg/kg~5 330mg/kg
	07. 03	饼干	2 670mg/kg~5 330mg/kg
	07. 05	其他焙烤食品	3 000mg/kg~15 000mg/kg
	08. 03. 05	肉灌肠类	850mg/kg~1 700mg/kg
	08. 03. 07. 01	肉松类	2 500mg/kg~5 000mg/kg
	08. 03. 07. 02	肉干类	1 700mg/kg~2 550mg/kg
	10. 03. 01	脱水蛋制品	190mg/kg~650mg/kg
	12. 03	醋	6 000mg/kg~8 000mg/kg
	14. 0	饮料类(14. 01、14. 02 及 14. 06 涉及品种除外)	160mg/kg~1 350mg/kg
	14. 02. 03	果蔬汁(肉)饮料(包括发酵型产品等)	1 000mg/kg~1 800mg/kg
	14. 06	固体饮料类	2 500mg/kg~10 000mg/kg
	16. 01	果冻	390mg/kg~800mg/kg
锌	01. 01. 03	调制乳	5mg/kg~10mg/kg
	01. 03. 02	调制乳粉(儿童用乳粉和孕产妇用乳粉除外)	30mg/kg~60mg/kg
		调制乳粉(仅限儿童用乳粉)	50mg/kg~175mg/kg
		调制乳粉(仅限孕产妇用乳粉)	30mg/kg~140mg/kg
	04. 04. 01. 07	豆粉、豆浆粉	29mg/kg~55. 5mg/kg
	06. 02	大米及其制品	10mg/kg~40mg/kg
	06. 03	小麦粉及其制品	10mg/kg~40mg/kg
	06. 04	杂粮粉及其制品	10mg/kg~40mg/kg
	06. 06	即食谷物，包括辗轧燕麦(片)	37. 5mg/kg~112. 5mg/kg
	07. 01	面包	10mg/kg~40mg/kg
	07. 02. 02	西式糕点	45mg/kg~80mg/kg
	07. 03	饼干	45mg/kg~80mg/kg
	14. 0	饮料类(14. 01 及 14. 06 涉及品种除外)	3mg/kg~20mg/kg
	14. 06	固体饮料类	60mg/kg~180mg/kg
	16. 01	果冻	10mg/kg~20mg/kg

（续）

营养强化剂	食品分类号	食品类别（名称）	使用量
硒	01.03.02	调制乳粉（儿童用乳粉除外）	140μg/kg～280μg/kg
		调制乳粉（仅限儿童用乳粉）	60μg/kg～130μg/kg
	06.02	大米及其制品	140μg/kg～280μg/kg
	06.03	小麦粉及其制品	140μg/kg～280μg/kg
	06.04	杂粮粉及其制品	140μg/kg～280μg/kg
	07.01	面包	140μg/kg～280μg/kg
	07.03	饼干	30μg/kg～110μg/kg
	14.03.01	含乳饮料	50μg/kg～200μg/kg
镁	01.03.02	调制乳粉（儿童用乳粉和孕产妇用乳粉除外）	300mg/kg～1 100mg/kg
	01.03.02	调制乳粉（仅限儿童用乳粉）	300mg/kg～2 800mg/kg
		调制乳粉（仅限孕产妇用乳粉）	300mg/kg～2 300mg/kg
	14.0	饮料类（14.01 及 14.06 涉及品种除外）	30mg/kg～60mg/kg
	14.06	固体饮料类	1 300mg/kg～2 100mg/kg
铜	01.03.02	调制乳粉（儿童用乳粉和孕产妇用乳粉除外）	3mg/kg～7.5mg/kg
		调制乳粉（仅限儿童用乳粉）	2mg/kg～12mg/kg
		调制乳粉（仅限孕产妇用乳粉）	4mg/kg～23mg/kg
锰	01.03.02	调制乳粉（儿童用乳粉和孕产妇用乳粉除外）	0.3mg/kg～4.3mg/kg
		调制乳粉（仅限儿童用乳粉）	7mg/kg～15mg/kg
		调制乳粉（仅限孕产妇用乳粉）	11mg/kg～26mg/kg
钾	01.03.02	调制乳粉（仅限孕产妇用乳粉）	7 000mg/kg～14 100mg/kg
磷	04.04.01.07	豆粉、豆浆粉	1 600mg/kg～3 700mg/kg
	14.06	固体饮料类	1 960mg/kg～7 040mg/kg
其　他			
L-赖氨酸	06.02	大米及其制品	1g/kg～2g/kg
	06.03	小麦粉及其制品	1g/kg～2g/kg
	06.04	杂粮粉及其制品	1g/kg～2g/kg
	07.01	面包	1g/kg～2g/kg
牛磺酸	01.03.02	调制乳粉	0.3g/kg～0.5g/kg
	04.04.01.07	豆粉、豆浆粉	0.3g/kg～0.5g/kg
	04.04.01.08	豆浆	0.06g/kg～0.1g/kg
	14.03.01	含乳饮料	0.1g/kg～0.5g/kg
	14.04.02.01	特殊用途饮料	0.1g/kg～0.5g/kg
	14.04.02.02	风味饮料	0.4g/kg～0.6g/kg
	14.06	固体饮料类	1.1g/kg～1.4g/kg
	16.01	果冻	0.3g/kg～0.5g/kg

（续）

营养强化剂	食品分类号	食品类别（名称）	使用量
左旋肉碱（L-肉碱）	01.03.02	调制乳粉（儿童用乳粉除外）	300mg/kg～400mg/kg
		调制乳粉（仅限儿童用乳粉）	50mg/kg～150mg/kg
	14.02.03	果蔬汁（肉）饮料（包括发酵型产品等）	600mg/kg～3 000mg/kg
	14.03.01	含乳饮料	600mg/kg～3 000mg/kg
	14.04.02.01	特殊用途饮料（仅限运动饮料）	100mg/kg～1 000mg/kg
	14.04.02.02	风味饮料	600mg/kg～3 000mg/kg
	14.06	固体饮料类	6 000mg/kg～30 000mg/kg
γ-亚麻酸	01.03.02	调制乳粉	20g/kg～50g/kg
	02.01.01.01	植物油	20g/kg～50g/kg
	14.0	饮料类（14.01，14.06 涉及品种除外）	20g/kg～50g/kg
叶黄素	01.03.02	调制乳粉（仅限儿童用乳粉，液体按稀释倍数折算）	1 620μg/kg～2 700μg/kg
低聚果糖	01.03.02	调制乳粉（仅限儿童用乳粉和孕产妇用乳粉）	≤64.5g/kg
1，3-二油酸 2-棕榈酸甘油三酯	01.03.02	调制乳粉（仅限儿童用乳粉，液体按稀释倍数折算）	24g/kg～96g/kg
花生四烯酸（AA 或 ARA）	01.03.02	调制乳粉（仅限儿童用乳粉）	≤1%（占总脂肪酸的百分比）
二十二碳六烯酸（DHA）	01.03.02	调制乳粉（仅限儿童用乳粉）	≤0.5%（占总脂肪酸的百分比）
		调制乳粉（仅限孕产妇用乳粉）	300mg/kg～1 000mg/kg
乳铁蛋白	01.01.03	调制乳	≤1.0g/kg
	01.02.02	风味发酵乳	≤1.0g/kg
	14.03.01	含乳饮料	≤1.0g/kg
酪蛋白钙肽	06.0	粮食和粮食制品，包括大米、面粉、杂粮、淀粉等（06.01 及 07.0 涉及品种除外）	≤1.6g/kg
	14.0	饮料类（14.01 涉及品种除外）	≤1.6g/kg（固体饮料按冲调倍数增加使用量）
酪蛋白磷酸肽	01.01.03	调制乳	≤1.6g/kg
	01.02.02	风味发酵乳	≤1.6g/kg
	06.0	粮食和粮食制品，包括大米、面粉、杂粮、淀粉等（06.01 及 07.0 涉及品种除外）	≤1.6g/kg
	14.0	饮料类（14.01 涉及品种除外）	≤1.6g/kg（固体饮料按冲调倍数增加使用量）

a 使用范围以食品分类号和食品类别（名称）表示。

附录 B
允许使用的营养强化剂化合物来源名单

允许使用的营养强化剂化合物来源名单见表 B.1。

表 B.1 允许使用的营养强化剂化合物来源名单

营养强化剂	化合物来源
维生素 A	醋酸视黄酯(醋酸维生素 A) 棕榈酸视黄酯(棕榈酸维生素 A) 全反式视黄醇 β-胡萝卜素
β-胡萝卜素	β-胡萝卜素
维生素 D	麦角钙化醇(维生素 D_2) 胆钙化醇(维生素 D_3)
维生素 E	d-α-生育酚 dl-α-生育酚 d-α-醋酸生育酚 dl-α-醋酸生育酚 混合生育酚浓缩物 维生素 E 琥珀酸钙 d-α-琥珀酸生育酚 dl-α-琥珀酸生育酚
维生素 K	植物甲萘醌
维生素 B_1	盐酸硫胺素 硝酸硫胺素
维生素 B_2	核黄素 核黄素-5′-磷酸钠
维生素 B_6	盐酸吡哆醇 5′-磷酸吡哆醛
维生素 B_{12}	氰钴胺 盐酸氰钴胺 羟钴胺
维生素 C	L-抗坏血酸 L-抗坏血酸钙 维生素 C 磷酸酯镁 L-抗坏血酸钠 L-抗坏血酸钾 L-抗坏血酸-6-棕榈酸盐(抗坏血酸棕榈酸酯)

（续）

营养强化剂	化合物来源
烟酸(尼克酸)	烟酸 烟酰胺
叶酸	叶酸(蝶酰谷氨酸)
泛酸	D-泛酸钙 D-泛酸钠
营养强化剂	化合物来源
生物素	D-生物素
胆碱	氯化胆碱 酒石酸氢胆碱
肌醇	肌醇(环已六醇)
铁	硫酸亚铁 葡萄糖酸亚铁 柠檬酸铁铵 富马酸亚铁 柠檬酸铁 乳酸亚铁 氯化高铁血红素 焦磷酸铁 铁卟啉 甘氨酸亚铁 还原铁 乙二胺四乙酸铁钠 羰基铁粉 碳酸亚铁 柠檬酸亚铁 延胡索酸亚铁 琥珀酸亚铁 血红素铁 电解铁
钙	碳酸钙 葡萄糖酸钙 柠檬酸钙 乳酸钙 L-乳酸钙 磷酸氢钙

（续）

营养强化剂	化合物来源
钙	L-苏糖酸钙 甘氨酸钙 天门冬氨酸钙 柠檬酸苹果酸钙 醋酸钙(乙酸钙) 氯化钙 磷酸三钙(磷酸钙) 维生素 E 琥珀酸钙 甘油磷酸钙 氧化钙 硫酸钙 骨粉(超细鲜骨粉)
锌	硫酸锌 葡萄糖酸锌 甘氨酸锌 氧化锌 乳酸锌 柠檬酸锌 氯化锌 乙酸锌 碳酸锌
硒	亚硒酸钠 硒酸钠 硒蛋白 富硒食用菌粉 L-硒-甲基硒代半胱氨酸 硒化卡拉胶(仅限用于 14.03.01 含乳饮料) 富硒酵母(仅限用于 14.03.01 含乳饮料)
镁	硫酸镁 氯化镁 氧化镁 碳酸镁 磷酸氢镁 葡萄糖酸镁

（续）

营养强化剂	化合物来源
铜	硫酸铜 葡萄糖酸铜 柠檬酸铜 碳酸铜
锰	硫酸锰 氯化锰 碳酸锰 柠檬酸锰 葡萄糖酸锰
钾	葡萄糖酸钾 柠檬酸钾 磷酸二氢钾 磷酸氢二钾 氯化钾
磷	磷酸三钙（磷酸钙） 磷酸氢钙
L-赖氨酸	L-盐酸赖氨酸 L-赖氨酸天门冬氨酸盐
牛磺酸	牛磺酸（氨基乙基磺酸）
左旋肉碱（L-肉碱）	左旋肉碱（L-肉碱） 左旋肉碱酒石酸盐（L-肉碱酒石酸盐）
γ-亚麻酸	γ-亚麻酸
叶黄素	叶黄素（万寿菊来源）
低聚果糖	低聚果糖（菊苣来源）
1，3-二油酸 2-棕榈酸甘油三酯	1，3-二油酸 2-棕榈酸甘油三酯
花生四烯酸（AA 或 ARA）	花生四烯酸油脂，来源：高山被孢霉（*Mortierella alpina*）
二十二碳六烯酸（DHA）	二十二碳六烯酸油脂，来源：裂壶藻（*Schizochytrium* sp.）、吾肯氏壶藻（*Ulkenia amoeboida*）、寇氏隐甲藻（*Crypthecodinium cohnii*）； 金枪鱼油（Tuna oil）
乳铁蛋白	乳铁蛋白
酪蛋白钙肽	酪蛋白钙肽
酪蛋白磷酸肽	酪蛋白磷酸肽

附录C

允许用于特殊膳食用食品的营养强化剂及化合物来源

表 C.1 规定了允许用于特殊膳食用食品的营养强化剂及化合物来源。

表 C.2 规定了仅允许用于部分特殊膳食用食品的其他营养成分及使用量。

表 C.1 允许用于特殊膳食用食品的营养强化剂及化合物来源

营养强化剂	化合物来源
维生素 A	醋酸视黄酯(醋酸维生素 A) 棕榈酸视黄酯(棕榈酸维生素 A) β-胡萝卜素 全反式视黄醇
维生素 D	麦角钙化醇(维生素 D_2) 胆钙化醇(维生素 D_3)
维生素 E	d-α-生育酚 dl-α-生育酚 d-α-醋酸生育酚 dl-α-醋酸生育酚 混合生育酚浓缩物 d-α-琥珀酸生育酚 dl-α-琥珀酸生育酚
维生素 K	植物甲萘醌
维生素 B_1	盐酸硫胺素 硝酸硫胺素
维生素 B_2	核黄素 核黄素-5′-磷酸钠
维生素 B_6	盐酸吡哆醇 5′-磷酸吡哆醛
维生素 B_{12}	氰钴胺 盐酸氰钴胺 羟钴胺
维生素 C	L-抗坏血酸 L-抗坏血酸钠 L-抗坏血酸钙 L-抗坏血酸钾 抗坏血酸-6-棕榈酸盐(抗坏血酸棕榈酸酯)
烟酸(尼克酸)	烟酸 烟酰胺
叶酸	叶酸(蝶酰谷氨酸)

（续）

营养强化剂	化合物来源
泛酸	D-泛酸钙 D-泛酸钠
生物素	D-生物素
胆碱	氯化胆碱
酒石酸氢胆碱	
肌醇	肌醇(环己六醇)
钠	碳酸氢钠 磷酸二氢钠 柠檬酸钠 氯化钠 磷酸氢二钠
钾	葡萄糖酸钾 柠檬酸钾 磷酸二氢钾 磷酸氢二钾 氯化钾
铜	硫酸铜 葡萄糖酸铜 柠檬酸铜 碳酸铜
镁	硫酸镁 氯化镁 氧化镁 碳酸镁 磷酸氢镁 葡萄糖酸镁
铁	硫酸亚铁 葡萄糖酸亚铁 柠檬酸铁铵 富马酸亚铁 柠檬酸铁 焦磷酸铁 乙二胺四乙酸铁钠(仅限用于辅食营养补充品)

（续）

营养强化剂	化合物来源
锌	硫酸锌 葡萄糖酸锌 氧化锌 乳酸锌 柠檬酸锌 氯化锌 乙酸锌
锰	硫酸锰 氯化锰 碳酸锰 柠檬酸锰 葡萄糖酸锰
钙	碳酸钙 葡萄糖酸钙 柠檬酸钙 L-乳酸钙 磷酸氢钙 氯化钙 磷酸三钙（磷酸钙） 甘油磷酸钙 氧化钙 硫酸钙
磷	磷酸三钙（磷酸钙） 磷酸氢钙
碘	碘酸钾 碘化钾 碘化钠
硒	硒酸钠 亚硒酸钠
铬	硫酸铬 氯化铬
钼	钼酸钠 钼酸铵

（续）

营养强化剂	化合物来源
牛磺酸	牛磺酸(氨基乙基磺酸)
L-蛋氨酸(L-甲硫氨酸)	非动物源性
L-酪氨酸	非动物源性
L-色氨酸	非动物源性
左旋肉碱(L-肉碱)	左旋肉碱(L-肉碱) 左旋肉碱酒石酸盐(L-肉碱酒石酸盐)
二十二碳六烯酸(DHA)	二十二碳六烯酸油脂，来源：裂壶藻(*Schizochytrium* sp.)、吾肯氏壶藻(*Ulkenia amoeboida*)、寇氏隐甲藻(*Crypthecodinium cohnii*)； 金枪鱼油(Tuna oil)
花生四烯酸(AA 或 ARA)	花生四烯酸油脂，来源：高山被孢霉(*Mortierella alpina*)

表 C.2　仅允许用于部分特殊膳食用食品的其他营养成分及使用量

营养强化剂	食品分类号	食品类别(名称)	使用量[a]
低聚半乳糖(乳糖来源) 低聚果糖(菊苣来源) 多聚果糖(菊苣来源) 棉子糖(甜菜来源)	13.01 13.02.01	婴幼儿配方食品 婴幼儿谷类辅助食品	单独或混合使用，该类物质总量不超过 64.5g/kg
聚葡萄糖	13.01	婴幼儿配方食品	15.6g/kg~31.25g/kg
1，3-二油酸 2-棕榈酸甘油三酯	13.01.01	婴儿配方食品	32g/kg~96g/kg
	13.01.02	较大婴儿和幼儿配方食品	24g/kg~96g/kg
	13.01.03	特殊医学用途婴儿配方食品	32g/kg~96g/kg
叶黄素(万寿菊来源)	13.01.01	婴儿配方食品	300μg/kg~2 000μg/kg
	13.01.02	较大婴儿和幼儿配方食品	1 620μg/kg~4 230μg/kg
	13.01.03	特殊医学用途婴儿配方食品	300μg/kg~2 000μg/kg
二十二碳六烯酸(DHA)	13.02.01	婴幼儿谷类辅助食品	≤1 150mg/kg
花生四烯酸(AA 或 ARA)	13.02.01	婴幼儿谷类辅助食品	≤2 300mg/kg
核苷酸 来源包括以下化合物： 5′单磷酸胞苷(5′-CMP)、5′单磷酸尿苷(5′-UMP)、5′单磷酸腺苷(5′-AMP)、5′-肌苷酸二钠、5′-鸟苷酸二钠、5′-尿苷酸二钠、5′-胞苷酸二钠	13.01	婴幼儿配方食品	0.12g/kg~0.58g/kg(以核苷酸总量计)

（续）

营养强化剂	食品分类号	食品类别(名称)	使用量[a]
乳铁蛋白	13.01	婴幼儿配方食品	≤1.0g/kg
酪蛋白钙肽	13.01	婴幼儿配方食品	≤3.0g/kg
	13.02	婴幼儿辅助食品	≤3.0g/kg
酪蛋白磷酸肽	13.01	婴幼儿配方食品	≤3.0g/kg
	13.02	婴幼儿辅助食品	≤3.0g/kg

a 使用量仅限于粉状产品，在液态产品中使用需按相应的稀释倍数折算。

附录 D
食品类别(名称)说明

食品类别(名称)说明见表 D.1。

表 D.1 食品类别(名称)说明

食品分类号	食品类别(名称)
01.0	乳及乳制品(13.0 特殊膳食用食品涉及品种除外)
01.01	巴氏杀菌乳、灭菌乳和调制乳
01.01.01	巴氏杀菌乳
01.01.02	灭菌乳
01.01.03	调制乳
01.02	发酵乳和风味发酵乳
01.02.01	发酵乳
01.02.02	风味发酵乳
01.03	乳粉其调制产品
01.03.01	乳粉
01.03.02	调制乳粉
01.04	炼乳及其调制产品
01.04.01	淡炼乳
01.04.02	调制炼乳
01.05	稀奶油(淡奶油)及其类似品
01.06	干酪和再制干酪
01.07	以乳为主要配料的即食风味甜点或其预制产品(不包括冰淇淋和调味酸奶)
01.08	其他乳制品(如乳清粉、酪蛋白粉等)
02.0	脂肪，油和乳化脂肪制品
02.01	基本不含水的脂肪和油
02.01.01	植物油脂
02.01.01.01	植物油
02.01.01.02	氢化植物油
02.01.02	动物油脂(包括猪油、牛油、鱼油和其他动物脂肪等)
02.01.03	无水黄油，无水乳脂

（续）

食品分类号	食品类别(名称)
02. 02	水油状脂肪乳化制品
02. 02. 01	脂肪含量 80%以上的乳化制品
02. 02. 01. 01	黄油和浓缩黄油
02. 02. 01. 02	人造黄油及其类似制品(如黄油和人造黄油混合品)
02. 02. 02	脂肪含量 80%以下的乳化制品
02. 03	02. 02 类以外的脂肪乳化制品，包括混合的和(或)调味的脂肪乳化制品
02. 04	脂肪类甜品
02. 05	其他油脂或油脂制品
03. 0	冷冻饮品
03. 01	冰淇淋类、雪糕类
03. 02	—
03. 03	风味冰、冰棍类
03. 04	食用冰
03. 05	其他冷冻饮品
04. 0	水果、蔬菜(包括块根类)、豆类、食用菌、藻类、坚果以及籽类等
04. 01	水果
04. 01. 01	新鲜水果
04. 01. 02	加工水果
04. 01. 02. 01	水果罐头
04. 01. 02. 02	果泥
04. 02	蔬菜
04. 02. 01	新鲜蔬菜
04. 02. 02	加工蔬菜
04. 03	食用菌和藻类
04. 03. 01	新鲜食用菌和藻类
04. 03. 02	加工食用菌和藻类
04. 04	豆类制品
04. 04. 01	非发酵豆制品
04. 04. 01. 01	豆腐类
04. 04. 01. 02	豆干类
04. 04. 01. 03	豆干再制品
04. 04. 01. 04	腐竹类(包括腐竹、油皮等)
04. 04. 01. 05	新型豆制品(大豆蛋白膨化食品、大豆素肉等)
04. 04. 01. 06	熟制豆类

（续）

食品分类号	食品类别(名称)
04. 04. 01. 07	豆粉、豆浆粉
04. 04. 01. 08	豆浆
04. 04. 02	发酵豆制品
04. 04. 02. 01	腐乳类
04. 04. 02. 02	豆豉及其制品(包括纳豆)
04. 04. 03	其他豆制品
04. 05	坚果和籽类
04. 05. 01	新鲜坚果与籽类
04. 05. 02	加工坚果与籽类
05. 0	可可制品、巧克力和巧克力制品(包括代可可脂巧克力及制品)以及糖果
05. 01	可可制品、巧克力和巧克力制品，包括代可可脂巧克力及制品
05. 01. 01	可可制品(包括以可可为主要原料的脂、粉、浆、酱、馅等)
05. 01. 02	巧克力和巧克力制品(05. 01. 01 涉及品种除外)
05. 01. 03	代可可脂巧克力及使用可可代用品的巧克力类似产品
05. 02	糖果
05. 02. 01	胶基糖果
05. 02. 02	除胶基糖果以外的其他糖果
05. 03	糖果和巧克力制品包衣
05. 04	装饰糖果(如工艺造型，或用于蛋糕装饰)、顶饰(非水果材料)和甜汁
06. 0	粮食和粮食制品，包括大米、面粉、杂粮、淀粉等(07. 0 焙烤食品涉及品种除外)
06. 01	原粮
06. 02	大米及其制品
06. 02. 01	大米
06. 02. 02	大米制品
06. 02. 03	米粉(包括汤圆粉等)
06. 02. 04	米粉制品
06. 03	小麦粉及其制品
06. 03. 01	小麦粉
06. 03. 02	小麦粉制品
06. 04	杂粮粉及其制品
06. 04. 01	杂粮粉
06. 04. 02	杂粮制品
06. 04. 02. 01	八宝粥罐头
06. 04. 02. 02	其他杂粮制品

（续）

食品分类号	食品类别(名称)
06. 05	淀粉及淀粉类制品
06. 05. 01	食用淀粉
06. 05. 02	淀粉制品
06. 05. 02. 01	粉丝、粉条
06. 05. 02. 02	虾味片
06. 05. 02. 03	藕粉
06. 05. 02. 04	粉圆
06. 06	即食谷物，包括碾轧燕麦(片)
06. 07	方便米面制品
06. 08	冷冻米面制品
06. 09	谷类和淀粉类甜品(如米布丁、木薯布丁)
06. 10	粮食制品馅料
07. 0	焙烤食品
07. 01	面包
07. 02	糕点
07. 02. 01	中式糕点(月饼除外)
07. 02. 02	西式糕点
07. 02. 03	月饼
07. 02. 04	糕点上彩装
07. 03	饼干
07. 03. 01	夹心及装饰类饼干
07. 03. 02	威化饼干
07. 03. 03	蛋卷
07. 03. 04	其他饼干
07. 04	焙烤食品馅料及表面用挂浆
07. 05	其他焙烤食品
08. 0	肉及肉制品
08. 01	生、鲜肉
08. 02	预制肉制品
08. 03	熟肉制品
08. 03. 01	酱卤肉制品类
08. 03. 02	熏、烧、烤肉类
08. 03. 03	油炸肉类

(续)

食品分类号	食品类别(名称)
08. 03. 04	西式火腿(熏烤、烟熏、蒸煮火腿)类
08. 03. 05	肉灌肠类
08. 03. 06	发酵肉制品类
08. 03. 07	熟肉干制品
08. 03. 07. 01	肉松类
08. 03. 07. 02	肉干类
08. 03. 07. 03	肉脯类
08. 03. 08	肉罐头类
08. 03. 09	可食用动物肠衣类
08. 03. 10	其他肉及肉制品
09. 0	水产及其制品(包括鱼类、甲壳类、贝类、软体类、棘皮类等水产及其加工制品等)
09. 01	鲜水产
09. 02	冷冻水产品及其制品
09. 03	预制水产品(半成品)
09. 04	熟制水产品(可直接食用)
09. 05	水产品罐头
09. 06	其他水产品及其制品
10. 0	蛋及蛋制品
10. 01	鲜蛋
10. 02	再制蛋(不改变物理性状)
10. 03	蛋制品(改变其物理性状)
10. 03. 01	脱水蛋制品(如蛋白粉、蛋黄粉、蛋白片)
10. 03. 02	热凝固蛋制品(如蛋黄酪、松花蛋肠)
10. 03. 03	冷冻蛋制品(如冰蛋)
10. 03. 04	液体蛋
10. 04	其他蛋制品
11. 0	甜味料，包括蜂蜜
11. 01	食糖
11. 01. 01	白糖及白糖制品(如白砂糖、绵白糖、冰糖、方糖等)
11. 01. 02	其他糖和糖浆(如红糖、赤砂糖、槭树糖浆)
11. 02	淀粉糖(果糖、葡萄糖、饴糖、部分转化糖等)
11. 03	蜂蜜及花粉
11. 04	餐桌甜味料

（续）

食品分类号	食品类别(名称)
11.05	调味糖浆
11.06	其他甜味料
12.0	调味品
12.01	盐及代盐制品
12.02	鲜味剂和助鲜剂
12.03	醋
12.04	酱油
12.05	酱及酱制品
12.06	—
12.07	料酒及制品
12.08	—
12.09	香辛料类
12.10	复合调味料
12.10.01	固体复合调味料
12.10.02	半固体复合调味料
12.10.03	液体复合调味料(12.03，12.04 中涉及品种除外)
12.11	其他调味料
13.0	特殊膳食用食品
13.01	婴幼儿配方食品
13.01.01	婴儿配方食品
13.01.02	较大婴儿和幼儿配方食品
13.01.03	特殊医学用途婴儿配方食品
13.02	婴幼儿辅助食品
13.02.01	婴幼儿谷类辅助食品
13.02.02	婴幼儿罐装辅助食品
13.03	特殊医学用途配方食品(13.01 中涉及品种除外)
13.04	低能量配方食品
13.05	除 13.01~13.04 外的其他特殊膳食用食品
14.0	饮料类
14.01	包装饮用水类
14.02	果蔬汁类
14.02.01	果蔬汁(浆)
14.02.02	浓缩果蔬汁(浆)

（续）

食品分类号	食品类别（名称）
14.02.03	果蔬汁（肉）饮料（包括发酵型产品等）
14.03	蛋白饮料类
14.03.01	含乳饮料
14.03.02	植物蛋白饮料
14.03.03	复合蛋白饮料
14.04	水基调味饮料类
14.04.01	碳酸饮料
14.04.02	非碳酸饮料
14.04.02.01	特殊用途饮料（包括运动饮料、营养素饮料等）
14.04.02.02	风味饮料（包括果味、乳味、茶味、咖啡味及其他味饮料等）
14.05	茶、咖啡、植物饮料类
14.05.01	茶饮料类
14.05.02	咖啡饮料类
14.05.03	植物饮料类（包括可可饮料、谷物饮料等）
14.06	固体饮料类
14.06.01	果香型固体饮料
14.06.02	蛋白型固体饮料
14.06.03	速溶咖啡
14.06.04	其他固体饮料
14.07	—
14.08	其他饮料类
15.0	酒类
15.01	蒸馏酒
15.02	配制酒
15.03	发酵酒
16.0	其他类（01.0~15.0 中涉及品种除外）
16.01	果冻
16.02	茶叶、咖啡
16.03	胶原蛋白肠衣
16.04	酵母及酵母类制品
16.05	—
16.06	膨化食品
16.07	其他

二、食品中寄生虫的检测方法附表

附录 A
（资料性附录）
寄生虫的固定和保存

A.1 线虫类寄生虫的固定和保存

用冰乙酸固定过夜，放于含 10%甘油和 70%乙醇水溶液中保存。从乙醇中取出观察寄生虫的形态时应除去附着的甘油。

A.2 吸虫和绦虫类寄生虫的固定和保存

在固定之前，吸虫和绦虫应放在蒸馏水中浸泡 10min。吸虫用 10%福尔马林热溶液（60℃）固定；绦虫用 10 倍量 70℃的蒸馏水浸泡，取出后，放于乙醇、冰乙酸和福尔马林混合液中过夜，最后保存于 70%乙醇中。

A.3 棘头虫类寄生虫的固定和保存

把寄生虫放于蒸馏水中浸泡，直至其吻突外翻为止，取出后，加几滴冰乙酸到虫体上，然后在 70%乙醇蒸气中固定，最后放于 70%乙醇中保存。

A.4 蠕虫卵的染色、固定和保存

蠕虫卵放于 10%的福尔马林中固定和保存，用碘液染色观察。

附录 B
（资料性附录）
相关食源性寄生虫主要形态特征

寄生虫种类	虫体大小	主要形态特征	常见寄生或受污染的食品
牛、猪囊尾蚴	10mm×5mm	白色半透明囊状物，囊内充满透明液体，囊壁分两层，外为皮层，内为间质层，间质层有一处向囊内增厚，形成向内翻卷收缩的头节	牛肉和猪肉，多见于膈肌、心肌、腰肌和舌肌
旋毛虫	包囊大小 0.25mm~0.4mm	在肌肉纤维间形成梭形包囊。	猪肉，多见于膈肌、腓肠肌、颊肌、三角肌、二头肌、腰肌
住肉孢子虫	虫体大小（182~1 036）μm×（55~196）μm	形成圆形或纺锤形包囊，虫体位于肌纤维之间。	猪肉、牛肉和羊肉，多见于膈肌、心肌和咽喉肌
华枝睾吸虫、猫后睾吸虫、横川后殖吸虫、卫氏并殖吸虫、异形吸虫的囊蚴	囊蚴大小 0.15mm~0.2mm	形成有感染的囊状蚴虫	鱼和贝类肉

（续）

寄生虫种类	虫体大小	主要形态特征	常见寄生或受污染的食品
有棘颚口线虫包囊	虫囊直径大约1mm	幼虫被纤维膜包裹成囊状	鱼肉
广州管圆线虫感染期幼虫	长50μm×25μm	第三期（感染期）幼虫	鱼肉
阔节裂头绦虫裂头蚴	感染期的裂头蚴，大小5mm左右	长带形，白色，头端膨大，中央有一明显凹陷，是与成虫头节略相似；虫体不分节但具有不规则横皱褶，后端多呈钝圆形，活时伸缩能力很强	鱼肉
毛首鞭形线虫卵	大小约为（50~54）μm×（22~23）μm	鞭虫卵呈纺锤形，黄褐色，卵壳较厚，两端各具一个透明的盖状突起（opercular blug）	通过人畜粪便、农家肥、土壤和污水污染的新鲜蔬菜
蛔虫卵	大小约为（45~75）μm×（35~50）μm	卵壳自外向内分为三层：受精膜、壳质层和蛔甙层，卵壳外有一层由虫体子宫分泌形成的蛋白质膜，表面凹凸不平	通过人畜粪便、农家肥、土壤和污水污染的新鲜蔬菜

三、中华人民共和国食品安全法

中华人民共和国食品安全法

（2009年2月28日第十一届全国人民代表大会常务委员会第七次会议通过2015年4月24日第十二届全国人民代表大会常务委员会第十四次会议修订）

第一章　总　　则

第一条　为了保证食品安全，保障公众身体健康和生命安全，制定本法。

第二条　在中华人民共和国境内从事下列活动，应当遵守本法：

（一）食品生产和加工（以下称食品生产），食品销售和餐饮服务（以下称食品经营）；

（二）食品添加剂的生产经营；

（三）用于食品的包装材料、容器、洗涤剂、消毒剂和用于食品生产经营的工具、设备（以下称食品相关产品）的生产经营；

（四）食品生产经营者使用食品添加剂、食品相关产品；

（五）食品的贮存和运输；

（六）对食品、食品添加剂、食品相关产品的安全管理。

供食用的源于农业的初级产品（以下称食用农产品）的质量安全管理，遵守《中华人民共和国农产品质量安全法》的规定。但是，食用农产品的市场销售、有关质量安全标准的制定、有关安全信息的公布和本法对农业投入品作出规定的，应当遵守本法的规定。

第三条　食品安全工作实行预防为主、风险管理、全程控制、社会共治，建立科学、严格的监督管理制度。

第四条　食品生产经营者对其生产经营食品的安全负责。

食品生产经营者应当依照法律、法规和食品安全标准从事生产经营活动，保证食品安全，诚信自律，对社会和公众负责，接受社会监督，承担社会责任。

第五条　国务院设立食品安全委员会，其职责由国务院规定。

国务院食品药品监督管理部门依照本法和国务院规定的职责，对食品生产经营活动实施监督管理。

国务院卫生行政部门依照本法和国务院规定的职责，组织开展食品安全风险监测和风险评估，会同国务院食品药品监督管理部门制定并公布食品安全国家标准。

国务院其他有关部门依照本法和国务院规定的职责，承担有关食品安全工作。

第六条　县级以上地方人民政府对本行政区域的食品安全监督管理工作负责，统一领导、组织、协调本行政区域的食品安全监督管理工作以及食品安全突发事件应对工作，建立健全食品安全全程监督管理工作机制和信息共享机制。

县级以上地方人民政府依照本法和国务院的规定，确定本级食品药品监督管理、卫生行政部门和其他有关部门的职责。有关部门在各自职责范围内负责本行政区域的食品安全监督管理工作。

县级人民政府食品药品监督管理部门可以在乡镇或者特定区域设立派出机构。

第七条　县级以上地方人民政府实行食品安全监督管理责任制。上级人民政府负责对下一级人民政府的食品安全监督管理工作进行评议、考核。县级以上地方人民政府负责对本级食品药品监督管理部门和其他有关部门的食品安全监督管理工作进行评议、考核。

第八条　县级以上人民政府应当将食品安全工作纳入本级国民经济和社会发展规划，将食品安全工作经费列入本级政府财政预算，加强食品安全监督管理能力建设，为食品安全工作提供保障。

县级以上人民政府食品药品监督管理部门和其他有关部门应当加强沟通、密切配合，按照各自职责分工，依法行使职权，承担责任。

第九条　食品行业协会应当加强行业自律，按照章程建立健全行业规范和奖惩机制，提供食品安全信息、技术等服务，引导和督促食品生产经营者依法生产经营，推动行业诚信建设，宣传、普及食品安全知识。

消费者协会和其他消费者组织对违反本法规定，损害消费者合法权益的行为，依法进行社会监督。

第十条　各级人民政府应当加强食品安全的宣传教育，普及食品安全知识，鼓励社会组织、基层群众性自治组织、食品生产经营者开展食品安全法律、法规以及食品安全标准和知识的普及工作，倡导健康的饮食方式，增强消费者食品安全意识和自我保护能力。

新闻媒体应当开展食品安全法律、法规以及食品安全标准和知识的公益宣传，并对食品安全违法行为进行舆论监督。有关食品安全的宣传报道应当真实、公正。

第十一条　国家鼓励和支持开展与食品安全有关的基础研究、应用研究，鼓励和支持食品生产经营者为提高食品安全水平采用先进技术和先进管理规范。

国家对农药的使用实行严格的管理制度，加快淘汰剧毒、高毒、高残留农药，推动替代产品的研发和应用，鼓励使用高效低毒低残留农药。

第十二条 任何组织或者个人有权举报食品安全违法行为，依法向有关部门了解食品安全信息，对食品安全监督管理工作提出意见和建议。

第十三条 对在食品安全工作中做出突出贡献的单位和个人，按照国家有关规定给予表彰、奖励。

第二章 食品安全风险监测和评估

第十四条 国家建立食品安全风险监测制度，对食源性疾病、食品污染以及食品中的有害因素进行监测。

国务院卫生行政部门会同国务院食品药品监督管理、质量监督等部门，制定、实施国家食品安全风险监测计划。

国务院食品药品监督管理部门和其他有关部门获知有关食品安全风险信息后，应当立即核实并向国务院卫生行政部门通报。对有关部门通报的食品安全风险信息以及医疗机构报告的食源性疾病等有关疾病信息，国务院卫生行政部门应当会同国务院有关部门分析研究，认为必要的，及时调整国家食品安全风险监测计划。

省、自治区、直辖市人民政府卫生行政部门会同同级食品药品监督管理、质量监督等部门，根据国家食品安全风险监测计划，结合本行政区域的具体情况，制定、调整本行政区域的食品安全风险监测方案，报国务院卫生行政部门备案并实施。

第十五条 承担食品安全风险监测工作的技术机构应当根据食品安全风险监测计划和监测方案开展监测工作，保证监测数据真实、准确，并按照食品安全风险监测计划和监测方案的要求报送监测数据和分析结果。

食品安全风险监测工作人员有权进入相关食用农产品种植养殖、食品生产经营场所采集样品、收集相关数据。采集样品应当按照市场价格支付费用。

第十六条 食品安全风险监测结果表明可能存在食品安全隐患的，县级以上人民政府卫生行政部门应当及时将相关信息通报同级食品药品监督管理等部门，并报告本级人民政府和上级人民政府卫生行政部门。食品药品监督管理等部门应当组织开展进一步调查。

第十七条 国家建立食品安全风险评估制度，运用科学方法，根据食品安全风险监测信息、科学数据以及有关信息，对食品、食品添加剂、食品相关产品中生物性、化学性和物理性危害因素进行风险评估。

国务院卫生行政部门负责组织食品安全风险评估工作，成立由医学、农业、食品、营养、生物、环境等方面的专家组成的食品安全风险评估专家委员会进行食品安全风险评估。食品安全风险评估结果由国务院卫生行政部门公布。

对农药、肥料、兽药、饲料和饲料添加剂等的安全性评估，应当有食品安全风险评估专家委员会的专家参加。

食品安全风险评估不得向生产经营者收取费用，采集样品应当按照市场价格支付费用。

第十八条 有下列情形之一的，应当进行食品安全风险评估：

（一）通过食品安全风险监测或者接到举报发现食品、食品添加剂、食品相关产品可能存在安全隐患的；

（二）为制定或者修订食品安全国家标准提供科学依据需要进行风险评估的；

（三）为确定监督管理的重点领域、重点品种需要进行风险评估的；

（四）发现新的可能危害食品安全因素的；

（五）需要判断某一因素是否构成食品安全隐患的；

（六）国务院卫生行政部门认为需要进行风险评估的其他情形。

第十九条　国务院食品药品监督管理、质量监督、农业行政等部门在监督管理工作中发现需要进行食品安全风险评估的，应当向国务院卫生行政部门提出食品安全风险评估的建议，并提供风险来源、相关检验数据和结论等信息、资料。属于本法第十八条规定情形的，国务院卫生行政部门应当及时进行食品安全风险评估，并向国务院有关部门通报评估结果。

第二十条　省级以上人民政府卫生行政、农业行政部门应当及时相互通报食品、食用农产品安全风险监测信息。

国务院卫生行政、农业行政部门应当及时相互通报食品、食用农产品安全风险评估结果等信息。

第二十一条　食品安全风险评估结果是制定、修订食品安全标准和实施食品安全监督管理的科学依据。

经食品安全风险评估，得出食品、食品添加剂、食品相关产品不安全结论的，国务院食品药品监督管理、质量监督等部门应当依据各自职责立即向社会公告，告知消费者停止食用或者使用，并采取相应措施，确保该食品、食品添加剂、食品相关产品停止生产经营；需要制定、修订相关食品安全国家标准的，国务院卫生行政部门应当会同国务院食品药品监督管理部门立即制定、修订。

第二十二条　国务院食品药品监督管理部门应当会同国务院有关部门，根据食品安全风险评估结果、食品安全监督管理信息，对食品安全状况进行综合分析。对经综合分析表明可能具有较高程度安全风险的食品，国务院食品药品监督管理部门应当及时提出食品安全风险警示，并向社会公布。

第二十三条　县级以上人民政府食品药品监督管理部门和其他有关部门、食品安全风险评估专家委员会及其技术机构，应当按照科学、客观、及时、公开的原则，组织食品生产经营者、食品检验机构、认证机构、食品行业协会、消费者协会以及新闻媒体等，就食品安全风险评估信息和食品安全监督管理信息进行交流沟通。

第三章　食品安全标准

第二十四条　制定食品安全标准，应当以保障公众身体健康为宗旨，做到科学合理、安全可靠。

第二十五条　食品安全标准是强制执行的标准。除食品安全标准外，不得制定其他食品强制性标准。

第二十六条　食品安全标准应当包括下列内容：

（一）食品、食品添加剂、食品相关产品中的致病性微生物，农药残留、兽药残留、生物毒素、重金属等污染物质以及其他危害人体健康物质的限量规定；

（二）食品添加剂的品种、使用范围、用量；

（三）专供婴幼儿和其他特定人群的主辅食品的营养成分要求；

（四）对与卫生、营养等食品安全要求有关的标签、标志、说明书的要求；

（五）食品生产经营过程的卫生要求；

（六）与食品安全有关的质量要求；

（七）与食品安全有关的食品检验方法与规程；

（八）其他需要制定为食品安全标准的内容。

第二十七条　食品安全国家标准由国务院卫生行政部门会同国务院食品药品监督管理部门制定、公布，国务院标准化行政部门提供国家标准编号。

食品中农药残留、兽药残留的限量规定及其检验方法与规程由国务院卫生行政部门、国务院农业行政部门会同国务院食品药品监督管理部门制定。

屠宰畜、禽的检验规程由国务院农业行政部门会同国务院卫生行政部门制定。

第二十八条　制定食品安全国家标准，应当依据食品安全风险评估结果并充分考虑食用农产品安全风险评估结果，参照相关的国际标准和国际食品安全风险评估结果，并将食品安全国家标准草案向社会公布，广泛听取食品生产经营者、消费者、有关部门等方面的意见。

食品安全国家标准应当经国务院卫生行政部门组织的食品安全国家标准审评委员会审查通过。食品安全国家标准审评委员会由医学、农业、食品、营养、生物、环境等方面的专家以及国务院有关部门、食品行业协会、消费者协会的代表组成，对食品安全国家标准草案的科学性和实用性等进行审查。

第二十九条　对地方特色食品，没有食品安全国家标准的，省、自治区、直辖市人民政府卫生行政部门可以制定并公布食品安全地方标准，报国务院卫生行政部门备案。食品安全国家标准制定后，该地方标准即行废止。

第三十条　国家鼓励食品生产企业制定严于食品安全国家标准或者地方标准的企业标准，在本企业适用，并报省、自治区、直辖市人民政府卫生行政部门备案。

第三十一条　省级以上人民政府卫生行政部门应当在其网站上公布制定和备案的食品安全国家标准、地方标准和企业标准，供公众免费查阅、下载。

对食品安全标准执行过程中的问题，县级以上人民政府卫生行政部门应当会同有关部门及时给予指导、解答。

第三十二条　省级以上人民政府卫生行政部门应当会同同级食品药品监督管理、质量监督、农业行政等部门，分别对食品安全国家标准和地方标准的执行情况进行跟踪评价，并根据评价结果及时修订食品安全标准。

省级以上人民政府食品药品监督管理、质量监督、农业行政等部门应当对食品安全标准执行中存在的问题进行收集、汇总，并及时向同级卫生行政部门通报。

食品生产经营者、食品行业协会发现食品安全标准在执行中存在问题的，应当立即向卫生行政部门报告。

第四章　食品生产经营

第一节　一般规定

第三十三条　食品生产经营应当符合食品安全标准，并符合下列要求：

（一）具有与生产经营的食品品种、数量相适应的食品原料处理和食品加工、包装、贮存等场所，保持该场所环境整洁，并与有毒、有害场所以及其他污染源保持规定的距离；

（二）具有与生产经营的食品品种、数量相适应的生产经营设备或者设施，有相应的消毒、更衣、盥洗、采光、照明、通风、防腐、防尘、防蝇、防鼠、防虫、洗涤以及处理废水、存放垃圾和废弃物的设备或者设施；

（三）有专职或者兼职的食品安全专业技术人员、食品安全管理人员和保证食品安全的规章制度；

（四）具有合理的设备布局和工艺流程，防止待加工食品与直接入口食品、原料与成品交叉污染，避免食品接触有毒物、不洁物；

（五）餐具、饮具和盛放直接入口食品的容器，使用前应当洗净、消毒，炊具、用具用后应当洗净，保持清洁；

（六）贮存、运输和装卸食品的容器、工具和设备应当安全、无害，保持清洁，防止食品污染，并符合保证食品安全所需的温度、湿度等特殊要求，不得将食品与有毒、有害物品一同贮存、运输；

（七）直接入口的食品应当使用无毒、清洁的包装材料、餐具、饮具和容器；

（八）食品生产经营人员应当保持个人卫生，生产经营食品时，应当将手洗净，穿戴清洁的工作衣、帽等；销售无包装的直接入口食品时，应当使用无毒、清洁的容器、售货工具和设备；

（九）用水应当符合国家规定的生活饮用水卫生标准；

（十）使用的洗涤剂、消毒剂应当对人体安全、无害；

（十一）法律、法规规定的其他要求。

非食品生产经营者从事食品贮存、运输和装卸的，应当符合前款第六项的规定。

第三十四条　禁止生产经营下列食品、食品添加剂、食品相关产品：

（一）用非食品原料生产的食品或者添加食品添加剂以外的化学物质和其他可能危害人体健康物质的食品，或者用回收食品作为原料生产的食品；

（二）致病性微生物，农药残留、兽药残留、生物毒素、重金属等污染物质以及其他危害人体健康的物质含量超过食品安全标准限量的食品、食品添加剂、食品相关产品；

（三）用超过保质期的食品原料、食品添加剂生产的食品、食品添加剂；

（四）超范围、超限量使用食品添加剂的食品；

（五）营养成分不符合食品安全标准的专供婴幼儿和其他特定人群的主辅食品；

（六）腐败变质、油脂酸败、霉变生虫、污秽不洁、混有异物、掺假掺杂或者感官性状异常的食品、食品添加剂；

（七）病死、毒死或者死因不明的禽、畜、兽、水产动物肉类及其制品；

（八）未按规定进行检疫或者检疫不合格的肉类，或者未经检验或者检验不合格的肉类制品；

（九）被包装材料、容器、运输工具等污染的食品、食品添加剂；

（十）标注虚假生产日期、保质期或者超过保质期的食品、食品添加剂；

（十一）无标签的预包装食品、食品添加剂；

（十二）国家为防病等特殊需要明令禁止生产经营的食品；

（十三）其他不符合法律、法规或者食品安全标准的食品、食品添加剂、食品相关产品。

第三十五条　国家对食品生产经营实行许可制度。从事食品生产、食品销售、餐饮服务，应当依法取得许可。但是，销售食用农产品，不需要取得许可。

县级以上地方人民政府食品药品监督管理部门应当依照《中华人民共和国行政许可法》的规定，审核申请人提交的本法第三十三条第一款第一项至第四项规定要求的相关资料，必要时对申请人的生产经营场所进行现场核查；对符合规定条件的，准予许可；对不符合规定条件的，不予许可并书面说明理由。

第三十六条　食品生产加工小作坊和食品摊贩等从事食品生产经营活动，应当符合本法规定的与其生产经营规模、条件相适应的食品安全要求，保证所生产经营的食品卫生、无毒、无害，食品药品监督管理部门应当对其加强监督管理。

县级以上地方人民政府应当对食品生产加工小作坊、食品摊贩等进行综合治理，加强服务和统一规划，改善其生产经营环境，鼓励和支持其改进生产经营条件，进入集中交易市场、店铺等固定场所经营，或者在指定的临时经营区域、时段经营。

食品生产加工小作坊和食品摊贩等的具体管理办法由省、自治区、直辖市制定。

第三十七条　利用新的食品原料生产食品，或者生产食品添加剂新品种、食品相关产品新品种，应当向国务院卫生行政部门提交相关产品的安全性评估材料。国务院卫生行政部门应当自收到申请之日起六十日内组织审查；对符合食品安全要求的，准予许可并公布；对不符合食品安全要求的，不予许可并书面说明理由。

第三十八条　生产经营的食品中不得添加药品，但是可以添加按照传统既是食品又是中药材的物质。按照传统既是食品又是中药材的物质目录由国务院卫生行政部门会同国务院食品药品监督管理部门制定、公布。

第三十九条　国家对食品添加剂生产实行许可制度。从事食品添加剂生产，应当具有与所生产食品添加剂品种相适应的场所、生产设备或者设施、专业技术人员和管理制度，并依照本法第三十五条第二款规定的程序，取得食品添加剂生产许可。

生产食品添加剂应当符合法律、法规和食品安全国家标准。

第四十条　食品添加剂应当在技术上确有必要且经过风险评估证明安全可靠，方可列入允许使用的范围；有关食品安全国家标准应当根据技术必要性和食品安全风险评估结果及时修订。

食品生产经营者应当按照食品安全国家标准使用食品添加剂。

第四十一条　生产食品相关产品应当符合法律、法规和食品安全国家标准。对直接接触食品的包装材料等具有较高风险的食品相关产品，按照国家有关工业产品生产许可证管理的规定实施生产许可。质量监督部门应当加强对食品相关产品生产活动的监督管理。

第四十二条　国家建立食品安全全程追溯制度。

食品生产经营者应当依照本法的规定，建立食品安全追溯体系，保证食品可追溯。国家鼓励食品生产经营者采用信息化手段采集、留存生产经营信息，建立食品安全追溯体系。

国务院食品药品监督管理部门会同国务院农业行政等有关部门建立食品安全全程追溯协作机制。

第四十三条　地方各级人民政府应当采取措施鼓励食品规模化生产和连锁经营、配送。

国家鼓励食品生产经营企业参加食品安全责任保险。

第二节　生产经营过程控制

第四十四条　食品生产经营企业应当建立健全食品安全管理制度，对职工进行食品安全知识培训，加强食品检验工作，依法从事生产经营活动。

食品生产经营企业的主要负责人应当落实企业食品安全管理制度，对本企业的食品安全工作全面负责。

食品生产经营企业应当配备食品安全管理人员，加强对其培训和考核。经考核不具备食品安全管理能力的，不得上岗。食品药品监督管理部门应当对企业食品安全管理人员随机进行监督抽查考核并公布考核情况。监督抽查考核不得收取费用。

第四十五条　食品生产经营者应当建立并执行从业人员健康管理制度。患有国务院卫生行政部门规定的有碍食品安全疾病的人员，不得从事接触直接入口食品的工作。

从事接触直接入口食品工作的食品生产经营人员应当每年进行健康检查，取得健康证明后方可上岗工作。

第四十六条　食品生产企业应当就下列事项制定并实施控制要求，保证所生产的食品符合食品安全标准：

（一）原料采购、原料验收、投料等原料控制；

（二）生产工序、设备、贮存、包装等生产关键环节控制；

（三）原料检验、半成品检验、成品出厂检验等检验控制；

（四）运输和交付控制。

第四十七条　食品生产经营者应当建立食品安全自查制度，定期对食品安全状况进行检查评价。生产经营条件发生变化，不再符合食品安全要求的，食品生产经营者应当立即采取整改措施；有发生食品安全事故潜在风险的，应当立即停止食品生产经营活动，并向所在地县级人民政府食品药品监督管理部门报告。

第四十八条　国家鼓励食品生产经营企业符合良好生产规范要求，实施危害分析与关键控制点体系，提高食品安全管理水平。

对通过良好生产规范、危害分析与关键控制点体系认证的食品生产经营企业，认证机构应当依法实施跟踪调查；对不再符合认证要求的企业，应当依法撤销认证，及时向县级以上人民政府食品药品监督管理部门通报，并向社会公布。认证机构实施跟踪调查不得收取费用。

第四十九条　食用农产品生产者应当按照食品安全标准和国家有关规定使用农药、肥料、兽药、饲料和饲料添加剂等农业投入品，严格执行农业投入品使用安全间隔期或者休药期的规定，不得使用国家明令禁止的农业投入品。禁止将剧毒、高毒农药用于蔬菜、瓜果、茶叶和中草药材等国家规定的农作物。

食用农产品的生产企业和农民专业合作经济组织应当建立农业投入品使用记录制度。

县级以上人民政府农业行政部门应当加强对农业投入品使用的监督管理和指导，建立健全农业投入品安全使用制度。

第五十条 食品生产者采购食品原料、食品添加剂、食品相关产品，应当查验供货者的许可证和产品合格证明；对无法提供合格证明的食品原料，应当按照食品安全标准进行检验；不得采购或者使用不符合食品安全标准的食品原料、食品添加剂、食品相关产品。

食品生产企业应当建立食品原料、食品添加剂、食品相关产品进货查验记录制度，如实记录食品原料、食品添加剂、食品相关产品的名称、规格、数量、生产日期或者生产批号、保质期、进货日期以及供货者名称、地址、联系方式等内容，并保存相关凭证。记录和凭证保存期限不得少于产品保质期满后六个月；没有明确保质期的，保存期限不得少于二年。

第五十一条 食品生产企业应当建立食品出厂检验记录制度，查验出厂食品的检验合格证和安全状况，如实记录食品的名称、规格、数量、生产日期或者生产批号、保质期、检验合格证号、销售日期以及购货者名称、地址、联系方式等内容，并保存相关凭证。记录和凭证保存期限应当符合本法第五十条第二款的规定。

第五十二条 食品、食品添加剂、食品相关产品的生产者，应当按照食品安全标准对所生产的食品、食品添加剂、食品相关产品进行检验，检验合格后方可出厂或者销售。

第五十三条 食品经营者采购食品，应当查验供货者的许可证和食品出厂检验合格证或者其他合格证明(以下称合格证明文件)。

食品经营企业应当建立食品进货查验记录制度，如实记录食品的名称、规格、数量、生产日期或者生产批号、保质期、进货日期以及供货者名称、地址、联系方式等内容，并保存相关凭证。记录和凭证保存期限应当符合本法第五十条第二款的规定。

实行统一配送经营方式的食品经营企业，可以由企业总部统一查验供货者的许可证和食品合格证明文件，进行食品进货查验记录。

从事食品批发业务的经营企业应当建立食品销售记录制度，如实记录批发食品的名称、规格、数量、生产日期或者生产批号、保质期、销售日期以及购货者名称、地址、联系方式等内容，并保存相关凭证。记录和凭证保存期限应当符合本法第五十条第二款的规定。

第五十四条 食品经营者应当按照保证食品安全的要求贮存食品，定期检查库存食品，及时清理变质或者超过保质期的食品。

食品经营者贮存散装食品，应当在贮存位置标明食品的名称、生产日期或者生产批号、保质期、生产者名称及联系方式等内容。

第五十五条 餐饮服务提供者应当制定并实施原料控制要求，不得采购不符合食品安全标准的食品原料。倡导餐饮服务提供者公开加工过程，公示食品原料及其来源等信息。

餐饮服务提供者在加工过程中应当检查待加工的食品及原料，发现有本法第三十四条第六项规定情形的，不得加工或者使用。

第五十六条 餐饮服务提供者应当定期维护食品加工、贮存、陈列等设施、设备；定期清洗、校验保温设施及冷藏、冷冻设施。

餐饮服务提供者应当按照要求对餐具、饮具进行清洗消毒，不得使用未经清洗消毒的餐具、饮具；餐饮服务提供者委托清洗消毒餐具、饮具的，应当委托符合本法规定条件的餐具、饮具集中消毒服务单位。

第五十七条　学校、托幼机构、养老机构、建筑工地等集中用餐单位的食堂应当严格遵守法律、法规和食品安全标准；从供餐单位订餐的，应当从取得食品生产经营许可的企业订购，并按照要求对订购的食品进行查验。供餐单位应当严格遵守法律、法规和食品安全标准，当餐加工，确保食品安全。

学校、托幼机构、养老机构、建筑工地等集中用餐单位的主管部门应当加强对集中用餐单位的食品安全教育和日常管理，降低食品安全风险，及时消除食品安全隐患。

第五十八条　餐具、饮具集中消毒服务单位应当具备相应的作业场所、清洗消毒设备或者设施，用水和使用的洗涤剂、消毒剂应当符合相关食品安全国家标准和其他国家标准、卫生规范。

餐具、饮具集中消毒服务单位应当对消毒餐具、饮具进行逐批检验，检验合格后方可出厂，并应当随附消毒合格证明。消毒后的餐具、饮具应当在独立包装上标注单位名称、地址、联系方式、消毒日期以及使用期限等内容。

第五十九条　食品添加剂生产者应当建立食品添加剂出厂检验记录制度，查验出厂产品的检验合格证和安全状况，如实记录食品添加剂的名称、规格、数量、生产日期或者生产批号、保质期、检验合格证号、销售日期以及购货者名称、地址、联系方式等相关内容，并保存相关凭证。记录和凭证保存期限应当符合本法第五十条第二款的规定。

第六十条　食品添加剂经营者采购食品添加剂，应当依法查验供货者的许可证和产品合格证明文件，如实记录食品添加剂的名称、规格、数量、生产日期或者生产批号、保质期、进货日期以及供货者名称、地址、联系方式等内容，并保存相关凭证。记录和凭证保存期限应当符合本法第五十条第二款的规定。

第六十一条　集中交易市场的开办者、柜台出租者和展销会举办者，应当依法审查入场食品经营者的许可证，明确其食品安全管理责任，定期对其经营环境和条件进行检查，发现其有违反本法规定行为的，应当及时制止并立即报告所在地县级人民政府食品药品监督管理部门。

第六十二条　网络食品交易第三方平台提供者应当对入网食品经营者进行实名登记，明确其食品安全管理责任；依法应当取得许可证的，还应当审查其许可证。

网络食品交易第三方平台提供者发现入网食品经营者有违反本法规定行为的，应当及时制止并立即报告所在地县级人民政府食品药品监督管理部门；发现严重违法行为的，应当立即停止提供网络交易平台服务。

第六十三条　国家建立食品召回制度。食品生产者发现其生产的食品不符合食品安全标准或者有证据证明可能危害人体健康的，应当立即停止生产，召回已经上市销售的食品，通知相关生产经营者和消费者，并记录召回和通知情况。

食品经营者发现其经营的食品有前款规定情形的，应当立即停止经营，通知相关生产经营者和消费者，并记录停止经营和通知情况。食品生产者认为应当召回的，应当立即召回。由于食品经营者的原因造成其经营的食品有前款规定情形的，食品经营者应当召回。

食品生产经营者应当对召回的食品采取无害化处理、销毁等措施，防止其再次流入市场。但是，对因标签、标志或者说明书不符合食品安全标准而被召回的食品，食品生产者在采取补救措施且能保证食品安全的情况下可以继续销售；销售时应当向消费者明示补救措施。

食品生产经营者应当将食品召回和处理情况向所在地县级人民政府食品药品监督管理部门报告；需要对召回的食品进行无害化处理、销毁的，应当提前报告时间、地点。食品药品监督管理部门认为必要的，可以实施现场监督。

食品生产经营者未依照本条规定召回或者停止经营的，县级以上人民政府食品药品监督管理部门可以责令其召回或者停止经营。

第六十四条　食用农产品批发市场应当配备检验设备和检验人员或者委托符合本法规定的食品检验机构，对进入该批发市场销售的食用农产品进行抽样检验；发现不符合食品安全标准的，应当要求销售者立即停止销售，并向食品药品监督管理部门报告。

第六十五条　食用农产品销售者应当建立食用农产品进货查验记录制度，如实记录食用农产品的名称、数量、进货日期以及供货者名称、地址、联系方式等内容，并保存相关凭证。记录和凭证保存期限不得少于六个月。

第六十六条　进入市场销售的食用农产品在包装、保鲜、贮存、运输中使用保鲜剂、防腐剂等食品添加剂和包装材料等食品相关产品，应当符合食品安全国家标准。

第三节　标签、说明书和广告

第六十七条　预包装食品的包装上应当有标签。标签应当标明下列事项：

(一)名称、规格、净含量、生产日期；

(二)成分或者配料表；

(三)生产者的名称、地址、联系方式；

(四)保质期；

(五)产品标准代号；

(六)贮存条件；

(七)所使用的食品添加剂在国家标准中的通用名称；

(八)生产许可证编号；

(九)法律、法规或者食品安全标准规定应当标明的其他事项。

专供婴幼儿和其他特定人群的主辅食品，其标签还应当标明主要营养成分及其含量。

食品安全国家标准对标签标注事项另有规定的，从其规定。

第六十八条　食品经营者销售散装食品，应当在散装食品的容器、外包装上标明食品的名称、生产日期或者生产批号、保质期以及生产经营者名称、地址、联系方式等内容。

第六十九条　生产经营转基因食品应当按照规定显著标示。

第七十条　食品添加剂应当有标签、说明书和包装。标签、说明书应当载明本法第六十七条第一款第一项至第六项、第八项、第九项规定的事项，以及食品添加剂的使用范围、用量、使用方法，并在标签上载明“食品添加剂”字样。

第七十一条　食品和食品添加剂的标签、说明书，不得含有虚假内容，不得涉及疾病预防、治疗功能。生产经营者对其提供的标签、说明书的内容负责。

食品和食品添加剂的标签、说明书应当清楚、明显，生产日期、保质期等事项应当显著标注，容易辨识。

食品和食品添加剂与其标签、说明书的内容不符的，不得上市销售。

第七十二条　食品经营者应当按照食品标签标示的警示标志、警示说明或者注意事项的要求销售食品。

第七十三条　食品广告的内容应当真实合法，不得含有虚假内容，不得涉及疾病预防、治疗功能。食品生产经营者对食品广告内容的真实性、合法性负责。

县级以上人民政府食品药品监督管理部门和其他有关部门以及食品检验机构、食品行业协会不得以广告或者其他形式向消费者推荐食品。消费者组织不得以收取费用或者其他牟取利益的方式向消费者推荐食品。

第四节　特殊食品

第七十四条　国家对保健食品、特殊医学用途配方食品和婴幼儿配方食品等特殊食品实行严格监督管理。

第七十五条　保健食品声称保健功能，应当具有科学依据，不得对人体产生急性、亚急性或者慢性危害。

保健食品原料目录和允许保健食品声称的保健功能目录，由国务院食品药品监督管理部门会同国务院卫生行政部门、国家中医药管理部门制定、调整并公布。

保健食品原料目录应当包括原料名称、用量及其对应的功效；列入保健食品原料目录的原料只能用于保健食品生产，不得用于其他食品生产。

第七十六条　使用保健食品原料目录以外原料的保健食品和首次进口的保健食品应当经国务院食品药品监督管理部门注册。但是，首次进口的保健食品中属于补充维生素、矿物质等营养物质的，应当报国务院食品药品监督管理部门备案。其他保健食品应当报省、自治区、直辖市人民政府食品药品监督管理部门备案。

进口的保健食品应当是出口国(地区)主管部门准许上市销售的产品。

第七十七条　依法应当注册的保健食品，注册时应当提交保健食品的研发报告、产品配方、生产工艺、安全性和保健功能评价、标签、说明书等材料及样品，并提供相关证明文件。国务院食品药品监督管理部门经组织技术审评，对符合安全和功能声称要求的，准予注册；对不符合要求的，不予注册并书面说明理由。对使用保健食品原料目录以外原料的保健食品作出准予注册决定的，应当及时将该原料纳入保健食品原料目录。

依法应当备案的保健食品，备案时应当提交产品配方、生产工艺、标签、说明书以及表明产品安全性和保健功能的材料。

第七十八条　保健食品的标签、说明书不得涉及疾病预防、治疗功能，内容应当真实，与注册或者备案的内容相一致，载明适宜人群、不适宜人群、功效成分或者标志性成分及其含量等，并声明“本品不能代替药物”。保健食品的功能和成分应当与标签、说明书相一致。

第七十九条　保健食品广告除应当符合本法第七十三条第一款的规定外，还应当声明“本品不能代替药物”；其内容应当经生产企业所在地省、自治区、直辖市人民政府食品药品监督管理部门审查批准，取得保健食品广告批准文件。省、自治区、直辖市人民政府食品药品监督管理部门应当公布并及时更新已经批准的保健食品广告目录以及批准的广告内容。

第八十条　特殊医学用途配方食品应当经国务院食品药品监督管理部门注册。注册时，应当提交产品配方、生产工艺、标签、说明书以及表明产品安全性、营养充足性和特殊医学用途临床效果的材料。

特殊医学用途配方食品广告适用《中华人民共和国广告法》和其他法律、行政法规关于药品广告管理的规定。

第八十一条　婴幼儿配方食品生产企业应当实施从原料进厂到成品出厂的全过程质量控制，对出厂的婴幼儿配方食品实施逐批检验，保证食品安全。

生产婴幼儿配方食品使用的生鲜乳、辅料等食品原料、食品添加剂等，应当符合法律、行政法规的规定和食品安全国家标准，保证婴幼儿生长发育所需的营养成分。

婴幼儿配方食品生产企业应当将食品原料、食品添加剂、产品配方及标签等事项向省、自治区、直辖市人民政府食品药品监督管理部门备案。

婴幼儿配方乳粉的产品配方应当经国务院食品药品监督管理部门注册。注册时，应当提交配方研发报告和其他表明配方科学性、安全性的材料。

不得以分装方式生产婴幼儿配方乳粉，同一企业不得用同一配方生产不同品牌的婴幼儿配方乳粉。

第八十二条　保健食品、特殊医学用途配方食品、婴幼儿配方乳粉的注册人或者备案人应当对其提交材料的真实性负责。

省级以上人民政府食品药品监督管理部门应当及时公布注册或者备案的保健食品、特殊医学用途配方食品、婴幼儿配方乳粉目录，并对注册或者备案中获知的企业商业秘密予以保密。

保健食品、特殊医学用途配方食品、婴幼儿配方乳粉生产企业应当按照注册或者备案的产品配方、生产工艺等技术要求组织生产。

第八十三条　生产保健食品，特殊医学用途配方食品、婴幼儿配方食品和其他专供特定人群的主辅食品的企业，应当按照良好生产规范的要求建立与所生产食品相适应的生产质量管理体系，定期对该体系的运行情况进行自查，保证其有效运行，并向所在地县级人民政府食品药品监督管理部门提交自查报告。

第五章　食 品 检 验

第八十四条　食品检验机构按照国家有关认证认可的规定取得资质认定后，方可从事食品检验活动。但是，法律另有规定的除外。

食品检验机构的资质认定条件和检验规范，由国务院食品药品监督管理部门规定。

符合本法规定的食品检验机构出具的检验报告具有同等效力。

县级以上人民政府应当整合食品检验资源，实现资源共享。

第八十五条　食品检验由食品检验机构指定的检验人独立进行。

检验人应当依照有关法律、法规的规定，并按照食品安全标准和检验规范对食品进行检验，尊重科学，恪守职业道德，保证出具的检验数据和结论客观、公正，不得出具虚假检验报告。

第八十六条　食品检验实行食品检验机构与检验人负责制。食品检验报告应当加盖食品检验机构公章，并有检验人的签名或者盖章。食品检验机构和检验人对出具的食品检验报告负责。

第八十七条　县级以上人民政府食品药品监督管理部门应当对食品进行定期或者不定期的抽样检验，并依据有关规定公布检验结果，不得免检。进行抽样检验，应当购买抽取的样品，委托符合本法规定的食品检验机构进行检验，并支付相关费用；不得向食品生产经营者收取检验费和其他费用。

第八十八条　对依照本法规定实施的检验结论有异议的，食品生产经营者可以自收到检验结论之日起七个工作日内向实施抽样检验的食品药品监督管理部门或者其上一级食品药品监督管理部门提出复检申请，由受理复检申请的食品药品监督管理部门在公布的复检机构名录中随机确定复检机构进行复检。复检机构出具的复检结论为最终检验结论。复检机构与初检机构不得为同一机构。复检机构名录由国务院认证认可监督管理、食品药品监督管理、卫生行政、农业行政等部门共同公布。

采用国家规定的快速检测方法对食用农产品进行抽查检测，被抽查人对检测结果有异议的，可以自收到检测结果时起四小时内申请复检。复检不得采用快速检测方法。

第八十九条　食品生产企业可以自行对所生产的食品进行检验，也可以委托符合本法规定的食品检验机构进行检验。

食品行业协会和消费者协会等组织、消费者需要委托食品检验机构对食品进行检验的，应当委托符合本法规定的食品检验机构进行。

第九十条　食品添加剂的检验，适用本法有关食品检验的规定。

第六章　食品进出口

第九十一条　国家出入境检验检疫部门对进出口食品安全实施监督管理。

第九十二条　进口的食品、食品添加剂、食品相关产品应当符合我国食品安全国家标准。

进口的食品、食品添加剂应当经出入境检验检疫机构依照进出口商品检验相关法律、行政法规的规定检验合格。

进口的食品、食品添加剂应当按照国家出入境检验检疫部门的要求随附合格证明材料。

第九十三条　进口尚无食品安全国家标准的食品，由境外出口商、境外生产企业或者其委托的进口商向国务院卫生行政部门提交所执行的相关国家(地区)标准或者国际标准。国务院卫生行政部门对相关标准进行审查，认为符合食品安全要求的，决定暂予适用，并及时制定相应的食品安全国家标准。进口利用新的食品原料生产的食品或者进口食品添加剂新品种、食品相关产品新品种，依照本法第三十七条的规定办理。

出入境检验检疫机构按照国务院卫生行政部门的要求，对前款规定的食品、食品添加剂、食品相关产品进行检验。检验结果应当公开。

第九十四条　境外出口商、境外生产企业应当保证向我国出口的食品、食品添加剂、食品相关产品符合本法以及我国其他有关法律、行政法规的规定和食品安全国家标准的要求，并对标签、说明书的内容负责。

进口商应当建立境外出口商、境外生产企业审核制度，重点审核前款规定的内容；审核不合格的，不得进口。

发现进口食品不符合我国食品安全国家标准或者有证据证明可能危害人体健康的，进口商应当立即停止进口，并依照本法第六十三条的规定召回。

第九十五条 境外发生的食品安全事件可能对我国境内造成影响，或者在进口食品、食品添加剂、食品相关产品中发现严重食品安全问题的，国家出入境检验检疫部门应当及时采取风险预警或者控制措施，并向国务院食品药品监督管理、卫生行政、农业行政部门通报。接到通报的部门应当及时采取相应措施。

县级以上人民政府食品药品监督管理部门对国内市场上销售的进口食品、食品添加剂实施监督管理。发现存在严重食品安全问题的，国务院食品药品监督管理部门应当及时向国家出入境检验检疫部门通报。国家出入境检验检疫部门应当及时采取相应措施。

第九十六条 向我国境内出口食品的境外出口商或者代理商、进口食品的进口商应当向国家出入境检验检疫部门备案。向我国境内出口食品的境外食品生产企业应当经国家出入境检验检疫部门注册。已经注册的境外食品生产企业提供虚假材料，或者因其自身的原因致使进口食品发生重大食品安全事故的，国家出入境检验检疫部门应当撤销注册并公告。

国家出入境检验检疫部门应当定期公布已经备案的境外出口商、代理商、进口商和已经注册的境外食品生产企业名单。

第九十七条 进口的预包装食品、食品添加剂应当有中文标签；依法应当有说明书的，还应当有中文说明书。标签、说明书应当符合本法以及我国其他有关法律、行政法规的规定和食品安全国家标准的要求，并载明食品的原产地以及境内代理商的名称、地址、联系方式。预包装食品没有中文标签、中文说明书或者标签、说明书不符合本条规定的，不得进口。

第九十八条 进口商应当建立食品、食品添加剂进口和销售记录制度，如实记录食品、食品添加剂的名称、规格、数量、生产日期、生产或者进口批号、保质期、境外出口商和购货者名称、地址及联系方式、交货日期等内容，并保存相关凭证。记录和凭证保存期限应当符合本法第五十条第二款的规定。

第九十九条 出口食品生产企业应当保证其出口食品符合进口国(地区)的标准或者合同要求。

出口食品生产企业和出口食品原料种植、养殖场应当向国家出入境检验检疫部门备案。

第一百条 国家出入境检验检疫部门应当收集、汇总下列进出口食品安全信息，并及时通报相关部门、机构和企业：

(一)出入境检验检疫机构对进出口食品实施检验检疫发现的食品安全信息；

(二)食品行业协会和消费者协会等组织、消费者反映的进口食品安全信息；

(三)国际组织、境外政府机构发布的风险预警信息及其他食品安全信息，以及境外食品行业协会等组织、消费者反映的食品安全信息；

(四)其他食品安全信息。

国家出入境检验检疫部门应当对进出口食品的进口商、出口商和出口食品生产企业实施信用管理，建立信用记录，并依法向社会公布。对有不良记录的进口商、出口商和出口食品生产企业，应当加强对其进出口食品的检验检疫。

第一百零一条　国家出入境检验检疫部门可以对向我国境内出口食品的国家(地区)的食品安全管理体系和食品安全状况进行评估和审查，并根据评估和审查结果，确定相应检验检疫要求。

第七章　食品安全事故处置

第一百零二条　国务院组织制定国家食品安全事故应急预案。

县级以上地方人民政府应当根据有关法律、法规的规定和上级人民政府的食品安全事故应急预案以及本行政区域的实际情况，制定本行政区域的食品安全事故应急预案，并报上一级人民政府备案。

食品安全事故应急预案应当对食品安全事故分级、事故处置组织指挥体系与职责、预防预警机制、处置程序、应急保障措施等作出规定。

食品生产经营企业应当制定食品安全事故处置方案，定期检查本企业各项食品安全防范措施的落实情况，及时消除事故隐患。

第一百零三条　发生食品安全事故的单位应当立即采取措施，防止事故扩大。事故单位和接收病人进行治疗的单位应当及时向事故发生地县级人民政府食品药品监督管理、卫生行政部门报告。

县级以上人民政府质量监督、农业行政等部门在日常监督管理中发现食品安全事故或者接到事故举报，应当立即向同级食品药品监督管理部门通报。

发生食品安全事故，接到报告的县级人民政府食品药品监督管理部门应当按照应急预案的规定向本级人民政府和上级人民政府食品药品监督管理部门报告。县级人民政府和上级人民政府食品药品监督管理部门应当按照应急预案的规定上报。

任何单位和个人不得对食品安全事故隐瞒、谎报、缓报，不得隐匿、伪造、毁灭有关证据。

第一百零四条　医疗机构发现其接收的病人属于食源性疾病病人或者疑似病人的，应当按照规定及时将相关信息向所在地县级人民政府卫生行政部门报告。县级人民政府卫生行政部门认为与食品安全有关的，应当及时通报同级食品药品监督管理部门。

县级以上人民政府卫生行政部门在调查处理传染病或者其他突发公共卫生事件中发现与食品安全相关的信息，应当及时通报同级食品药品监督管理部门。

第一百零五条　县级以上人民政府食品药品监督管理部门接到食品安全事故的报告后，应当立即会同同级卫生行政、质量监督、农业行政等部门进行调查处理，并采取下列措施，防止或者减轻社会危害：

(一)开展应急救援工作，组织救治因食品安全事故导致人身伤害的人员；

(二)封存可能导致食品安全事故的食品及其原料，并立即进行检验；对确认属于被污染的食品及其原料，责令食品生产经营者依照本法第六十三条的规定召回或者停止经营；

(三)封存被污染的食品相关产品，并责令进行清洗消毒；

(四)做好信息发布工作，依法对食品安全事故及其处理情况进行发布，并对可能产生的危害加以解释、说明。

发生食品安全事故需要启动应急预案的，县级以上人民政府应当立即成立事故处置指挥机构，启动应急预案，依照前款和应急预案的规定进行处置。

发生食品安全事故，县级以上疾病预防控制机构应当对事故现场进行卫生处理，并对与事故有关的因素开展流行病学调查，有关部门应当予以协助。县级以上疾病预防控制机构应当向同级食品药品监督管理、卫生行政部门提交流行病学调查报告。

第一百零六条　发生食品安全事故，设区的市级以上人民政府食品药品监督管理部门应当立即会同有关部门进行事故责任调查，督促有关部门履行职责，向本级人民政府和上一级人民政府食品药品监督管理部门提出事故责任调查处理报告。

涉及两个以上省、自治区、直辖市的重大食品安全事故由国务院食品药品监督管理部门依照前款规定组织事故责任调查。

第一百零七条　调查食品安全事故，应当坚持实事求是、尊重科学的原则，及时、准确查清事故性质和原因，认定事故责任，提出整改措施。

调查食品安全事故，除了查明事故单位的责任，还应当查明有关监督管理部门、食品检验机构、认证机构及其工作人员的责任。

第一百零八条　食品安全事故调查部门有权向有关单位和个人了解与事故有关的情况，并要求提供相关资料和样品。有关单位和个人应当予以配合，按照要求提供相关资料和样品，不得拒绝。

任何单位和个人不得阻挠、干涉食品安全事故的调查处理。

第八章　监督管理

第一百零九条　县级以上人民政府食品药品监督管理、质量监督部门根据食品安全风险监测、风险评估结果和食品安全状况等，确定监督管理的重点、方式和频次，实施风险分级管理。

县级以上地方人民政府组织本级食品药品监督管理、质量监督、农业行政等部门制定本行政区域的食品安全年度监督管理计划，向社会公布并组织实施。

食品安全年度监督管理计划应当将下列事项作为监督管理的重点：

(一)专供婴幼儿和其他特定人群的主辅食品；

(二)保健食品生产过程中的添加行为和按照注册或者备案的技术要求组织生产的情况，保健食品标签、说明书以及宣传材料中有关功能宣传的情况；

(三)发生食品安全事故风险较高的食品生产经营者；

(四)食品安全风险监测结果表明可能存在食品安全隐患的事项。

第一百一十条　县级以上人民政府食品药品监督管理、质量监督部门履行各自食品安全监督管理职责，有权采取下列措施，对生产经营者遵守本法的情况进行监督检查：

(一)进入生产经营场所实施现场检查；

(二)对生产经营的食品、食品添加剂、食品相关产品进行抽样检验；

(三)查阅、复制有关合同、票据、账簿以及其他有关资料；

(四)查封、扣押有证据证明不符合食品安全标准或者有证据证明存在安全隐患以及用于违法生产经营的食品、食品添加剂、食品相关产品；

(五)查封违法从事生产经营活动的场所。

第一百一十一条　对食品安全风险评估结果证明食品存在安全隐患，需要制定、修订食品安全标准的，在制定、修订食品安全标准前，国务院卫生行政部门应当及时会同国务院有关部门规定食品中有害物质的临时限量值和临时检验方法，作为生产经营和监督管理的依据。

第一百一十二条　县级以上人民政府食品药品监督管理部门在食品安全监督管理工作中可以采用国家规定的快速检测方法对食品进行抽查检测。

对抽查检测结果表明可能不符合食品安全标准的食品，应当依照本法第八十七条的规定进行检验。抽查检测结果确定有关食品不符合食品安全标准的，可以作为行政处罚的依据。

第一百一十三条　县级以上人民政府食品药品监督管理部门应当建立食品生产经营者食品安全信用档案，记录许可颁发、日常监督检查结果、违法行为查处等情况，依法向社会公布并实时更新；对有不良信用记录的食品生产经营者增加监督检查频次，对违法行为情节严重的食品生产经营者，可以通报投资主管部门、证券监督管理机构和有关的金融机构。

第一百一十四条　食品生产经营过程中存在食品安全隐患，未及时采取措施消除的，县级以上人民政府食品药品监督管理部门可以对食品生产经营者的法定代表人或者主要负责人进行责任约谈。食品生产经营者应当立即采取措施，进行整改，消除隐患。责任约谈情况和整改情况应当纳入食品生产经营者食品安全信用档案。

第一百一十五条　县级以上人民政府食品药品监督管理、质量监督等部门应当公布本部门的电子邮件地址或者电话，接受咨询、投诉、举报。接到咨询、投诉、举报，对属于本部门职责的，应当受理并在法定期限内及时答复、核实、处理；对不属于本部门职责的，应当移交有权处理的部门并书面通知咨询、投诉、举报人。有权处理的部门应当在法定期限内及时处理，不得推诿。对查证属实的举报，给予举报人奖励。

有关部门应当对举报人的信息予以保密，保护举报人的合法权益。举报人举报所在企业的，该企业不得以解除、变更劳动合同或者其他方式对举报人进行打击报复。

第一百一十六条　县级以上人民政府食品药品监督管理、质量监督等部门应当加强对执法人员食品安全法律、法规、标准和专业知识与执法能力等的培训，并组织考核。不具备相应知识和能力的，不得从事食品安全执法工作。

食品生产经营者、食品行业协会、消费者协会等发现食品安全执法人员在执法过程中有违反法律、法规规定的行为以及不规范执法行为的，可以向本级或者上级人民政府食品药品监督管理、质量监督等部门或者监察机关投诉、举报。接到投诉、举报的部门或者机关应当进行核实，并将经核实的情况向食品安全执法人员所在部门通报；涉嫌违法违纪的，按照本法和有关规定处理。

第一百一十七条　县级以上人民政府食品药品监督管理等部门未及时发现食品安全系统性风险，未及时消除监督管理区域内的食品安全隐患的，本级人民政府可以对其主要负责人进行责任约谈。

地方人民政府未履行食品安全职责，未及时消除区域性重大食品安全隐患的，上级人民政府可以对其主要负责人进行责任约谈。

被约谈的食品药品监督管理等部门、地方人民政府应当立即采取措施，对食品安全监督管理工作进行整改。

责任约谈情况和整改情况应当纳入地方人民政府和有关部门食品安全监督管理工作评议、考核记录。

第一百一十八条　国家建立统一的食品安全信息平台，实行食品安全信息统一公布制度。国家食品安全总体情况、食品安全风险警示信息、重大食品安全事故及其调查处理信息和国务院确定需要统一公布的其他信息由国务院食品药品监督管理部门统一公布。食品安全风险警示信息和重大食品安全事故及其调查处理信息的影响限于特定区域的，也可以由有关省、自治区、直辖市人民政府食品药品监督管理部门公布。未经授权不得发布上述信息。

县级以上人民政府食品药品监督管理、质量监督、农业行政部门依据各自职责公布食品安全日常监督管理信息。

公布食品安全信息，应当做到准确、及时，并进行必要的解释说明，避免误导消费者和社会舆论。

第一百一十九条　县级以上地方人民政府食品药品监督管理、卫生行政、质量监督、农业行政部门获知本法规定需要统一公布的信息，应当向上级主管部门报告，由上级主管部门立即报告国务院食品药品监督管理部门；必要时，可以直接向国务院食品药品监督管理部门报告。

县级以上人民政府食品药品监督管理、卫生行政、质量监督、农业行政部门应当相互通报获知的食品安全信息。

第一百二十条　任何单位和个人不得编造、散布虚假食品安全信息。

县级以上人民政府食品药品监督管理部门发现可能误导消费者和社会舆论的食品安全信息，应当立即组织有关部门、专业机构、相关食品生产经营者等进行核实、分析，并及时公布结果。

第一百二十一条　县级以上人民政府食品药品监督管理、质量监督等部门发现涉嫌食品安全犯罪的，应当按照有关规定及时将案件移送公安机关。对移送的案件，公安机关应当及时审查；认为有犯罪事实需要追究刑事责任的，应当立案侦查。

公安机关在食品安全犯罪案件侦查过程中认为没有犯罪事实，或者犯罪事实显著轻微，不需要追究刑事责任，但依法应当追究行政责任的，应当及时将案件移送食品药品监督管理、质量监督等部门和监察机关，有关部门应当依法处理。

公安机关商请食品药品监督管理、质量监督、环境保护等部门提供检验结论、认定意见以及对涉案物品进行无害化处理等协助的，有关部门应当及时提供，予以协助。

第九章　法律责任

第一百二十二条　违反本法规定，未取得食品生产经营许可从事食品生产经营活动，或者未取得食品添加剂生产许可从事食品添加剂生产活动的，由县级以上人民政府食品药品监督管理部门没收违法所得和违法生产经营的食品、食品添加剂以及用于违法生产经营的工具、设备、原料等物品；违法生产经营的食品、食品添加剂货值金额不足一万元的，并处五万元以上十万元以下罚款；货值金额一万元以上的，并处货值金额十倍以上二十倍以下罚款。

明知从事前款规定的违法行为，仍为其提供生产经营场所或者其他条件的，由县级以上人民政府食品药品监督管理部门责令停止违法行为，没收违法所得，并处五万元以上十万元以下罚款；使消费者的合法权益受到损害的，应当与食品、食品添加剂生产经营者承担连带责任。

第一百二十三条　违反本法规定，有下列情形之一，尚不构成犯罪的，由县级以上人民政府食品药品监督管理部门没收违法所得和违法生产经营的食品，并可以没收用于违法生产经营的工具、设备、原料等物品；违法生产经营的食品货值金额不足一万元的，并处十万元以上十五万元以下罚款；货值金额一万元以上的，并处货值金额十五倍以上三十倍以下罚款；情节严重的，吊销许可证，并可以由公安机关对其直接负责的主管人员和其他直接责任人员处五日以上十五日以下拘留：

（一）用非食品原料生产食品、在食品中添加食品添加剂以外的化学物质和其他可能危害人体健康的物质，或者用回收食品作为原料生产食品，或者经营上述食品；

（二）生产经营营养成分不符合食品安全标准的专供婴幼儿和其他特定人群的主辅食品；

（三）经营病死、毒死或者死因不明的禽、畜、兽、水产动物肉类，或者生产经营其制品；

（四）经营未按规定进行检疫或者检疫不合格的肉类，或者生产经营未经检验或者检验不合格的肉类制品；

（五）生产经营国家为防病等特殊需要明令禁止生产经营的食品；

（六）生产经营添加药品的食品。

明知从事前款规定的违法行为，仍为其提供生产经营场所或者其他条件的，由县级以上人民政府食品药品监督管理部门责令停止违法行为，没收违法所得，并处十万元以上二十万元以下罚款；使消费者的合法权益受到损害的，应当与食品生产经营者承担连带责任。

违法使用剧毒、高毒农药的，除依照有关法律、法规规定给予处罚外，可以由公安机关依照第一款规定给予拘留。

第一百二十四条　违反本法规定，有下列情形之一，尚不构成犯罪的，由县级以上人民政府食品药品监督管理部门没收违法所得和违法生产经营的食品、食品添加剂，并可以没收用于违法生产经营的工具、设备、原料等物品；违法生产经营的食品、食品添加剂货值金额不足一万元的，并处五万元以上十万元以下罚款；货值金额一万元以上的，并处货值金额十倍以上二十倍以下罚款；情节严重的，吊销许可证：

（一）生产经营致病性微生物，农药残留、兽药残留、生物毒素、重金属等污染物质以及其他危害人体健康的物质含量超过食品安全标准限量的食品、食品添加剂；

（二）用超过保质期的食品原料、食品添加剂生产食品、食品添加剂，或者经营上述食品、食品添加剂；

（三）生产经营超范围、超限量使用食品添加剂的食品；

（四）生产经营腐败变质、油脂酸败、霉变生虫、污秽不洁、混有异物、掺假掺杂或者感官性状异常的食品、食品添加剂；

（五）生产经营标注虚假生产日期、保质期或者超过保质期的食品、食品添加剂；

（六）生产经营未按规定注册的保健食品、特殊医学用途配方食品、婴幼儿配方乳粉，或者未按注册的产品配方、生产工艺等技术要求组织生产；

（七）以分装方式生产婴幼儿配方乳粉，或者同一企业以同一配方生产不同品牌的婴幼儿配方乳粉；

（八）利用新的食品原料生产食品，或者生产食品添加剂新品种，未通过安全性评估；

（九）食品生产经营者在食品药品监督管理部门责令其召回或者停止经营后，仍拒不召回或者停止经营。

除前款和本法第一百二十三条、第一百二十五条规定的情形外，生产经营不符合法律、法规或者食品安全标准的食品、食品添加剂的，依照前款规定给予处罚。

生产食品相关产品新品种，未通过安全性评估，或者生产不符合食品安全标准的食品相关产品的，由县级以上人民政府质量监督部门依照第一款规定给予处罚。

第一百二十五条　违反本法规定，有下列情形之一的，由县级以上人民政府食品药品监督管理部门没收违法所得和违法生产经营的食品、食品添加剂，并可以没收用于违法生产经营的工具、设备、原料等物品；违法生产经营的食品、食品添加剂货值金额不足一万元的，并处五千元以上五万元以下罚款；货值金额一万元以上的，并处货值金额五倍以上十倍以下罚款；情节严重的，责令停产停业，直至吊销许可证：

（一）生产经营被包装材料、容器、运输工具等污染的食品、食品添加剂；

（二）生产经营无标签的预包装食品、食品添加剂或者标签、说明书不符合本法规定的食品、食品添加剂；

（三）生产经营转基因食品未按规定进行标示；

（四）食品生产经营者采购或者使用不符合食品安全标准的食品原料、食品添加剂、食品相关产品。

生产经营的食品、食品添加剂的标签、说明书存在瑕疵但不影响食品安全且不会对消费者造成误导的，由县级以上人民政府食品药品监督管理部门责令改正；拒不改正的，处二千元以下罚款。

第一百二十六条　违反本法规定，有下列情形之一的，由县级以上人民政府食品药品监督管理部门责令改正，给予警告；拒不改正的，处五千元以上五万元以下罚款；情节严重的，责令停产停业，直至吊销许可证：

（一）食品、食品添加剂生产者未按规定对采购的食品原料和生产的食品、食品添加剂进行检验；

（二）食品生产经营企业未按规定建立食品安全管理制度，或者未按规定配备或者培训、考核食品安全管理人员；

（三）食品、食品添加剂生产经营者进货时未查验许可证和相关证明文件，或者未按规定建立并遵守进货查验记录、出厂检验记录和销售记录制度；

（四）食品生产经营企业未制定食品安全事故处置方案；

（五）餐具、饮具和盛放直接入口食品的容器，使用前未经洗净、消毒或者清洗消毒不合格，或者餐饮服务设施、设备未按规定定期维护、清洗、校验；

（六）食品生产经营者安排未取得健康证明或者患有国务院卫生行政部门规定的有碍食品安全疾病的人员从事接触直接入口食品的工作；

（七）食品经营者未按规定要求销售食品；

（八）保健食品生产企业未按规定向食品药品监督管理部门备案，或者未按备案的产品配方、生产工艺等技术要求组织生产；

（九）婴幼儿配方食品生产企业未将食品原料、食品添加剂、产品配方、标签等向食品药品监督管理部门备案；

（十）特殊食品生产企业未按规定建立生产质量管理体系并有效运行，或者未定期提交自查报告；

（十一）食品生产经营者未定期对食品安全状况进行检查评价，或者生产经营条件发生变化，未按规定处理；

（十二）学校、托幼机构、养老机构、建筑工地等集中用餐单位未按规定履行食品安全管理责任；

（十三）食品生产企业、餐饮服务提供者未按规定制定、实施生产经营过程控制要求。

餐具、饮具集中消毒服务单位违反本法规定用水，使用洗涤剂、消毒剂，或者出厂的餐具、饮具未按规定检验合格并随附消毒合格证明，或者未按规定在独立包装上标注相关内容的，由县级以上人民政府卫生行政部门依照前款规定给予处罚。

食品相关产品生产者未按规定对生产的食品相关产品进行检验的，由县级以上人民政府质量监督部门依照第一款规定给予处罚。

食用农产品销售者违反本法第六十五条规定的，由县级以上人民政府食品药品监督管理部门依照第一款规定给予处罚。

第一百二十七条　对食品生产加工小作坊、食品摊贩等的违法行为的处罚，依照省、自治区、直辖市制定的具体管理办法执行。

第一百二十八条　违反本法规定，事故单位在发生食品安全事故后未进行处置、报告的，由有关主管部门按照各自职责分工责令改正，给予警告；隐匿、伪造、毁灭有关证据的，责令停产停业，没收违法所得，并处十万元以上五十万元以下罚款；造成严重后果的，吊销许可证。

第一百二十九条　违反本法规定，有下列情形之一的，由出入境检验检疫机构依照本法第一百二十四条的规定给予处罚：

（一）提供虚假材料，进口不符合我国食品安全国家标准的食品、食品添加剂、食品相关产品；

（二）进口尚无食品安全国家标准的食品，未提交所执行的标准并经国务院卫生行政部门审查，或者进口利用新的食品原料生产的食品或者进口食品添加剂新品种、食品相关产品新品种，未通过安全性评估；

（三）未遵守本法的规定出口食品；

（四）进口商在有关主管部门责令其依照本法规定召回进口的食品后，仍拒不召回。

违反本法规定，进口商未建立并遵守食品、食品添加剂进口和销售记录制度、境外出口商或者生产企业审核制度的，由出入境检验检疫机构依照本法第一百二十六条的规定给予处罚。

第一百三十条 违反本法规定，集中交易市场的开办者、柜台出租者、展销会的举办者允许未依法取得许可的食品经营者进入市场销售食品，或者未履行检查、报告等义务的，由县级以上人民政府食品药品监督管理部门责令改正，没收违法所得，并处五万元以上二十万元以下罚款；造成严重后果的，责令停业，直至由原发证部门吊销许可证；使消费者的合法权益受到损害的，应当与食品经营者承担连带责任。

食用农产品批发市场违反本法第六十四条规定的，依照前款规定承担责任。

第一百三十一条 违反本法规定，网络食品交易第三方平台提供者未对入网食品经营者进行实名登记、审查许可证，或者未履行报告、停止提供网络交易平台服务等义务的，由县级以上人民政府食品药品监督管理部门责令改正，没收违法所得，并处五万元以上二十万元以下罚款；造成严重后果的，责令停业，直至由原发证部门吊销许可证；使消费者的合法权益受到损害的，应当与食品经营者承担连带责任。

消费者通过网络食品交易第三方平台购买食品，其合法权益受到损害的，可以向入网食品经营者或者食品生产者要求赔偿。网络食品交易第三方平台提供者不能提供入网食品经营者的真实名称、地址和有效联系方式的，由网络食品交易第三方平台提供者赔偿。网络食品交易第三方平台提供者赔偿后，有权向入网食品经营者或者食品生产者追偿。网络食品交易第三方平台提供者作出更有利于消费者承诺的，应当履行其承诺。

第一百三十二条 违反本法规定，未按要求进行食品贮存、运输和装卸的，由县级以上人民政府食品药品监督管理等部门按照各自职责分工责令改正，给予警告；拒不改正的，责令停产停业，并处一万元以上五万元以下罚款；情节严重的，吊销许可证。

第一百三十三条 违反本法规定，拒绝、阻挠、干涉有关部门、机构及其工作人员依法开展食品安全监督检查、事故调查处理、风险监测和风险评估的，由有关主管部门按照各自职责分工责令停产停业，并处二千元以上五万元以下罚款；情节严重的，吊销许可证；构成违反治安管理行为的，由公安机关依法给予治安管理处罚。

违反本法规定，对举报人以解除、变更劳动合同或者其他方式打击报复的，应当依照有关法律的规定承担责任。

第一百三十四条 食品生产经营者在一年内累计三次因违反本法规定受到责令停产停业、吊销许可证以外处罚的，由食品药品监督管理部门责令停产停业，直至吊销许可证。

第一百三十五条 被吊销许可证的食品生产经营者及其法定代表人、直接负责的主管人员和其他直接责任人员自处罚决定作出之日起五年内不得申请食品生产经营许可，或者从事食品生产经营管理工作、担任食品生产经营企业食品安全管理人员。

因食品安全犯罪被判处有期徒刑以上刑罚的，终身不得从事食品生产经营管理工作，也不得担任食品生产经营企业食品安全管理人员。

食品生产经营者聘用人员违反前两款规定的，由县级以上人民政府食品药品监督管理部门吊销许可证。

第一百三十六条 食品经营者履行了本法规定的进货查验等义务，有充分证据证明其不知道所采购的食品不符合食品安全标准，并能如实说明其进货来源的，可以免予处罚，但应当依法没收其不符合食品安全标准的食品；造成人身、财产或者其他损害的，依法承担赔偿责任。

第一百三十七条　违反本法规定，承担食品安全风险监测、风险评估工作的技术机构、技术人员提供虚假监测、评估信息的，依法对技术机构直接负责的主管人员和技术人员给予撤职、开除处分；有执业资格的，由授予其资格的主管部门吊销执业证书。

第一百三十八条　违反本法规定，食品检验机构、食品检验人员出具虚假检验报告的，由授予其资质的主管部门或者机构撤销该食品检验机构的检验资质，没收所收取的检验费用，并处检验费用五倍以上十倍以下罚款，检验费用不足一万元的，并处五万元以上十万元以下罚款；依法对食品检验机构直接负责的主管人员和食品检验人员给予撤职或者开除处分；导致发生重大食品安全事故的，对直接负责的主管人员和食品检验人员给予开除处分。

违反本法规定，受到开除处分的食品检验机构人员，自处分决定作出之日起十年内不得从事食品检验工作；因食品安全违法行为受到刑事处罚或者因出具虚假检验报告导致发生重大食品安全事故受到开除处分的食品检验机构人员，终身不得从事食品检验工作。食品检验机构聘用不得从事食品检验工作的人员的，由授予其资质的主管部门或者机构撤销该食品检验机构的检验资质。

食品检验机构出具虚假检验报告，使消费者的合法权益受到损害的，应当与食品生产经营者承担连带责任。

第一百三十九条　违反本法规定，认证机构出具虚假认证结论，由认证认可监督管理部门没收所收取的认证费用，并处认证费用五倍以上十倍以下罚款，认证费用不足一万元的，并处五万元以上十万元以下罚款；情节严重的，责令停业，直至撤销认证机构批准文件，并向社会公布；对直接负责的主管人员和负有直接责任的认证人员，撤销其执业资格。

认证机构出具虚假认证结论，使消费者的合法权益受到损害的，应当与食品生产经营者承担连带责任。

第一百四十条　违反本法规定，在广告中对食品作虚假宣传，欺骗消费者，或者发布未取得批准文件、广告内容与批准文件不一致的保健食品广告的，依照《中华人民共和国广告法》的规定给予处罚。

广告经营者、发布者设计、制作、发布虚假食品广告，使消费者的合法权益受到损害的，应当与食品生产经营者承担连带责任。

社会团体或者其他组织、个人在虚假广告或者其他虚假宣传中向消费者推荐食品，使消费者的合法权益受到损害的，应当与食品生产经营者承担连带责任。

违反本法规定，食品药品监督管理等部门、食品检验机构、食品行业协会以广告或者其他形式向消费者推荐食品，消费者组织以收取费用或者其他牟取利益的方式向消费者推荐食品的，由有关主管部门没收违法所得，依法对直接负责的主管人员和其他直接责任人员给予记大过、降级或者撤职处分；情节严重的，给予开除处分。

对食品作虚假宣传且情节严重的，由省级以上人民政府食品药品监督管理部门决定暂停销售该食品，并向社会公布；仍然销售该食品的，由县级以上人民政府食品药品监督管理部门没收违法所得和违法销售的食品，并处二万元以上五万元以下罚款。

第一百四十一条　违反本法规定，编造、散布虚假食品安全信息，构成违反治安管理行为的，由公安机关依法给予治安管理处罚。

媒体编造、散布虚假食品安全信息的，由有关主管部门依法给予处罚，并对直接负责的主管人员和其他直接责任人员给予处分；使公民、法人或者其他组织的合法权益受到损害的，依法承担消除影响、恢复名誉、赔偿损失、赔礼道歉等民事责任。

第一百四十二条　违反本法规定，县级以上地方人民政府有下列行为之一的，对直接负责的主管人员和其他直接责任人员给予记大过处分；情节较重的，给予降级或者撤职处分；情节严重的，给予开除处分；造成严重后果的，其主要负责人还应当引咎辞职：

（一）对发生在本行政区域内的食品安全事故，未及时组织协调有关部门开展有效处置，造成不良影响或者损失；

（二）对本行政区域内涉及多环节的区域性食品安全问题，未及时组织整治，造成不良影响或者损失；

（三）隐瞒、谎报、缓报食品安全事故；

（四）本行政区域内发生特别重大食品安全事故，或者连续发生重大食品安全事故。

第一百四十三条　违反本法规定，县级以上地方人民政府有下列行为之一的，对直接负责的主管人员和其他直接责任人员给予警告、记过或者记大过处分；造成严重后果的，给予降级或者撤职处分：

（一）未确定有关部门的食品安全监督管理职责，未建立健全食品安全全程监督管理工作机制和信息共享机制，未落实食品安全监督管理责任制；

（二）未制定本行政区域的食品安全事故应急预案，或者发生食品安全事故后未按规定立即成立事故处置指挥机构、启动应急预案。

第一百四十四条　违反本法规定，县级以上人民政府食品药品监督管理、卫生行政、质量监督、农业行政等部门有下列行为之一的，对直接负责的主管人员和其他直接责任人员给予记大过处分；情节较重的，给予降级或者撤职处分；情节严重的，给予开除处分；造成严重后果的，其主要负责人还应当引咎辞职：

（一）隐瞒、谎报、缓报食品安全事故；

（二）未按规定查处食品安全事故，或者接到食品安全事故报告未及时处理，造成事故扩大或者蔓延；

（三）经食品安全风险评估得出食品、食品添加剂、食品相关产品不安全结论后，未及时采取相应措施，造成食品安全事故或者不良社会影响；

（四）对不符合条件的申请人准予许可，或者超越法定职权准予许可；

（五）不履行食品安全监督管理职责，导致发生食品安全事故。

第一百四十五条　违反本法规定，县级以上人民政府食品药品监督管理、卫生行政、质量监督、农业行政等部门有下列行为之一，造成不良后果的，对直接负责的主管人员和其他直接责任人员给予警告、记过或者记大过处分；情节较重的，给予降级或者撤职处分；情节严重的，给予开除处分：

（一）在获知有关食品安全信息后，未按规定向上级主管部门和本级人民政府报告，或者未按规定相互通报；

（二）未按规定公布食品安全信息；

（三）不履行法定职责，对查处食品安全违法行为不配合，或者滥用职权、玩忽职守、徇私舞弊。

第一百四十六条　食品药品监督管理、质量监督等部门在履行食品安全监督管理职责过程中，违法实施检查、强制等执法措施，给生产经营者造成损失的，应当依法予以赔偿，对直接负责的主管人员和其他直接责任人员依法给予处分。

第一百四十七条　违反本法规定，造成人身、财产或者其他损害的，依法承担赔偿责任。生产经营者财产不足以同时承担民事赔偿责任和缴纳罚款、罚金时，先承担民事赔偿责任。

第一百四十八条　消费者因不符合食品安全标准的食品受到损害的，可以向经营者要求赔偿损失，也可以向生产者要求赔偿损失。接到消费者赔偿要求的生产经营者，应当实行首负责任制，先行赔付，不得推诿；属于生产者责任的，经营者赔偿后有权向生产者追偿；属于经营者责任的，生产者赔偿后有权向经营者追偿。

生产不符合食品安全标准的食品或者经营明知是不符合食品安全标准的食品，消费者除要求赔偿损失外，还可以向生产者或者经营者要求支付价款十倍或者损失三倍的赔偿金；增加赔偿的金额不足一千元的，为一千元。但是，食品的标签、说明书存在不影响食品安全且不会对消费者造成误导的瑕疵的除外。

第一百四十九条　违反本法规定，构成犯罪的，依法追究刑事责任。

第十章　附　　则

第一百五十条　本法下列用语的含义：

食品，指各种供人食用或者饮用的成品和原料以及按照传统既是食品又是中药材的物品，但是不包括以治疗为目的的物品。

食品安全，指食品无毒、无害，符合应当有的营养要求，对人体健康不造成任何急性、亚急性或者慢性危害。

预包装食品，指预先定量包装或者制作在包装材料、容器中的食品。

食品添加剂，指为改善食品品质和色、香、味以及为防腐、保鲜和加工工艺的需要而加入食品中的人工合成或者天然物质，包括营养强化剂。

用于食品的包装材料和容器，指包装、盛放食品或者食品添加剂用的纸、竹、木、金属、搪瓷、陶瓷、塑料、橡胶、天然纤维、化学纤维、玻璃等制品和直接接触食品或者食品添加剂的涂料。

用于食品生产经营的工具、设备，指在食品或者食品添加剂生产、销售、使用过程中直接接触食品或者食品添加剂的机械、管道、传送带、容器、用具、餐具等。

用于食品的洗涤剂、消毒剂，指直接用于洗涤或者消毒食品、餐具、饮具以及直接接触食品的工具、设备或者食品包装材料和容器的物质。

食品保质期，指食品在标明的贮存条件下保持品质的期限。

食源性疾病，指食品中致病因素进入人体引起的感染性、中毒性等疾病，包括食物中毒。

食品安全事故，指食源性疾病、食品污染等源于食品，对人体健康有危害或者可能有危害的事故。

第一百五十一条 转基因食品和食盐的食品安全管理，本法未作规定的，适用其他法律、行政法规的规定。

第一百五十二条 铁路、民航运营中食品安全的管理办法由国务院食品药品监督管理部门会同国务院有关部门依照本法制定。

保健食品的具体管理办法由国务院食品药品监督管理部门依照本法制定。

食品相关产品生产活动的具体管理办法由国务院质量监督部门依照本法制定。

国境口岸食品的监督管理由出入境检验检疫机构依照本法以及有关法律、行政法规的规定实施。

军队专用食品和自供食品的食品安全管理办法由中央军事委员会依照本法制定。

第一百五十三条 国务院根据实际需要，可以对食品安全监督管理体制作出调整。

第一百五十四条 本法自 2015 年 10 月 1 日起施行。

四、食品企业通用卫生标准

中华人民共和国国家标准 GB 14881—2013

（中华人民共和国卫生和计划生育委员会 2013-05-24 发布，2014-06-01 实施）

1 范围

本标准规定了食品生产过程中原料采购、加工、包装、贮存和运输等环节的场所、设施、人员的基本要求和管理准则。

本标准适用于各类食品的生产，如确有必要制定某类食品生产的专项卫生规范，应当以本标准作为基础。

2 术语和定义

2.1 污染

在食品生产过程中发生的生物、化学、物理污染因素传入的过程。

2.2 虫害

由昆虫、鸟类、啮齿类动物等生物（包括苍蝇、蟑螂、麻雀、老鼠等）造成的不良影响。

2.3 食品加工人员

直接接触包装或未包装的食品、食品设备和器具、食品接触面的操作人员。

2.4 接触表面

设备、工器具、人体等可被接触到的表面。

2.5 分离

通过在物品、设施、区域之间留有一定空间，而非通过设置物理阻断的方式进行隔离。

2.6 分隔

通过设置物理阻断如墙壁、卫生屏障、遮罩或独立房间等进行隔离。

2.7 食品加工场所

用于食品加工处理的建筑物和场地，以及按照相同方式管理的其他建筑物、场地和周围环境等。

2.8 监控

按照预设的方式和参数进行观察或测定，以评估控制环节是否处于受控状态。

2.9 工作服

根据不同生产区域的要求，为降低食品加工人员对食品的污染风险而配备的专用服装。

3 选址及厂区环境

3.1 选址

3.1.1 厂区不应选择对食品有显著污染的区域。如某地对食品安全和食品宜食用性存在明显的不利影响，且无法通过采取措施加以改善，应避免在该地址建厂。

3.1.2 厂区不应选择有害废弃物及粉尘、有害气体、放射性物质和其他扩散性污染源不能有效清除的地址。

3.1.3 厂区不应选择易发生洪涝灾害的地区，难以避开时应设计必要的防范措施。

3.1.4 厂区周围不宜有虫害大量孳生的潜在场所，难以避开时应设计必要的防范措施。

3.2 厂区环境

3.2.1 应考虑环境给食品生产带来的潜在污染风险，并采取适当的措施将其降至最低水平。

3.2.2 厂区应合理布局，各功能区域划分明显，并有适当的分离或分隔措施，防止交叉污染。

3.2.3 厂区内的道路应铺设混凝土、沥青、或者其他硬质材料；空地应采取必要措施，如铺设水泥、地砖或铺设草坪等方式，保持环境清洁，防止正常天气下扬尘和积水等现象的发生。

3.2.4 厂区绿化应与生产车间保持适当距离，植被应定期维护，以防止虫害的孳生。

3.2.5 厂区应有适当的排水系统。

3.2.6 宿舍、食堂、职工娱乐设施等生活区应与生产区保持适当距离或分隔。

4 厂房和车间

4.1 设计和布局

4.1.1 厂房和车间的内部设计和布局应满足食品卫生操作要求，避免食品生产中发生交叉污染。

4.1.2 厂房和车间的设计应根据生产工艺合理布局，预防和降低产品受污染的风险。

4.1.3 厂房和车间应根据产品特点、生产工艺、生产特性以及生产过程对清洁程度的要求合理划分作业区，并采取有效分离或分隔。如：通常可划分为清洁作业区、准清洁作业区和一般作业区；或清洁作业区和一般作业区等。一般作业区应与其他作业区域分隔。

4.1.4 厂房内设置的检验室应与生产区域分隔。

4.1.5 厂房的面积和空间应与生产能力相适应，便于设备安置、清洁消毒、物料存储及人员操作。

4.2 建筑内部结构与材料

4.2.1 内部结构

建筑内部结构应易于维护、清洁或消毒。应采用适当的耐用材料建造。

4.2.2 顶棚

4.2.2.1 顶棚应使用无毒、无味、与生产需求相适应、易于观察清洁状况的材料建造；若直接在屋顶内层喷涂涂料作为顶棚，应使用无毒、无味、防霉、不易脱落、易于清洁的涂料。

4.2.2.2 顶棚应易于清洁、消毒，在结构上不利于冷凝水垂直滴下，防止虫害和霉菌孳生。

4.2.2.3 蒸汽、水、电等配件管路应避免设置于暴露食品的上方；如确需设置，应有能防止灰尘散落及水滴掉落的装置或措施。

4.2.3 墙壁

4.2.3.1 墙面、隔断应使用无毒、无味的防渗透材料建造，在操作高度范围内的墙面应光滑、不易积累污垢且易于清洁；若使用涂料，应无毒、无味、防霉、不易脱落、易于清洁。

4.2.3.2 墙壁、隔断和地面交界处应结构合理、易于清洁，能有效避免污垢积存。例如设置漫弯形交界面等。

4.2.4 门窗

4.2.4.1 门窗应闭合严密。门的表面应平滑、防吸附、不渗透，并易于清洁、消毒。应使用不透水、坚固、不变形的材料制成。

4.2.4.2 清洁作业区和准清洁作业区与其他区域之间的门应能及时关闭。

4.2.4.3 窗户玻璃应使用不易碎材料。若使用普通玻璃，应采取必要的措施防止玻璃破碎后对原料、包装材料及食品造成污染。

4.2.4.4 窗户如设置窗台，其结构应能避免灰尘积存且易于清洁。可开启的窗户应装有易于清洁的防虫害窗纱。

4.2.5 地面

4.2.5.1 地面应使用无毒、无味、不渗透、耐腐蚀的材料建造。地面的结构应有利于排污和清洗的需要。

4.2.5.2 地面应平坦防滑、无裂缝、并易于清洁、消毒，并有适当的措施防止积水。

5 设施与设备

5.1 设施

5.1.1 供水设施

5.1.1.1 应能保证水质、水压、水量及其他要求符合生产需要。

5.1.1.2 食品加工用水的水质应符合 GB 5749 的规定，对加工用水水质有特殊要求的食品应符合相应规定。间接冷却水、锅炉用水等食品生产用水的水质应符合生产需要。

5.1.1.3 食品加工用水与其他不与食品接触的用水(如间接冷却水、污水或废水等)应以完全分离的管路输送，避免交叉污染。各管路系统应明确标识以便区分。

5.1.1.4 自备水源及供水设施应符合有关规定。供水设施中使用的涉及饮用水卫生安全产品还应符合国家相关规定。

5.1.2 排水设施

5.1.2.1 排水系统的设计和建造应保证排水畅通、便于清洁维护；应适应食品生产的需要，保证食品及生产、清洁用水不受污染。

5.1.2.2 排水系统入口应安装带水封的地漏等装置，以防止固体废弃物进入及浊气逸出。

5.1.2.3 排水系统出口应有适当措施以降低虫害风险。

5.1.2.4 室内排水的流向应由清洁程度要求高的区域流向清洁程度要求低的区域，且应有防止逆流的设计。

5.1.2.5 污水在排放前应经适当方式处理，以符合国家污水排放的相关规定。

5.1.3 清洁消毒设施

应配备足够的食品、工器具和设备的专用清洁设施，必要时应配备适宜的消毒设施。应采取措施避免清洁、消毒工器具带来的交叉污染。

5.1.4 废弃物存放设施

应配备设计合理、防止渗漏、易于清洁的存放废弃物的专用设施；车间内存放废弃物的设施和容器应标识清晰。必要时应在适当地点设置废弃物临时存放设施，并依废弃物特性分类存放。

5.1.5 个人卫生设施

5.1.5.1 生产场所或生产车间入口处应设置更衣室；必要时特定的作业区入口处可按需要设置更衣室。更衣室应保证工作服与个人服装及其他物品分开放置。

5.1.5.2 生产车间入口及车间内必要处，应按需设置换鞋(穿戴鞋套)设施或工作鞋靴消毒设施。如设置工作鞋靴消毒设施，其规格尺寸应能满足消毒需要。

5.1.5.3 应根据需要设置卫生间，卫生间的结构、设施与内部材质应易于保持清洁；卫生间内的适当位置应设置洗手设施。卫生间不得与食品生产、包装或贮存等区域直接连通。

5.1.5.4 应在清洁作业区入口设置洗手、干手和消毒设施；如有需要，应在作业区内适当位置加设洗手和(或)消毒设施；与消毒设施配套的水龙头其开关应为非手动式。

5.1.5.5 洗手设施的水龙头数量应与同班次食品加工人员数量相匹配，必要时应设置冷热水混合器。洗手池应采用光滑、不透水、易清洁的材质制成，其设计及构造应易于清洁消毒。应在临近洗手设施的显著位置标示简明易懂的洗手方法。

5.1.5.6 根据对食品加工人员清洁程度的要求，必要时应可设置风淋室、淋浴室等设施。

5.1.6 通风设施

5.1.6.1 应具有适宜的自然通风或人工通风措施；必要时应通过自然通风或机械设

施有效控制生产环境的温度和湿度。通风设施应避免空气从清洁度要求低的作业区域流向清洁度要求高的作业区域。

5.1.6.2 应合理设置进气口位置，进气口与排气口和户外垃圾存放装置等污染源保持适宜的距离和角度。进、排气口应装有防止虫害侵入的网罩等设施。通风排气设施应易于清洁、维修或更换。

5.1.6.3 若生产过程需要对空气进行过滤净化处理，应加装空气过滤装置并定期清洁。

5.1.6.4 根据生产需要，必要时应安装除尘设施。

5.1.7 照明设施

5.1.7.1 厂房内应有充足的自然采光或人工照明，光泽和亮度应能满足生产和操作需要；光源应使食品呈现真实的颜色。

5.1.7.2 如需在暴露食品和原料的正上方安装照明设施，应使用安全型照明设施或采取防护措施。

5.1.8 仓储设施

5.1.8.1 应具有与所生产产品的数量、贮存要求相适应的仓储设施。

5.1.8.2 仓库应以无毒、坚固的材料建成；仓库地面应平整，便于通风换气。仓库的设计应能易于维护和清洁，防止虫害藏匿，并应有防止虫害侵入的装置。

5.1.8.3 原料、半成品、成品、包装材料等应依据性质的不同分设贮存场所、或分区域码放，并有明确标识，防止交叉污染。必要时仓库应设有温、湿度控制设施。

5.1.8.4 贮存物品应与墙壁、地面保持适当距离，以利于空气流通及物品搬运。

5.1.8.5 清洁剂、消毒剂、杀虫剂、润滑剂、燃料等物质应分别安全包装，明确标识，并应与原料、半成品、成品、包装材料等分隔放置。

5.1.9 温控设施

5.1.9.1 应根据食品生产的特点，配备适宜的加热、冷却、冷冻等设施，以及用于监测温度的设施。

5.1.9.2 根据生产需要，可设置控制室温的设施。

5.2 设备

5.2.1 生产设备

5.2.1.1 一般要求

应配备与生产能力相适应的生产设备，并按工艺流程有序排列，避免引起交叉污染。

5.2.1.2 材质

5.2.1.2.1 与原料、半成品、成品接触的设备与用具，应使用无毒、无味、抗腐蚀、不易脱落的材料制作，并应易于清洁和保养。

5.2.1.2.2 设备、工器具等与食品接触的表面应使用光滑、无吸收性、易于清洁保养和消毒的材料制成，在正常生产条件下不会与食品、清洁剂和消毒剂发生反应，并应保持完好无损。

5.2.1.3 设计

5.2.1.3.1 所有生产设备应从设计和结构上避免零件、金属碎屑、润滑油、或其他污染因素混入食品，并应易于清洁消毒、易于检查和维护。

5.2.1.3.2 设备应不留空隙地固定在墙壁或地板上，或在安装时与地面和墙壁间保留足够空间，以便清洁和维护。

5.2.2 监控设备

用于监测、控制、记录的设备，如压力表、温度计、记录仪等，应定期校准、维护。

5.2.3 设备的保养和维修

应建立设备保养和维修制度，加强设备的日常维护和保养，定期检修，及时记录。

6 卫生管理

6.1 卫生管理制度

6.1.1 应制定食品加工人员和食品生产卫生管理制度以及相应的考核标准，明确岗位职责，实行岗位责任制。

6.1.2 应根据食品的特点以及生产、贮存过程的卫生要求，建立对保证食品安全具有显著意义的关键控制环节的监控制度，良好实施并定期检查，发现问题及时纠正。

6.1.3 应制定针对生产环境、食品加工人员、设备及设施等的卫生监控制度，确立内部监控的范围、对象和频率。记录并存档监控结果，定期对执行情况和效果进行检查，发现问题及时整改。

6.1.4 应建立清洁消毒制度和清洁消毒用具管理制度。清洁消毒前后的设备和工器具应分开放置妥善保管，避免交叉污染。

6.2 厂房及设施卫生管理

6.2.1 厂房内各项设施应保持清洁，出现问题及时维修或更新；厂房地面、屋顶、天花板及墙壁有破损时，应及时修补。

6.2.2 生产、包装、贮存等设备及工器具、生产用管道、裸露食品接触表面等应定期清洁消毒。

6.3 食品加工人员健康管理与卫生要求

6.3.1 食品加工人员健康管理

6.3.1.1 应建立并执行食品加工人员健康管理制度。

6.3.1.2 食品加工人员每年应进行健康检查，取得健康证明；上岗前应接受卫生培训。

6.3.1.3 食品加工人员如患有痢疾、伤寒、甲型病毒性肝炎、戊型病毒性肝炎等消化道传染病，以及患有活动性肺结核、化脓性或者渗出性皮肤病等有碍食品安全的疾病，或有明显皮肤损伤未愈合的，应当调整到其他不影响食品安全的工作岗位。

6.3.2 食品加工人员卫生要求

6.3.2.1 进入食品生产场所前应整理个人卫生，防止污染食品。

6.3.2.2 进入作业区域应规范穿着洁净的工作服，并按要求洗手、消毒；头发应藏于工作帽内或使用发网约束。

6.3.2.3 进入作业区域不应配戴饰物、手表，不应化妆、染指甲、喷洒香水；不得携带或存放与食品生产无关的个人用品。

6.3.2.4 使用卫生间、接触可能污染食品的物品、或从事与食品生产无关的其他活动后，再次从事接触食品、食品工器具、食品设备等与食品生产相关的活动前应洗手消毒。

6.3.3 来访者

非食品加工人员不得进入食品生产场所，特殊情况下进入时应遵守和食品加工人员同样的卫生要求。

6.4 虫害控制

6.4.1 应保持建筑物完好、环境整洁，防止虫害侵入及孳生。

6.4.2 应制定和执行虫害控制措施，并定期检查。生产车间及仓库应采取有效措施（如纱帘、纱网、防鼠板、防蝇灯、风幕等），防止鼠类昆虫等侵入。若发现有虫鼠害痕迹时，应追查来源，消除隐患。

6.4.3 应准确绘制虫害控制平面图，标明捕鼠器、粘鼠板、灭蝇灯、室外诱饵投放点、生化信息素捕杀装置等放置的位置。

6.4.4 厂区应定期进行除虫灭害工作。

6.4.5 采用物理、化学或生物制剂进行处理时，不应影响食品安全和食品应有的品质、不应污染食品接触表面、设备、工器具及包装材料。除虫灭害工作应有相应的记录。

6.4.6 使用各类杀虫剂或其他药剂前，应做好预防措施避免对人身、食品、设备工具造成污染；不慎污染时，应及时将被污染的设备、工具彻底清洁，消除污染。

6.5 废弃物处理

6.5.1 应制定废弃物存放和清除制度，有特殊要求的废弃物其处理方式应符合有关规定。废弃物应定期清除；易腐败的废弃物应尽快清除；必要时应及时清除废弃物。

6.5.2 车间外废弃物放置场所应与食品加工场所隔离防止污染；应防止不良气味或有害有毒气体溢出；应防止虫害孳生。

6.6 工作服管理

6.6.1 进入作业区域应穿着工作服。

6.6.2 应根据食品的特点及生产工艺的要求配备专用工作服，如衣、裤、鞋靴、帽和发网等，必要时还可配备口罩、围裙、套袖、手套等。

6.6.3 应制定工作服的清洗保洁制度，必要时应及时更换；生产中应注意保持工作服干净完好。

6.6.4 工作服的设计、选材和制作应适应不同作业区的要求，降低交叉污染食品的风险；应合理选择工作服口袋的位置、使用的连接扣件等，降低内容物或扣件掉落污染食品的风险。

7 食品原料、食品添加剂和食品相关产品

7.1 一般要求

应建立食品原料、食品添加剂和食品相关产品的采购、验收、运输和贮存管理制度，确保所使用的食品原料、食品添加剂和食品相关产品符合国家有关要求。不得将任何危害人体健康和生命安全的物质添加到食品中。

7.2 食品原料

7.2.1 采购的食品原料应当查验供货者的许可证和产品合格证明文件；对无法提供合格证明文件的食品原料，应当依照食品安全标准进行检验。

7.2.2 食品原料必须经过验收合格后方可使用。经验收不合格的食品原料应在指定区域与合格品分开放置并明显标记，并应及时进行退、换货等处理。

7.2.3 加工前宜进行感官检验，必要时应进行实验室检验；检验发现涉及食品安全项目指标异常的，不得使用；只应使用确定适用的食品原料。

7.2.4 食品原料运输及贮存中应避免日光直射、备有防雨防尘设施；根据食品原料的特点和卫生需要，必要时还应具备保温、冷藏、保鲜等设施。

7.2.5 食品原料运输工具和容器应保持清洁、维护良好，必要时应进行消毒。食品原料不得与有毒、有害物品同时装运，避免污染食品原料。

7.2.6 食品原料仓库应设专人管理，建立管理制度，定期检查质量和卫生情况，及时清理变质或超过保质期的食品原料。仓库出货顺序应遵循先进先出的原则，必要时应根据不同食品原料的特性确定出货顺序。

7.3 食品添加剂

7.3.1 采购食品添加剂应当查验供货者的许可证和产品合格证明文件。食品添加剂必须经过验收合格后方可使用。

7.3.2 运输食品添加剂的工具和容器应保持清洁、维护良好，并能提供必要的保护，避免污染食品添加剂。

7.3.3 食品添加剂的贮藏应有专人管理，定期检查质量和卫生情况，及时清理变质或超过保质期的食品添加剂。仓库出货顺序应遵循先进先出的原则，必要时应根据食品添加剂的特性确定出货顺序。

7.4 食品相关产品

7.4.1 采购食品包装材料、容器、洗涤剂、消毒剂等食品相关产品应当查验产品的合格证明文件，实行许可管理的食品相关产品还应查验供货者的许可证。食品包装材料等食品相关产品必须经过验收合格后方可使用。

7.4.2 运输食品相关产品的工具和容器应保持清洁、维护良好，并能提供必要的保护，避免污染食品原料和交叉污染。

7.4.3 食品相关产品的贮藏应有专人管理，定期检查质量和卫生情况，及时清理变质或超过保质期的食品相关产品。仓库出货顺序应遵循先进先出的原则。

7.5 其他

盛装食品原料、食品添加剂、直接接触食品的包装材料的包装或容器，其材质应稳定、无毒无害，不易受污染，符合卫生要求。

食品原料、食品添加剂和食品包装材料等进入生产区域时应有一定的缓冲区域或外包装清洁措施，以降低污染风险。

8 生产过程的食品安全控制

8.1 产品污染风险控制

8.1.1 应通过危害分析方法明确生产过程中的食品安全关键环节，并设立食品安全关键环节的控制措施。在关键环节所在区域，应配备相关的文件以落实控制措施，如配料(投料)表、岗位操作规程等。

8.1.2 鼓励采用危害分析与关键控制点体系(HACCP)对生产过程进行食品安全控制。

8.2 生物污染的控制

8.2.1 清洁和消毒

8.2.1.1 应根据原料、产品和工艺的特点，针对生产设备和环境制定有效的清洁消毒制度，降低微生物污染的风险。

8.2.1.2 清洁消毒制度应包括以下内容：清洁消毒的区域、设备或器具名称；清洁消毒工作的职责；使用的洗涤、消毒剂；清洁消毒方法和频率；清洁消毒效果的验证及不符合的处理；清洁消毒工作及监控记录。

8.2.1.3 应确保实施清洁消毒制度，如实记录；及时验证消毒效果，发现问题及时纠正。

8.2.2 食品加工过程的微生物监控

8.2.2.1 根据产品特点确定关键控制环节进行微生物监控；必要时应建立食品加工过程的微生物监控程序，包括生产环境的微生物监控和过程产品的微生物监控。

8.2.2.2 食品加工过程的微生物监控程序应包括：微生物监控指标、取样点、监控频率、取样和检测方法、评判原则和整改措施等，具体可参照附录A的要求，结合生产工艺及产品特点制定。

8.2.2.3 微生物监控应包括致病菌监控和指示菌监控，食品加工过程的微生物监控结果应能反映食品加工过程中对微生物污染的控制水平。

8.3 化学污染的控制

8.3.1 应建立防止化学污染的管理制度，分析可能的污染源和污染途径，制定适当的控制计划和控制程序。

8.3.2 应当建立食品添加剂和食品工业用加工助剂的使用制度，按照GB 2760的要求使用食品添加剂。

8.3.3 不得在食品加工中添加食品添加剂以外的非食用化学物质和其他可能危害人体健康的物质。

8.3.4 生产设备上可能直接或间接接触食品的活动部件若需润滑，应当使用食用油脂或能保证食品安全要求的其他油脂。

8.3.5 建立清洁剂、消毒剂等化学品的使用制度。除清洁消毒必需和工艺需要，不应在生产场所使用和存放可能污染食品的化学制剂。

8.3.6 食品添加剂、清洁剂、消毒剂等均应采用适宜的容器妥善保存，且应明显标示、分类贮存；领用时应准确计量、作好使用记录。

8.3.7 应当关注食品在加工过程中可能产生有害物质的情况，鼓励采取有效措施减低其风险。

8.4 物理污染的控制

8.4.1 应建立防止异物污染的管理制度，分析可能的污染源和污染途径，并制定相应的控制计划和控制程序。

8.4.2 应通过采取设备维护、卫生管理、现场管理、外来人员管理及加工过程监督等措施，最大程度地降低食品受到玻璃、金属、塑胶等异物污染的风险。

8.4.3 应采取设置筛网、捕集器、磁铁、金属检查器等有效措施降低金属或其他异物污染食品的风险。

8.4.4 当进行现场维修、维护及施工等工作时，应采取适当措施避免异物、异味、碎屑等污染食品。

8.5 包装

8.5.1 食品包装应能在正常的贮存、运输、销售条件下最大限度地保护食品的安全性和食品品质。

8.5.2 使用包装材料时应核对标识，避免误用；应如实记录包装材料的使用情况。

9 检验

9.1 应通过自行检验或委托具备相应资质的食品检验机构对原料和产品进行检验，建立食品出厂检验记录制度。

9.2 自行检验应具备与所检项目适应的检验室和检验能力；由具有相应资质的检验人员按规定的检验方法检验；检验仪器设备应按期检定。

9.3 检验室应有完善的管理制度，妥善保存各项检验的原始记录和检验报告。应建立产品留样制度，及时保留样品。

9.4 应综合考虑产品特性、工艺特点、原料控制情况等因素合理确定检验项目和检验频次以有效验证生产过程中的控制措施。净含量、感官要求以及其他容易受生产过程影响而变化的检验项目的检验频次应大于其他检验项目。

9.5 同一品种不同包装的产品，不受包装规格和包装形式影响的检验项目可以一并检验。

10 食品的贮存和运输

10.1 根据食品的特点和卫生需要选择适宜的贮存和运输条件，必要时应配备保温、冷藏、保鲜等设施。不得将食品与有毒、有害、或有异味的物品一同贮存运输。

10.2 应建立和执行适当的仓储制度，发现异常应及时处理。

10.3 贮存、运输和装卸食品的容器、工器具和设备应当安全、无害，保持清洁，降低食品污染的风险。

10.4 贮存和运输过程中应避免日光直射、雨淋、显著的温湿度变化和剧烈撞击等，防止食品受到不良影响。

11 产品召回管理

11.1 应根据国家有关规定建立产品召回制度。

11.2 当发现生产的食品不符合食品安全标准或存在其他不适于食用的情况时，应当立即停止生产，召回已经上市销售的食品，通知相关生产经营者和消费者，并记录召回和通知情况。

11.3 对被召回的食品，应当进行无害化处理或者予以销毁，防止其再次流入市场。

对因标签、标识或者说明书不符合食品安全标准而被召回的食品，应采取能保证食品安全、且便于重新销售时向消费者明示的补救措施。

11.4 应合理划分记录生产批次，采用产品批号等方式进行标识，便于产品追溯。

12 培训

12.1 应建立食品生产相关岗位的培训制度，对食品加工人员以及相关岗位的从业人员进行相应的食品安全知识培训。

12.2 应通过培训促进各岗位从业人员遵守食品安全相关法律法规标准和执行各项食品安全管理制度的意识和责任，提高相应的知识水平。

12.3 应根据食品生产不同岗位的实际需求，制定和实施食品安全年度培训计划并进行考核，做好培训记录。

12.4 当食品安全相关的法律法规标准更新时，应及时开展培训。

12.5 应定期审核和修订培训计划，评估培训效果，并进行常规检查，以确保培训计划的有效实施。

13 管理制度和人员

13.1 应配备食品安全专业技术人员、管理人员，并建立保障食品安全的管理制度。

13.2 食品安全管理制度应与生产规模、工艺技术水平和食品的种类特性相适应，应根据生产实际和实施经验不断完善食品安全管理制度。

13.3 管理人员应了解食品安全的基本原则和操作规范，能够判断潜在的危险，采取适当的预防和纠正措施，确保有效管理。

14 记录和文件管理

14.1 记录管理

14.1.1 应建立记录制度，对食品生产中采购、加工、贮存、检验、销售等环节详细记录。记录内容应完整、真实，确保对产品从原料采购到产品销售的所有环节都可进行有效追溯。

14.1.1.1 应如实记录食品原料、食品添加剂和食品包装材料等食品相关产品的名称、规格、数量、供货者名称及联系方式、进货日期等内容。

14.1.1.2 应如实记录食品的加工过程(包括工艺参数、环境监测等)、产品贮存情况及产品的检验批号、检验日期、检验人员、检验方法、检验结果等内容。

14.1.1.3 应如实记录出厂产品的名称、规格、数量、生产日期、生产批号、购货者名称及联系方式、检验合格单、销售日期等内容。

14.1.1.4 应如实记录发生召回的食品名称、批次、规格、数量、发生召回的原因及后续整改方案等内容。

14.1.2 食品原料、食品添加剂和食品包装材料等食品相关产品进货查验记录、食品出厂检验记录应由记录和审核人员复核签名，记录内容应完整。保存期限不得少于2年。

14.1.3 应建立客户投诉处理机制。对客户提出的书面或口头意见、投诉，企业相关管理部门应作记录并查找原因，妥善处理。

14.2 应建立文件的管理制度，对文件进行有效管理，确保各相关场所使用的文件均为有效版本。

14.3 鼓励采用先进技术手段(如电子计算机信息系统)，进行记录和文件管理。

五、中国食品安全性毒理学评价程序和方法

中华人民共和国国家标准 GB 15193.1—2014

(中华人民共和国国家卫生和计划生育委员会 2014-12-24 发布，2015-05-01 实施)

1 范围

本标准规定了食品安全性毒理学评价的程序。

本标准适用于评价食品生产、加工、保藏、运输和销售过程中所涉及的可能对健康造成危害的化学、生物和物理因素的安全性，检验对象包括食品及其原料、食品添加剂、新食品原料、辐照食品、食品相关产品(用于食品的包装材料、容器、洗涤剂、消毒剂和用于食品生产经营的工具、设备)以及食品污染物。

2 受试物的要求

2.1 应提供受试物的名称、批号、含量、保存条件、原料来源、生产工艺、质量规格标准、性状、人体推荐(可能)摄入量等有关资料。

2.2 对于单一成分的物质，应提供受试物(必要时包括其杂质)的物理、化学性质(包括化学结构、纯度、稳定性等)。对于混合物(包括配方产品)，应提供受试物的组成，必要时应提供受试物各组成成分的物理、化学性质(包括化学名称、化学结构、纯度、稳定性、溶解度等)有关资料。

2.3 若受试物是配方产品，应是规格化产品，其组成成分、比例及纯度应与实际应用的相同。若受试物是酶制剂，应该使用在加入其他复配成分以前的产品作为受试物。

3 食品安全性毒理学评价试验的内容

3.1 急性经口毒性试验。

3.2 遗传毒性试验。

3.2.1 遗传毒性试验内容。细菌回复突变试验、哺乳动物红细胞微核试验、哺乳动物骨髓细胞染色体畸变试验、小鼠精原细胞或精母细胞染色体畸变试验、体外哺乳类细胞HGPRT 基因突变试验、体外哺乳类细胞 TK 基因突变试验、体外哺乳类细胞染色体畸变试验、啮齿类动物显性致死试验、体外哺乳类细胞 DNA 损伤修复(非程序性 DNA 合成)试验、果蝇伴性隐性致死试验。

3.2.2 遗传毒性试验组合。一般应遵循原核细胞与真核细胞、体内试验与体外试验相结合的原则。根据受试物的特点和试验目的，推荐下列遗传毒性试验组合：

组合一：细菌回复突变试验；哺乳动物红细胞微核试验或哺乳动物骨髓细胞染色体畸变试验；小鼠精原细胞或精母细胞染色体畸变试验或啮齿类动物显性致死试验。

组合二：细菌回复突变试验；哺乳动物红细胞微核试验或哺乳动物骨髓细胞染色体畸变试验；体外哺乳类细胞染色体畸变试验或体外哺乳类细胞 TK 基因突变试验。

其他备选遗传毒性试验：果蝇伴性隐性致死试验、体外哺乳类细胞 DNA 损伤修复(非程序性 DNA 合成)试验、体外哺乳类细胞 HGPRT 基因突变试验。

3.3 28 天经口毒性试验。

3.4 90 天经口毒性试验。

3.5 致畸试验。

3.6 生殖毒性试验和生殖发育毒性试验。

3.7 毒物动力学试验。

3.8 慢性毒性试验。

3.9 致癌试验。

3.10 慢性毒性和致癌合并试验。

4 对不同受试物选择毒性试验的原则

4.1 凡属我国首创的物质，特别是化学结构提示有潜在慢性毒性、遗传毒性或致癌性或该受试物产量大、使用范围广、人体摄入量大，应进行系统的毒性试验，包括急性经口毒性试验、遗传毒性试验、90 天经口毒性试验、致畸试验、生殖发育毒性试验、毒物动力学试验、慢性毒性试验和致癌试验(或慢性毒性和致癌合并试验)。

4.2 凡属与已知物质(指经过安全性评价并允许使用者)的化学结构基本相同的衍生物或类似物，或在部分国家和地区有安全食用历史的物质，则可先进行急性经口毒性试验、遗传毒性试验、90 天经口毒性试验和致畸试验，根据试验结果判定是否需进行毒物动力学试验、生殖毒性试验、慢性毒性试验和致癌试验等。

4.3 凡属已知的或在多个国家有食用历史的物质，同时申请单位又有资料证明申报受试物的质量规格与国外产品一致，则可先进行急性经口毒性试验、遗传毒性试验和 28 天经口毒性试验，根据试验结果判断是否进行进一步的毒性试验。

4.4 食品添加剂、新食品原料、食品相关产品、农药残留和兽药残留的安全性毒理学评价试验的选择。

4.4.1 食品添加剂

4.4.1.1 香料

4.4.1.1.1 凡属世界卫生组织(WHO)已建议批准使用或已制定日容许摄入量者，以及香料生产者协会(FEMA)、欧洲理事会(COE)和国际香料工业组织(IOFI)四个国际组织中的两个或两个以上允许使用的，一般不需要进行试验。

4.4.1.1.2 凡属资料不全或只有一个国际组织批准的先进行急性毒性试验和遗传毒性试验组合中的一项，经初步评价后，再决定是否需进行进一步试验。

4.4.1.1.3 凡属尚无资料可查、国际组织未允许使用的，先进行急性毒性试验、遗传毒性试验和 28 天经口毒性试验，经初步评价后，决定是否需进行进一步试验。

4.4.1.1.4 凡属用动、植物可食部分提取的单一高纯度天然香料，如其化学结构及有关资料并未提示具有不安全性的，一般不要求进行毒性试验。

4.4.1.2 酶制剂

4.4.1.2.1 由具有长期安全食用历史的传统动物和植物可食部分生产的酶制剂，世界卫生组织已公布日容许摄入量或不需规定日容许摄入量者或多个国家批准使用的，在提供相关证明材料的基础上，一般不要求进行毒理学试验。

4.4.1.2.2 对于其他来源的酶制剂，凡属毒理学资料比较完整，世界卫生组织已公布日容许摄入量或不需规定日容许摄入量者或多个国家批准使用，如果质量规格与国际质量规格标准一致，则要求进行急性经口毒性试验和遗传毒性试验。如果质量规格标准不一致，则需增加28天经口毒性试验，根据试验结果考虑是否进行其他相关毒理学试验。

4.4.1.2.3　对其他来源的酶制剂，凡属新品种的，需要先进行急性经口毒性试验、遗传毒性试验、90天经口毒性试验和致畸试验，经初步评价后，决定是否需进行进一步试验。凡属一个国家批准使用，世界卫生组织未公布日容许摄入量或资料不完整的，进行急性经口毒性试验、遗传毒性试验和28天经口毒性试验，根据试验结果判定是否需要进一步的试验。

4.4.1.2.4　通过转基因方法生产的酶制剂按照国家对转基因管理的有关规定执行。

4.4.1.3　其他食品添加剂

4.4.1.3.1　凡属毒理学资料比较完整，世界卫生组织已公布日容许摄入量或不需规定日容许摄入量者或多个国家批准使用，如果质量规格与国际质量规格标准一致，则要求进行急性经口毒性试验和遗传毒性试验。如果质量规格标准不一致，则需增加28天经口毒性试验，根据试验结果考虑是否进行其他相关毒理学试验。

4.4.1.3.2　凡属一个国家批准使用，世界卫生组织未公布日容许摄入量或资料不完整的，则可先进行急性经口毒性试验、遗传毒性试验、28天经口毒性试验和致畸试验，根据试验结果判定是否需要进一步的试验。

4.4.1.3.3　对于由动、植物或微生物制取的单一组分、高纯度的食品添加剂，凡属新品种的，需要先进行急性经口毒性试验、遗传毒性试验、90天经口毒性试验和致畸试验，经初步评价后，决定是否需进行进一步试验。凡属国外有一个国际组织或国家已批准使用的，则进行急性经口毒性试验、遗传毒性试验和28天经口毒性试验，经初步评价后，决定是否需进行进一步试验。

4.4.2　新食品原料

按照《新食品原料申报与受理规定》(国卫食品发〔2013〕23号)进行评价。

4.4.3　食品相关产品

按照《食品相关产品新品种申报与受理规定》(卫监督发〔2011〕49号)进行评价。

4.4.4　农药残留

按照GB 15670进行评价。

4.4.5　兽药残留

按照《兽药临床前毒理学评价试验指导原则》(中华人民共和国农业部公告第1247号)进行评价。

5　食品安全性毒理学评价试验的目的和结果判定

5.1　毒理学试验的目的

5.1.1　急性毒性试验

了解受试物的急性毒性强度、性质和可能的靶器官，测定LD_{50}，为进一步进行毒性试验的剂量和毒性观察指标的选择提供依据，并根据LD_{50}进行急性毒性剂量分级。

5.1.2　遗传毒性试验

了解受试物的遗传毒性以及筛查受试物的潜在致癌作用和细胞致突变性。

5.1.3 28天经口毒性试验

在急性毒性试验的基础上，进一步了解受试物毒作用性质、剂量-反应关系和可能的靶器官，得到28天经口未观察到有害作用剂量，初步评价受试物的安全性，并为下一步较长期毒性和慢性毒性试验剂量、观察指标、毒性终点的选择提供依据。

5.1.4 90天经口毒性试验

观察受试物以不同剂量水平经较长期喂养后对实验动物的毒作用性质、剂量-反应关系和靶器官，得到90天经口未观察到有害作用剂量，为慢性毒性试验剂量选择和初步制定人群安全接触限量标准提供科学依据。

5.1.5 致畸试验

了解受试物是否具有致畸作用和发育毒性，并可得到致畸作用和发育毒性的未观察到有害作用剂量。

5.1.6 生殖毒性试验和生殖发育毒性试验

了解受试物对实验动物繁殖及对子代的发育毒性，如性腺功能、发情周期、交配行为、妊娠、分娩、哺乳和断乳以及子代的生长发育等。得到受试物的未观察到有害作用剂量水平，为初步制定人群安全接触限量标准提供科学依据。

5.1.7 毒物动力学试验

了解受试物在体内的吸收、分布和排泄速度等相关信息；为选择慢性毒性试验的合适实验动物种(species)、系(strain)提供依据；了解代谢产物的形成情况。

5.1.8 慢性毒性试验和致癌试验

了解经长期接触受试物后出现的毒性作用以及致癌作用；确定未观察到有害作用剂量，为受试物能否应用于食品的最终评价和制定健康指导值提供依据。

5.2 各项毒理学试验结果的判定

5.2.1 急性毒性试验

如LD_{50}小于人的推荐(可能)摄入量的100倍，则一般应放弃该受试物用于食品，不再继续进行其他毒理学试验。

5.2.2 遗传毒性试验

5.2.2.1 如遗传毒性试验组合中两项或以上试验阳性，则表示该受试物很可能具有遗传毒性和致癌作用，一般应放弃该受试物应用于食品。

5.2.2.2 如遗传毒性试验组合中一项试验为阳性，则再选两项备选试验(至少一项为体内试验)。如再选的试验均为阴性，则可继续进行下一步的毒性试验；如其中有一项试验阳性，则应放弃该受试物应用于食品。

5.2.2.3 如三项试验均为阴性，则可继续进行下一步的毒性试验。

5.2.3 28天经口毒性试验

对只需要进行急性毒性、遗传毒性和28天经口毒性试验的受试物，若试验未发现有明显毒性作用，综合其他各项试验结果可做出初步评价；若试验中发现有明显毒性作用，尤其是有剂量-反应关系时，则考虑进行进一步的毒性试验。

5.2.4 90天经口毒性试验

根据试验所得的未观察到有害作用剂量进行评价，原则是：

a)未观察到有害作用剂量小于或等于人的推荐(可能)摄入量的100倍表示毒性较强，应放弃该受试物用于食品；

b)未观察到有害作用剂量大于100倍而小于300倍者，应进行慢性毒性试验；

c)未观察到有害作用剂量大于或等于300倍者则不必进行慢性毒性试验，可进行安全性评价。

5.2.5 致畸试验

根据试验结果评价受试物是不是实验动物的致畸物。若致畸试验结果阳性则不再继续进行生殖毒性试验和生殖发育毒性试验。在致畸试验中观察到的其他发育毒性，应结合28天和(或)90天经口毒性试验结果进行评价。

5.2.6 生殖毒性试验和生殖发育毒性试验

根据试验所得的未观察到有害作用剂量进行评价，原则是：

a)未观察到有害作用剂量小于或等于人的推荐(可能)摄入量的100倍表示毒性较强，应放弃该受试物用于食品。

b)未观察到有害作用剂量大于100倍而小于300倍者，应进行慢性毒性试验。

c)未观察到有害作用剂量大于或等于300倍者则不必进行慢性毒性试验，可进行安全性评价。

5.2.7 慢性毒性和致癌试验

5.2.7.1 根据慢性毒性试验所得的未观察到有害作用剂量进行评价的原则是：

a)未观察到有害作用剂量小于或等于人的推荐(可能)摄入量的50倍者，表示毒性较强，应放弃该受试物用于食品。

b)未观察到有害作用剂量大于50倍而小于100倍者，经安全性评价后，决定该受试物可否用于食品。

c)未观察到有害作用剂量大于或等于100倍者，则可考虑允许使用于食品。

5.2.7.2 根据致癌试验所得的肿瘤发生率、潜伏期和多发性等进行致癌试验结果判定的原则是(凡符合下列情况之一，可认为致癌试验结果阳性。若存在剂量反应关系，则判断阳性更可靠)：

a)肿瘤只发生在试验组动物，对照组中无肿瘤发生。

b)试验组与对照组动物均发生肿瘤，但试验组发生率高。

c)试验组动物中多发性肿瘤明显，对照组中无多发性肿瘤，或只是少数动物有多发性肿瘤。

d)试验组与对照组动物肿瘤发生率虽无明显差异，但试验组中发生时间较早。

5.2.8 其他

若受试物掺人饲料的最大加入量(原则上最高不超过饲料的10%)或液体受试物经浓缩后仍达不到未观察到有害作用剂量为人的推荐(可能)摄入量的规定倍数时，综合其他的毒性试验结果和实际食用或饮用量进行安全性评价。

6 进行食品安全性评价时需要考虑的因素

6.1 试验指标的统计学意义、生物学意义和毒理学意义

对实验中某些指标的异常改变，应根据试验组与对照组指标是否有统计学差异、其有

无剂量反应关系、同类指标横向比较、两种性别的一致性及与本实验室的历史性对照值范围等，综合考虑指标差异有无生物学意义，并进一步判断是否具毒理学意义。此外，如在受试物组发现某种在对照组没有发生的肿瘤，即使与对照组比较无统计学意义，仍要给予关注。

6.2 人的推荐(可能)摄入量较大的受试物

应考虑给予受试物量过大时，可能影响营养素摄入量及其生物利用率，从而导致某些毒理学表现，而非受试物的毒性作用所致。

6.3 时间-毒性效应关系

对由受试物引起实验动物的毒性效应进行分析评价时，要考虑在同一剂量水平下毒性效应随时间的变化情况。

6.4 特殊人群和易感人群

对孕妇、乳母或儿童食用的食品，应特别注意其胚胎毒性或生殖发育毒性、神经毒性和免疫毒性等。

6.5 人群资料

由于存在着动物与人之间的物种差异，在评价食品的安全性时，应尽可能收集人群接触受试物后的反应资料，如职业性接触和意外事故接触等。在确保安全的条件下，可以考虑遵照有关规定进行人体试食试验，并且志愿受试者的毒物动力学或代谢资料对于将动物试验结果推论到人具有很重要的意义。

6.6 动物毒性试验和体外试验资料

本标准所列的各项动物毒性试验和体外试验系统是目前管理(法规)毒理学评价水平下所得到的最重要的资料，也是进行安全性评价的主要依据，在试验得到阳性结果，而且结果的判定涉及到受试物能否应用于食品时，需要考虑结果的重复性和剂量-反应关系。

6.7 不确定系数

即安全系数。将动物毒性试验结果外推到人时，鉴于动物与人的物种和个体之间的生物学差异，不确定系数通常为 100，但可根据受试物的原料来源、理化性质、毒性大小、代谢特点、蓄积性、接触的人群范围、食品中的使用量和人的可能摄入量、使用范围及功能等因素来综合考虑其安全系数的大小。

6.8 毒物动力学试验的资料

毒物动力学试验是对化学物质进行毒理学评价的一个重要方面，因为不同化学物质、剂量大小，在毒物动力学或代谢方面的差别往往对毒性作用影响很大。在毒性试验中，原则上应尽量使用与人具有相同毒物动力学或代谢模式的动物种系来进行试验。研究受试物在实验动物和人体内吸收、分布、排泄和生物转化方面的差别，对于将动物试验结果外推到人和降低不确定性具有重要意义。

6.9 综合评价

在进行综合评价时，应全面考虑受试物的理化性质、结构、毒性大小、代谢特点、蓄积性、接触的人群范围、食品中的使用量与使用范围、人的推荐(可能)摄入量等因素，对于已在食品中应用了相当长时间的物质，对接触人群进行流行病学调查具有重大意义，但往往难以获得剂量-反应关系方面的可靠资料；对于新的受试物质，则只能依靠动物试验和其他试验研究资料。然而，即使有了完整和详尽的动物试验资料和一部分人类接触的流行病学研究资料，由于人类的种族和个体差异，也很难做出能保证每个人都安全的评价。所谓绝对的食品安全实际上是不存在的。在受试物可能对人体健康造成的危害以及其可能的有益作用之间进行权衡，以食用安全为前提，安全性评价的依据不仅仅是安全性毒理学试验的结果，而且与当时的科学水平、技术条件以及社会经济、文化因素有关。因此，随着时间的推移，社会经济的发展、科学技术的进步，有必要对已通过评价的受试物进行重新评价。